电子信息科学与工程类专业系列教材

U0290400

单片微机原理与接口技术

（第3版）

主　编　宋　跃　任　斌

副主编　石　伟　黄　辉　蒋业文　彭　超

参　编　雷瑞庭　王照平

电子工业出版社

Publishing House of Electronics Industry

北京·BEIJING

内 容 简 介

本书以 80C51 单片机为主介绍微机基本理论与原理，实现将微机原理的学习和具体的单片机应用实践密切结合。本书从计算机基础知识入手，全面介绍微机的基本组成和原理，重点讲述 80C51 单片机的结构、指令系统、程序设计及常用的接口技术。对 8086 系统和 C51 语言分设两章介绍，一些实用的接口技术和接口芯片的使用穿插在相关的章节中介绍。

本书以汇编语言为主、C51 语言为辅来讲述程序的设计方法与技巧，对 Proteus8、Keil μVision5、C51 语言做基本介绍，C51 语言与汇编语言编程在实例中交叉出现，对典型或重要知识点实例通常给出汇编语言与 C51 语言对应的源程序及软件仿真过程。本书选材规范，通俗易懂，每章都配有思考题与习题。

本书可作为高等院校电气类、电子信息类、自动化类等"微机原理"与"单片机技术"课程的教材，也可作为高职高专相关专业的教材，同时可作为学习单片机应用基础的培训教材和自学参考书。

未经许可，不得以任何方式复制或抄袭本书之部分或全部内容。

版权所有，侵权必究。

图书在版编目（CIP）数据

单片微机原理与接口技术/宋跃，任斌主编. —3 版. —北京：电子工业出版社，2022.1

ISBN 978-7-121-42502-8

Ⅰ. ①单… Ⅱ. ①宋… ②任… Ⅲ. ①微控制器—基础理论—高等学校—教材②微控制器—接口技术—高等学校—教材 Ⅳ. ①TP368.1

中国版本图书馆 CIP 数据核字（2021）第 265597 号

责任编辑：凌　毅

印　　刷：三河市鑫金马印装有限公司

装　　订：三河市鑫金马印装有限公司

出版发行：电子工业出版社

北京市海淀区万寿路 173 信箱　　邮编：100036

开　　本：787×1 092　1/16　印张：18.25　字数：496 千字

版　　次：2011 年 7 月第 1 版
2022 年 1 月第 3 版

印　　次：2023 年 2 月第 3 次印刷

定　　价：56.00 元

凡所购买电子工业出版社图书有缺损问题，请向购买书店调换。若书店售缺，请与本社发行部联系，联系及邮购电话：(010)88254888，88258888。

质量投诉请发邮件至 zlts@phei.com.cn，盗版侵权举报请发邮件至 dbqq@phei.com.cn。

本书咨询联系方式：(010)88254528，lingyi@phei.com.cn。

第3版前言

"微机原理及应用"是高等学校电气与电子信息类各专业的计算机硬件基础课程,"单片机与接口技术"是上述各专业的应用技术课程,目前很多院校电子、通信、电气、自动化等专业的学生在就业见习时,单片机的设计开发已被企业视为毕业生必备的基本能力。在目前教学学时大量压缩的情况下,"微机原理及应用"(作为学科基础课程)和"单片机与接口技术"(作为实践动手要求很高的专业课程)同时分学期前后开设,在学时安排上势必存在一定的困难,由于两门课程存在衔接关系,因此很难保证不在教学内容上出现重复和遗漏。

如何既让学生掌握微机基本理论和原理,为后续课程(EDA 设计、ARM、嵌入式系统、DSP 等)及自主性学习与研究打下较扎实的理论基础,又让学生真正掌握单片机的应用技术(包括原理、接口技术、最新设计技术等),以提高学生的实验实践能力、创新创业(就业)能力,这对以培养应用型人才为主的一般院校的本科教学来说极为重要,为此我们试着编写满足这种要求的教材。本书第 2 版经过 4 年多的教学实践,为更好实现以上目标和服务于应用型大学,同时应国家一流专业建设的需要,在听取专家和用户使用意见后,历时一年多修订出版第 3 版。

本书旨在将"微机原理及应用"和"单片机与接口技术"两门课程合二为一,在较系统讲述微机基本理论和原理的同时,突出单片机(以 80C51 单片机为典型机)应用的技术性、实用性、前沿性,以满足本科教学"质量工程"提升的需要。

本书由东莞理工学院宋跃教授、任斌教授担任主编,湖南工业大学石伟副教授、五邑大学黄辉副教授、佛山科技学院蒋业文教授级高工、东莞理工学院彭超博士担任副主编,东莞理工学院雷瑞庭老师、黄河科技学院王照平副教授参编。其中,宋跃编写第 7 章、8.4.1 节,任斌编写第 3、5 章,石伟编写第 1(除 1.5 节)、6 章,黄辉编写第 9、10 章,蒋业文编写第 8 章(除8.4.1 节),彭超编写第 2、4 章,雷瑞庭编写第 11 章和 1.5 节,王照平编写第 12 章,东莞理工学院余炽业高级实验师、丁颜玉博士提供协助。

本书是首批国家级一流本科课程、广东省高等学校本科精品课程、广东省精品开放资源共享课程的配套教材。在本书编写过程中,感谢东莞理工学院胡必武副教授、朱德海老师对本书的编写与修改提出的指导和建议。在编写过程中参考了许多文献和资料,在此向各文献和资料的作者表示感谢。

本书按照 72 学时组织内容,具体教学内容教师可根据实际情况取舍。本书配有电子课件、程序源代码、思考题与习题参考解答、STC 单片机参考资料等,读者可登录华信教育资源网www.hxedu.com.cn 下载。

"80C51 单片机指令表"和"MCS-51 单片机汇编指令-机器码对照表"以二维码形式给出,以方便读者查阅参考。

80C51 单片机指令表   MCS-51 单片机汇编指令-机器码对照表

由于作者水平有限,书中肯定存在错误和不足之处,敬请各位同仁不吝批评指正。

作 者
2021 年 12 月

目　录

第1章　计算机基础知识

1.1　计算机中负数的表示和运算

1.1.1　机器数

在计算机中用 0 和 1 表示的数统称为机器数，机器数通常用二进制数形式表示。机器数有 3 个基本特征。

（1）机器数的真值

机器数的数值称为机器数的真值，真值一般用十进制数表示，即用正、负符号加绝对值来表示的实际数值，如+10、-30 等。

（2）机器数的符号

实际数据有正数和负数之分，由于计算机内部硬件只能识别两种物理状态（0 和 1），因此，实际数据的符号在计算机中就用二进制数的最高位表示，通常以 0 代表符号"+"，以 1 代表符号"-"。

（3）机器数字长

计算机一次能表示的二进制位数称为机器数字长，机器数字长是固定的。通常 8 位二进制数称为 1 字节（Byte），目前机器数字长一般都是字节的整数倍，如字长 8 位、16 位、32 位、64 位等。

机器数根据小数点位置的固定与否可以分为定点数和浮点数。通常使用定点数表示整数，用浮点数表示实数。

定点整数：整数可以分为无符号整数和有符号整数两类。无符号整数的所有二进制位全部用来表示数值的大小；有符号整数用最高位表示数的符号，剩余位表示数的大小。

浮点实数：任意一个实数 N 都可以写成 $N=2^P*S$ 的形式，其中 P 称为阶码，俗称指数，S 为尾数。由于同一个数可以写成很多形式，因此，浮点数必须按照某一标准写成规范化的形式，现在普遍采用的浮点数格式是 IEEE 标准。IEEE 标准对于单精度浮点数采用 4 字节表示，其中数符占 1 位，阶码占 8 位，尾数占 23 位。如图 1.1 所示。

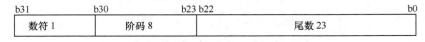

图 1.1　IEEE 浮点数格式

1.1.2　机器数的原码、反码和补码

1. 原码

将机器数真值形式中的最高位用"0"表示"+"号，用"1"表示"-"号，这种数码形式称为原码。当 X 为正数时，[X]原=X。当 X 为负数时，将｜X｜数值部分绝对值前面的符号位写成"1"即可。如：

X1=69　　　　　　[X1]原=01000101

X2=-69　　　　　　[X2]原=11000101

原码表示法比较直观，其数值部分就是该数的绝对值，而且与真值、十进制数的转换十分方便。但是用原码进行加/减运算时，因符号位不能与数值部分一起参加运算，而必须利用单独的线路确定符号位，造成运算电路变得很复杂，由此提出了反码和补码的概念。

2．反码

如果是正数，其反码和原码的形式相同；如果是负数，其反码为原码的数值部分按位取反，符号位保持不变。如：

X1=69 　　　　　　　　[X1]$_{反}$=01000101

X2=−69 　　　　　　　[X2]$_{反}$=10111010

在反码中，数值 0 有两种形式，对于 8 位数来说：

[+0]$_{反}$=00000000 　　　　　[−0]$_{反}$=11111111

3．补码

补码是根据补数的概念引入的。假定现在的时间为 6 点整，而手表却是 8 点整。手表校准的方法有两种：一种是倒拨 2 小时，可以理解为减法运算（−2）；一种是正拨 10 小时，可以理解为加法运算（+10）。对校准手表来讲，减 2 与加 10 是等价的，也就是说，减 2 可以用加 10 来实现。这是因为 8 加 10 等于 18，然而手表最大只能表示 12，当大于 12 时进位自然丢失，18 减去 12 就只剩 6 了。这说明减法在一定条件下，是可以用加法来代替的。在以上例子中，"12"称为"模"，"+10"称为"−2"对模 12 的补数。

假设 X 为 n 位二进制数，则其模为 2^n，因此 X 的补码可表示为

$$[X]_{补}=2^n+X$$

对于二进制数的补码求解，可分为正数和负数分别讨论。

当 $X=+x_{n-2}x_{n-3}\cdots x_1x_0$ 时，有

$$[X]_{补}=2^n+X=0x_{n-2}x_{n-3}\cdots x_1x_0$$

所以正数的补码和原码的形式相同。

当 $X=-x_{n-2}x_{n-3}\cdots x_1x_0$ 时，有

$$[X]_{补}=2^n+X=2^n-x_{n-2}x_{n-3}\cdots x_1x_0$$
$$=2^{n-1}+2^{n-1}-x_{n-2}x_{n-3}\cdots x_1x_0$$
$$=2^{n-1}+(2^{n-1}-1)-x_{n-2}x_{n-3}\cdots x_1x_0+1$$
$$=2^{n-1}+(11\cdots1-x_{n-2}x_{n-3}\cdots x_1x_0)+1$$
$$=2^{n-1}+\overline{x}_{n-2}\overline{x}_{n-3}\cdots \overline{x}_1\overline{x}_0+1$$
$$=(\overline{0}\,\overline{x}_{n-2}\overline{x}_{n-3}\cdots \overline{x}_1\overline{x}_0)+1$$

所以负数的补码等于它的绝对值（符号位除外）按位取反后加 1。如：

X1=69 　　　　　　　　[X1]$_{补}$=01000101

X2=−69 　　　　　　　[X2]$_{补}$=1$\overline{1}$ $\overline{0}$ $\overline{0}$ $\overline{0}$ $\overline{1}$ $\overline{0}$ $\overline{1}$ +1=10111010+1=10111011

1.1.3　补码加/减运算

计算机中加/减运算一般都以补码的形式进行，因为补码运算不需要进行符号判别，符号位和数值部分一并参与运算。当然，运算结果也是以补码的形式出现的。

补码加/减运算法则：两数和的补码等于两数的补码和；两数差的补码等于两数的补码差。

$[X+Y]_{补}=2^n+[X+Y]=[2^n+X]+[2^n+Y]=[X]_{补}+[Y]_{补}$

$[X-Y]_{补}=2^n+[X-Y]=[2^n+X]-[2^n+Y]=[X]_{补}-[Y]_{补}$

【例 1.1】 已知 X=+1101，Y=+0110，用补码计算 Z=X-Y。

方法 1：$[X]_{补}$=01101，$[Y]_{补}$=00110，则 $[Z]_{补}=[X]_{补}-[Y]_{补}$=01101-00110=00111。

方法 2：$[X]_{补}$=01101，$[-Y]_{补}$=11010，则 $[Z]_{补}=[X]_{补}+[-Y]_{补}$=01101+11010=00111。

显然，两种方法的计算结果完全一致，所以利用补码可以将减法运算转换成加法运算，从而彻底解决了符号位问题。

补码的加/减运算要注意以下几个问题。

① 补码运算时，其符号位与数值部分一起参加运算。

② 补码的符号位相加后，如果有进位出现，要把这个进位舍去（自然丢失）。

③ 用补码运算，其运算结果亦为补码。在转换为真值时，若符号位为 0，则数位不变；若符号位为 1，则应将结果求补，才是其真值。

1.1.4 原码乘/除运算

计算机中的乘/除运算一般都是通过原码来实现的，在运算过程中要分别确定运算结果的符号和数值。计算机一般不按照通常的乘/除运算来实现，因为这样对硬件的要求太高，所以通常采用移位的方式实现。具体法则是：左移（右移）n 位，相当于乘（除）以 2^n。

1.2 计算机中的常用编码

在计算机应用中，要用二进制代码表示各种字符和符号，同时要将二进制数表示成与现实生活相适应的十进制数，所有这些都与计算机的编码有关。下面介绍几种常见的编码类型。

1.2.1 ASCII 码

计算机中除数字 0～9 外，还经常要用到字母、标点符号及其他如空格、换行等控制符号。20 世纪 60 年代，美国制定了一套字符编码，对以上列举的常用字符用二进制数做了统一编码规定，这种编码的全称为美国信息交换标准代码，简称 ASCII 码。后来国际标准化组织（ISO）和国际电报电话咨询委员会（CCITT，现 ITU）以它为基础制定了相应的国际标准，目前计算机中都采用 ASCII 码。

ASCII 码是一种 7 位代码，共有 128 个编码，如表 1.1 所示。

表 1.1 ASCII 码字符表

b3b2b1b0 \ b6b5b4	000	001	010	011	100	101	110	111
0000	NUL	DLE	SP	0	@	P	、	p
0001	SOH	DC1	!	1	A	Q	a	q
0010	STX	DC2	"	2	B	R	b	r
0011	ETX	DC3	#	3	C	S	c	s
0100	EOT	DC4	$	4	D	T	d	t
0101	ENQ	NAK	%	5	E	U	e	u

b3b2b1b0 \ b6b5b4	000	001	010	011	100	101	110	111
0110	ACK	SYN	&	6	F	V	f	v
0111	BEL	ETB	'	7	G	W	g	w
1000	BS	CAN	(	8	H	X	h	x
1001	HT	EM	)	9	I	Y	i	y
1010	LF	SUB	*	:	J	Z	j	z
1011	VT	ESC	+	;	K	[	k	{
1100	FF	FSP	,	<	L	\	l	|
1101	CR	GSP	-	=	M	]	m	}
1110	SO	RSP	.	>	N	^	n	~
1111	SI	USP	/	?	O	_	o	DEL

在计算机的存储单元中，1 个 ASCII 码占 1 字节（8 位），其最高位（b7）用作奇偶校验。

1.2.2　非 ASCII 编码

英语用 128 个符号编码就够了，但是用来表示其他语言时，128 个符号是不够的。我国于 1980 年制定了信息交换 7 位编码字符集，即国家标准 GB/T 1988—1980，除用人民币符号￥代替美元符号$外，其余代码与 ASCII 码相同。我国还编写了简体中文常见的编码方式表 GB2312，使用 2 字节表示一个汉字，所以理论上最多可以表示 256×256=65536 个符号。

1.2.3　BCD 码

BCD（Binary-Coded Decimal）码用 4 位二进制码来表示十进制数中的 0～9。BCD 码有很多形式，如 8421 码、余 3 码、5421 码和 2421 码等，其中 8421 码应用得最为广泛，它们的对应关系如表 1.2 所示。

表 1.2　BCD 码对应表

十进制数	8421 码	余 3 码	5421 码	2421 码
0	0000	0011	0000	0000
1	0001	0100	0001	0001
2	0010	0101	0010	0010
3	0011	0110	0011	0011
4	0100	0111	0100	0100
5	0101	1000	1000	0101
6	0110	1001	1001	0110
7	0111	1010	1010	0111
8	1000	1011	1011	1110
9	1001	1100	1100	1111

1.3　微型计算机概述

1.3.1　计算机的发展

计算机（Computer）是 20 世纪最重要的科技成果。计算机通常可分为巨型机、大型机、中型机、小型机、微型机 5 类。其中微型机具有体积小、重量轻、结构灵活、价格低廉且应用广泛等特点。从 1946 年第一台计算机 ENIAC 问世到今天，微型机的发展可以分为以下 5 个阶段。

第一阶段（1971—1973 年）：（之前为电子计算机）这一阶段典型的微型机以 Intel 4004 和 Intel 4040 为基础。微处理器和存储器采用 PMOS 工艺，工作速度很慢。

第二阶段（1974—1977 年）：以 8 位微处理器为基础，典型的微处理器有 Intel 8080/8085、Zilog 公司的 Z80 及 Motorola 公司的 6800。

第三阶段（1978—1981 年）：以 16 位和准 32 位微处理器为基础，如 Intel 8086、Motorola 的 68000 和 Zilog 的 Z8000。

第四阶段（20 世纪 80 年代）：20 世纪 80 年代初，IBM 公司推出开放式的 IBM PC，这是微型机发展史上的一个重要里程碑。IBM PC 采用 Intel 80X86（当时为 8086/8088、80286、80386）微处理器和 Microsoft 公司的 DOS 操作系统与总线设计方法。

第五阶段（20 世纪 90 年代开始）：RISC（精简指令集计算机）技术的问世使微型机的体系结构迈向了嵌入式的发展道路，目前 ARM、Power PC、68000、MIPS、SC-400 等微处理器已经在高端电子产品中占据了主导地位。

1.3.2　微型计算机的基本组成

微型计算机由 CPU、存储器、输入/输出（I/O）接口电路和系统总线构成，如图 1.2 所示。

CPU：CPU 是中央处理器，是微型计算机的心脏，其性能直接决定了整个微型计算机的各项性能指标。

存储器：包括随机存取存储器（RAM）和只读存储器（ROM），其中 ROM 用来长期存储程序代码，RAM 用来暂时保存程序代码和运行所需的数据。

I/O 接口电路：用来使外部设备（简称外设）和微型计算机相连。

系统总线：总线是连接多个功能部件或多个装置的一组公共信号线，为 CPU 和其他部件之间传送数据、地址和控制信息提供传输通道。按所传送信息的类型，总线可以分为数

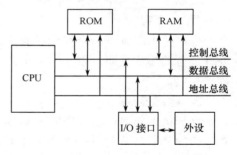

图 1.2　微型计算机系统结构图

据总线 DB（Data Bus）、地址总线 AB（Address Bus）和控制总线 CB（Control Bus）3 种类型。

地址总线：用来传送地址信息的信号线。地址总线是单向、三态总线。

数据总线：用来传送数据信息的信号线。数据总线的位数和微处理器的位数相对应。数据总线是双向、三态总线。

控制总线：用来传送控制信息的一组总线。控制总线的信号线可为单向或双向，也可为三态或非三态，这取决于具体的信号线。

微型计算机系统是在微型计算机的基础上，配上必要的外设（如键盘、光驱等）、电源及必要的软件而构成的系统。

1.3.3　中央处理器的基本组成

CPU 是微型计算机的核心，是控制器和运算器的合称。不同的 CPU，其内部结构、硬件设置都不尽相同，但基本部件基本相同。

1．算术逻辑单元

算术逻辑单元（ALU）是 CPU 的一部分，用以处理计算机指令集中的算术与逻辑操作指令。

在某些 CPU 中将 ALU 分为两部分，即算术单元（AU）与逻辑单元（LU）。

2．累加器

累加器（ACC）是一个寄存器，是 CPU 中工作最繁忙的寄存器。许多指令的操作数取自 ACC，许多运算的中间结果也存放于 ACC。ACC 中的数据还可以根据需要进行左、右移位，使用非常灵活。

3．标志寄存器

标志寄存器（FR）是所有 CPU 的一个重要部件。它是用来存放运算结果特征的，以便于判断 CPU 的运行状态。不同的 CPU，标志寄存器的位定义不尽相同。

4．程序计数器

程序计数器（PC）用于存放下一条指令的地址，通常又称为指令计数器。在程序开始执行前，必须将要运行程序的起始地址送入 PC，当执行指令时，CPU 将自动修改 PC 的内容。

5．指令寄存器

指令寄存器（IR）用来保存当前正在执行的一条指令。当执行一条指令时，先把它从内存取到数据寄存器（DR）中，然后传送至指令寄存器保存，供 CPU 分析并发出相应的控制信号。

1.3.4　微型计算机的程序存储与控制

计算机之所以能在没有人直接干预的情况下自动完成各种信息处理任务，是因为人们事先为它编制了各种工作程序，计算机的工作过程实质就是程序执行过程。

1．程序存储

程序是由一条条指令组合而成的，而指令是以二进制代码的形式出现的，把执行一项信息处理任务的程序代码，以字节为单位，按顺序存放在存储器的一段连续的存储区域内，这就是程序存储。

2．程序控制

计算机工作时，CPU 中的控制器按照设计的程序到存储器中取出指令代码，在 CPU 中完成对代码的分析，然后由 CPU 的控制器适时向各个部件发出完成该指令功能的所有控制信号，这就是程序控制。

1.4　单片机概述

单片微型计算机（简称单片机）作为微机家族中的一员，自 1976 年问世以来，以其极高的性价比越来越受到人们的重视和关注。目前单片机已成功应用在智能仪表、机电设备、过程控制、数据处理、自动检测和家用电器等各个领域。

1.4.1　单片机的发展过程及产品近况

什么叫单片机？单片机就是在一块硅片上集成了 CPU、RAM、ROM、定时/计数器和多种 I/O 接口（如并行口、串行口等）的一个完整的微机处理系统。

单片机可分为通用型和专用型两大类，通常所说的和本书所介绍的单片机是指通用型单片机。通用型单片机把可开发资源（如 ROM、RAM、I/O 接口等）全部提供给使用者，如 MCS-51 系列、AVR 系列等单片机。专用型单片机也叫专用微控制器，如频率合成调谐器、打印机控制器等。

1．单片机的发展过程

单片机发展迅速，品种日益增多。纵观单片机的发展过程（以 Intel 公司为例），大致可以分为 3 个阶段。

（1）单片机形成阶段

1976 年，Intel 公司推出了 MCS-48 系列单片机。其内部结构包含：8 位 CPU、1KB ROM、64B RAM、27 根 I/O 口线、1 个 8 位定时/计数器、2 个中断源。

（2）单片机性能完善提高阶段

1980 年，Intel 公司推出了 MCS-51 系列单片机。其内部结构包含：8 位 CPU、4KB ROM、128B RAM、4 个 8 位并行口、1 个全双工串行口、2 个 16 位定时/计数器、5 个中断源，其寻址范围为 64KB，并有控制功能较强的布尔处理器。

（3）微控制器化阶段

1982 年，Intel 公司推出了 MCS-96 系列单片机。其内部结构包含：16 位 CPU、8KB ROM、232B RAM、5 个 8 位并行口、1 个全双工串行口、2 个 16 位定时/计数器，其寻址范围为 64KB，还有 8 路 10 位 ADC、1 路 PWM 输出及高速 I/O 部件等。

2．单片机的产品近况

20 世纪 80 年代以来，单片机发展极其迅速。就通用型单片机而言，一些著名的单片机生产厂家已投放市场的产品就有几十个系列，数百个品种。许多公司以 MCS-51 系列单片机的内核为基础，推出了各种衍生品种。目前较为著名的单片机生产厂家和主要机型见表 1.3。

表 1.3　单片机生产厂家和主要机型

生产厂家	单片机型号	生产厂家	单片机型号
Intel 公司	MCS-51 系列、MCS-96 系列	Microchip 公司	PIC 系列
Philips 公司	80C552 系列	TI 公司	16 位低功耗 MSP430 系列
华邦公司	W78C51 高速低价系列	宏晶科技公司	STC 系列（增强型 8051 内核）
Maxim 公司	DS89C420 系列	意法半导体公司	STM32 系列（32 位单片机）
Atmel 公司	AT89 系列、AVR 系列	兆易创新公司	GD32 系列（32 位国产单片机）

下面将介绍在我国应用较广泛的单片机，如 Atmel 公司的 AT 89S5X 单片机、宏晶科技公司的 STC 系列单片机、意法半导体公司的 STM32 系列单片机和兆易创新公司的 GD32 系列单片机。

1.4.2　AT89S5X 单片机简介

AT89S5X 是美国 Atmel 公司生产的一款低功耗、高性能 CMOS 单片机，内核为 8 位 MCS-51 架构，工作指令、引脚与 80C51 单片机完全兼容。单片机程序下载采用标准的在系统可编程（In System Programming，ISP）模式，因为程序下载方便，所以在控制系统中得到了广泛应用。

AT89S5X 单片机具有以下标准功能：4/8KB Flash ROM，256B RAM，32 位 I/O 口线，1 个看门狗定时器，2 个数据指针，3 个 16 位定时/计数器，1 个 6 向量 2 级中断结构，1 个全双工串行口。另外，AT89S52 可降至 0Hz 静态逻辑操作，支持 2 种软件可选择节电模式：空闲模式下，CPU 停止工作，允许 RAM、定时/计数器、串行口、中断继续工作；掉电保护模式下，RAM 内容被保存，振荡器被冻结，单片机停止一切工作，直到下一个中断或硬件复位为止。

1.4.3　STC 系列单片机简介

宏晶科技公司是一家设计与生产 MCS-51 系列单片机的公司，致力于提供处于业内领先地位的高性能 STC 系列 MCU 和 SRAM。

STC 系列单片机的内核为 8 位 MCS-51 架构，最高工作时钟频率为 80MHz，集成有 PWM、SPI 和内部 RC 振荡器等，完全兼容 MCS-51 指令系统及其引脚结构。

STC 系列单片机的下载程序方式为异步串行通信模式，但芯片内集成了 ISP Flash 存储单元，具有在系统可编程（ISP）特性，用户不用购买通用编程器，所以性价比高，在国内应用非常广泛。

1.4.4 STM32 系列单片机简介

STM32 系列单片机是意法半导体公司生产的 32 位嵌入式结构单片机，其工作频率主流为 72MHz，内核有 ARM Cortex-M0/M3/M4/M7 等。STM32 系列单片机具有高性能、低成本、低功耗等特点，大致可分为基本型、增强型两个系列。

基本型包括：STM32F101R6、STM32F101C8、STM32F101R8、STM32F101V8、STM32F101RB、STM32F101VB 等。

增强型包括：STM32F103C8、STM32F103R8、STM32F103V8、STM32F103RB、STM32F103VB、STM32F103VE、STM32F103ZE 等。

STM32 系列单片机的命名规则请参考相关资料。

1.4.5 GD32 系列单片机简介

GD32 系列单片机是兆易创新公司生产的完全兼容 STM32 系列单片机的 Cortex-M3 微处理器。GD32 系列和 STM32 系列有很多相似之处，不过 GD32 系列是国内自主研发的产品，在某些细节方面和 STM32 系列有区别，其差异性具体总结如下。

① GD32 系列的主频可达 108MHz，可超频到 120MHz，而 STM32 系列的主频为 72MHz。

② GD32 系列的闪存是自主研发的，主要优势体现在等待时间方面。在读闪存时，STM32 系列需要等待两个周期，GD32 系列实现的是零周期等待。

③ GD32 系列采用 ARM Cortex-M3 新内核 R2p1，而 STM32 系列采用 R1p1，性能更优。

④ GD32 系列比对应的 STM32 系列便宜，且对高端芯片国产化问题有特殊意义。

⑤ 串行通信时，GD32 系列在连续发送数据时每两字节之间会有一个位的空闲（Idle），而 STM32 系列没有。

⑥ GD32 系列的串行通信停止位设置只有 1/2 两种模式，STM32 系列有 0.5/1/1.5/2 共 4 种模式。

1.5 单片机应用的开发仿真工具

1.5.1 Keil μVision 集成开发环境简介

Keil μVision 是德国 Keil 公司开发的基于 Windows 平台的单片机集成开发环境（IDE），包含一个高效的编译器、项目管理器和一个 Make 工具，支持 ARM、Cortex-M、Cortex-R、8051、C166 等微处理器，其中 Keil C51 是一种专门为 80C51 单片机设计的高效率 C 语言编译器，符合 ANSI 标准，生成的程序代码的运行速度极高，所需要的存储器空间极小，完全可以与汇编语言媲美。

Keil μVision5 集成开发环境总体上可分为程序编辑、编译用户界面和程序调试界面。程序编辑、编译用户界面如图 1.3 所示。Keil μVision5 的启动界面即为程序编辑、编译用户界面，在此用户可进行汇编语言源程序或 C51 源程序的输入、编辑与编译。选择菜单命令 Debug→START/STOP Debug Session 或单击工具栏的 🔍 图标，进入程序调试界面。

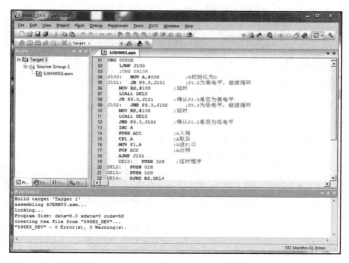

图 1.3　程序编辑、编译用户界面

图 1.4 所示为程序调试界面，在此环境下可实现单步、跟踪、断点与全速运行方式调试，并可打开寄存器窗口、存储器窗口、I/O 窗口、定时/计数器窗口、中断窗口、串行窗口及自定义变量窗口，以进行控制与监控。再次单击工具栏中的 图标，返回程序编辑、编译用户界面。

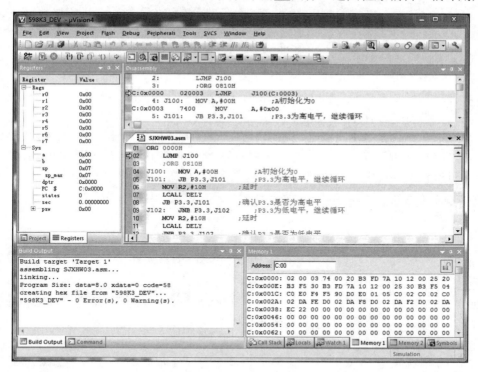

图 1.4　程序调试界面

在 Keil μVision5 中使用工程项目的方法而不是单一文件的模式来管理文件。所有的文件包括头文件和源程序（汇编语言源程序、C51 语言源程序），甚至说明性的技术文档都可以放在工程项目里进行统一管理。例如，在 D 盘，新建一个工程项目文件夹，名为：P1out。Keil μVision5 的开发流程如下：创建项目→新建、输入、编辑应用程序→把程序文件添加到项目中→编译与连接、生成机器代码文件→仿真调试程序。

1．创建项目

Keil μVision5 包含一个项目管理器，它可以使单片机应用系统的设计变得简单。要创建一个项目，需要按下列步骤进行操作：

（1）启动 Keil μVision5，新建一个项目文件并从器件库中选择一个器件。单击 Project→New μVision Project 选项，在弹出的对话框（见图1.5）中输入准备建立的项目文件名，系统自动为其添加后缀名*.uvproj。

图 1.5　Create New Project 对话框

（2）选择单片机芯片型号。Keil μVision5 几乎支持所有 80C51 内核的单片机，用户可以根据使用的单片机型号来进行选择，如图1.6所示。

（3）单击图1.6中的"OK"按钮，弹出询问是否将标准51初始化程序（STARTUP.A51）添加到项目中的对话框，如图1.7所示。单击"是"按钮，将自动添加标准51初始化程序到项目中并将其复制到项目所在文件夹中。一般情况下，单击"否"按钮。

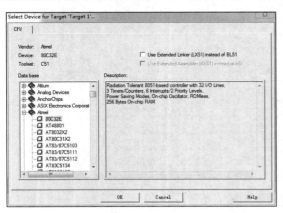

图 1.6　Select Device for Target 对话框

图 1.7　添加标准51初始化程序对话框

创建一个新项目后，在左侧的 Project 窗口中就会自动生成一个默认的目标（Target 1）和文件组（Source Group1），如图1.3所示。

（4）用文本编辑器编写源文件。选择菜单命令File→New，弹出程序编辑工作区，输入程序代码，如图 1.8 所示，并以文件名 p1out.asm 进行保存（选择菜单命令 File→Save As），如图 1.9
所示。特别注意，保存时要加上扩展名。源文件可以是汇编语言源文件、C 语言源文件、库文
件等。不过，不同类型的源文件的扩展名不同，如 C 语言源文件的扩展名为*.c，汇编语言源文
件的扩展名为*.asm，头文件的扩展名为*.h。

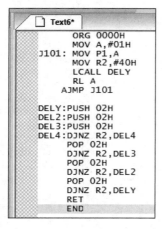

图 1.8　在程序编辑工作区中输入程序代码　　　　　图 1.9　以 p1out.asm 为文件名保存

（5）添加源文件到项目中。如图 1.10 所示，在 Project 窗口中选中文件组"Source Group1"
并右击，在弹出的快捷菜单中选择"Add Files to Group' Source Group1'"选项，单击"文件类型"
下拉菜单切换文件类型，单击"Add"按钮，就可将选中的文件（可选多个）添加到项目中，或
者双击文件也可以达到同样的效果。单击"Close"按钮，关闭添加文件到项目对话框，如图 1.11
所示。添加所有必要的文件后，就可在项目程序组目录下看到并进行管理，选中文件双击，即
可在程序编辑窗口打开该文件。

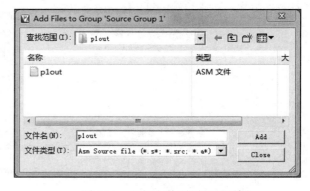

图 1.10　添加文件到项目的快捷菜单　　　　　图 1.11　添加文件到项目对话框

2．编译与连接项目文件

项目文件创建完成后，就可以对项目文件进行编译、连接、创建目标文件（机器代码文
件.HEX），但在编译前要根据目标的硬件配置环境进行目标配置。

（1）环境配置。选择菜单命令 Project→Options for Target 或在工具栏中单击 图标，打开
"Options for Target'Target 1'"对话框，在该对话框设定目标的硬件环境，有多个选项卡，分别用
于选择设备、目标属性、输出属性、C51 编译器属性、A51 编辑器属性、BL51 连接属性、调试

属性等信息的设置，如图 1.12 所示。一般情况下按默认设置即可，但有一项是必须设置的，即设置在编译、连接程序时自动生成机器代码文件（.HEX），默认文件名为项目文件名。单击"Output"选项卡，弹出"Output"设置对话框，如图 1.13 所示，勾选"Create HEX File"选项，并可在"Name of Executable"框中输入机器代码文件的文件名，单击"OK"按钮结束设置。

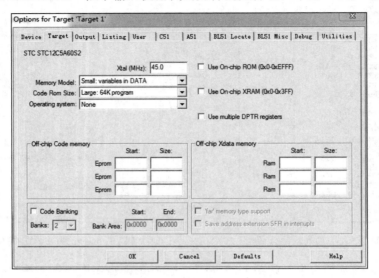

图 1.12　编译设置界面

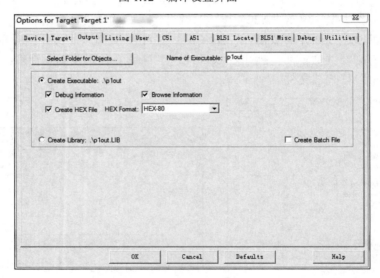

图 1.13　Output 选项卡

（2）编译与连接。选择菜单命令 Project→Build target(Rebuild target files)或单击编译工具栏中相应的按钮 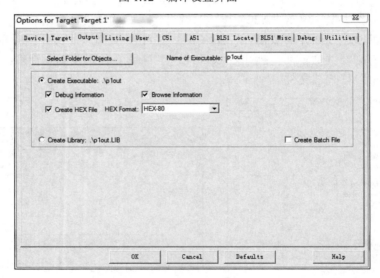，启动编译、连接程序。编译、连接后，在输出窗口中将输出编译、连接信息。信息最后一行若提示 0 Error(s)，则表示编译成功；否则，提示错误类型和错误语句所在位置。双击错误信息光标，将出现程序错误行，此时可进行程序修改，修改后必须重新编译，直到提示 0 Error(s)为止。

3．仿真调试

在仿真调试前，一般要先设置调试属性，在图 1.12 中，单击"Debug"选项卡，如图 1.14

所示。勾选"Use Simulator"选项，表示使用 Keil μVision5 的软件仿真；勾选"Use"选项，则需有相应的硬件支持。

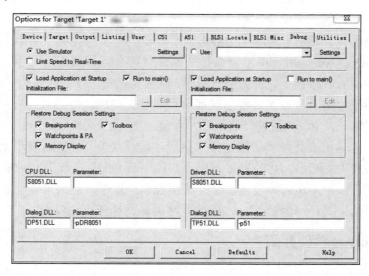

图 1.14　Debug 选项卡

选择菜单命令 Debug→Start/Stop Debug Session 或单击工具栏中的 🔍 图标进入调试模式，Keil μVision5 的调试模式界面能显示仿真调试的各种窗口，如左侧的寄存器（Registers）窗口、中间的 Disassembly 窗口、源程序显示窗口、Command 窗口等各种参数的观察窗口，还可以通过菜单 Peripherals 调出设备的资源窗口，如图 1.15 所示。

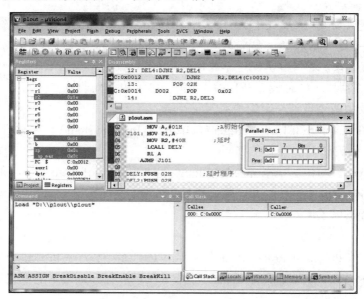

图 1.15　Keil μVision5 的调试用户界面

（1）选择菜单命令 Peripherals→I/O-Ports→Port 1，调出 P1 显示控制窗口。

（2）选择菜单命令 Debug→Run（F5 键），全速运行程序。在 P1 显示控制窗口中可以看到一个"√"循环移动。通过观察 P1 窗口的状态（"√"表示位状态输出为高电平，为空白表示输出为低电平）或查看左侧显示的状态值，来判断程序功能的正确性。

（3）除全速运行外，Debug 菜单还有跟踪运行（F11 键）、单步运行（F10 键）、执行到光标处和断点运行等，也可通过单击工具栏的调试按钮 ⊞ ▤ ⊗ ⑭ ⑮ ⑯ ⑰ 来实现相应的功能。

跟踪运行/Step：用于精确调试指令或观察指令运行状态。每单击一次跟踪运行/Step 按钮，系统执行一条指令。若调用子程序，则会进入子程序中单步执行每一条指令。

单步运行/Step Over：用于单步调试指令或观察指令运行状态。每单击一次单步运行/Step Over 按钮，系统执行一条指令。若调用子程序，则也是把整个子程序作为一条指令一次性完成。

执行到光标处：用于分段调试程序或观察程序运行状态，可通过光标设置程序的执行目标处。单击该按钮时，从 PC 当前处开始执行，直至光标处。

断点运行：也是用于分段调试程序或观察程序运行状态。将光标移动到某一条指令处，用断点设置功能按钮设置断点，可设置多个断点。程序从 PC 当前处开始执行，遇到断点即停止；再次单击全速运行或单步运行等按钮，又开始接着执行程序，遇到下一个断点又会停止。

（4）再次单击工具栏中的 ◉ 图标，返回程序编辑、编译用户界面。

1.5.2　Proteus 软件介绍

Proteus 是英国 Labcenter 公司开发的电路及单片机系统设计与仿真软件。Proteus 可以实现数字电路、模拟电路及微控制器与外设的混合电路系统的电路仿真、软件仿真、系统协同仿真和 PCB 设计等功能。Proteus 是目前唯一能对多种微处理器进行实时仿真、调试与测试的 EDA 工具，真正实现了在没有实际硬件时就可对系统进行调试、测试和验证，极大地提高了产品的设计开发效率，降低了开发风险。因 Proteus 具有逼真的协同仿真功能，特别适合作为配合单片机课堂教学和实验的学习工具，使得单片机的学习和应用研究开发过程变得简单容易。

Proteus 提供了近 40 个元器件库、近万种元器件。元器件涉及电阻、电容、二极管、三极管、变压器、继电器、各种放大器、各种激励源、各种微控制器、各种门电路、各种终端等。Proteus 还提供交直流电压表、逻辑分析仪、示波器、定时/计数器和信号发生器等虚拟测试信号工具，同时也支持虚拟终端、I²C 总线、SPI 总线等总线协议的仿真调试。

Proteus 主要由两个设计平台组成：

① Schematic Capture/ISIS（Intelligent Schematic Input System）——原理图设计与仿真平台，用于电路原理图的设计及交互式仿真；

② PCB Layout /ARES（Advanced Routing and Editing Software）——高级布线和编辑软件平台，用于印制电路板的设计，并产生光绘输出文件。

1. Proteus ISIS 介绍

（1）进入 Proteus ISIS

双击桌面上的 Proteus 8 Professional 图标或单击开始→程序→Proteus 8 Professional 菜单，出现如图 1.16 所示界面，表明进入 Proteus 8 集成开发环境。Proteus 8 主要包括主界面、原理图绘制界面、PCB Layout 界面。

（2）原理图绘制界面

单击工具栏中的 ▦ 图标，即可打开原理图绘制界面，这是一种标准的 Windows 界面，如图 1.17 所示，包括标题栏、菜单栏、标准工具栏、绘图工具栏、对象选择按钮、预览窗口、对象选择器窗口、图形编辑窗口等，读者在后续学习中可体会各按钮及窗口的功能。

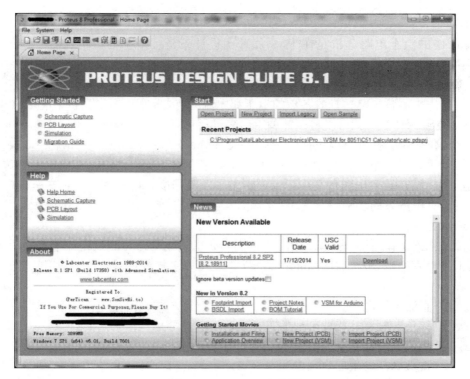

图 1.16　Proteus 8 主界面

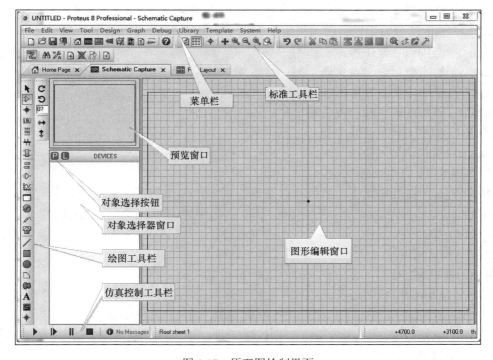

图 1.17　原理图绘制界面

2．Proteus 仿真介绍

Proteus 有交互式仿真和基于图表的仿真两种不同的仿真方式，其中交互式仿真用以检验用户所设计的电路是否能正常工作，而基于图表的仿真则主要用来研究电路的工作状态和细节检测。

Proteus 中的整个电路分析是在 ISIS 原理图设计下延续下来的，仿真时原理图中通常会包含线路上的探针、激励源、虚拟仪器和曲线图表等仿真部件。

（1）探针

探针主要用来测量电路仿真时各点的电压和电流的值。单击绘图工具栏下的 ✎（电压探针）和 ✎ 图标（电流探针），就可以将探针调用出来进行仿真。探针既可用于基于图表的仿真，也可用于交互式仿真中。探针有电压探针（Voltage probes）和电流探针（Current probes）两种。其中电压探针可在模拟电路仿真中使用，也可在数字电路仿真中使用。在模拟电路仿真中记录真实的电压值，而在数字电路仿真中记录逻辑电平及其强度。电流探针只可在模拟电路仿真中使用，并可显示电流方向。

（2）激励源

激励源是电路工作时的一些输入信号，利用特定的输入信号可测试设计电路的功能和性能。单击绘图工具栏下的 ◎ 图标（Generator mode），就可以选择各种激励源。常用的激励源主要有以下几种。

DC：　　　　直流电压源
Sine：　　　幅值、频率、相位可控的正弦波发生器
Pulse：　　　幅值、周期和上升沿/下降沿时间可控的模拟脉冲发生器
Exp：　　　　指数脉冲发生器
SFFM：　　　单频率调频波信号发生器
Pwlin：　　　任意分段线性脉冲信号发生器
File：　　　　File 信号发生器，数据来源于 ASCII 文件
Audio：　　　音频信号发生器
DState：　　　稳态逻辑电平发生器
DEdge：　　　单边沿信号发生器
DPulse：　　　单周期数字脉冲发生器
DClock：　　　数字时钟信号发生器
DPattern：　　模式信号发生器

（3）虚拟仪器

虚拟仪器是用来完成信号测量和观察的虚拟设备，单击绘图工具栏下的 ☷ 图标（Virtual instruments mode），就可以选择各种虚拟仪器。常用的虚拟仪器主要有以下几种。

OSCILLOSCOPE：　　　　　　　　　虚拟示波器
LOGIC ANALYSER：　　　　　　　　逻辑分析仪
COUNTER TIMER：　　　　　　　　定时/计数器
VIRUAL TERMINAL：　　　　　　　虚拟终端
SPI DEBUGGER：　　　　　　　　　SPI 调试器
I2C DEBUGGER：　　　　　　　　　I^2C 调试器
SIGNAL GENERATOR：　　　　　　信号发生器
PATTERN GENERATOR：　　　　　模式发生器
AC/DC VOLTMETERS/AMMETERS：交、直流电压表和电流表

（4）曲线图表

曲线图表可以用来分析电路的各种特性，如电路的转移特性分析、频谱分析、噪声分析和

失真度分析等。单击绘图工具栏下的 图标（Graph mode），就可以选择各种曲线图表。常用的曲线图表主要有以下几种。

ANALOGUE:	模拟图表
DIGITAL:	数字图表
MIXED:	混合分析图表
FREQUENCY:	频率分析图表
TRANSFER:	转移特性分析图表
NOISE:	噪声分析图表
DISTORTION:	失真分析图表
FOURIER:	傅里叶分析图表
AUDIO:	音频分析图表
INTERACTIVE:	交互分析图表
CONFORMANCE:	一致性分析图表
DC SWEEP:	直流扫描分析图表
AC SWEEP:	交流扫描分析图表

1.5.3 跑马灯仿真实例

【例 1.2】下面以一个简单的实例来展示 Proteus 的原理图绘制与仿真过程。单片机电路设计如图 1.18 所示。该电路的核心是单片机 AT89C51。单片机 P0 口的 8 个引脚接 D1~D8，电阻 R1~R8 起限流作用，总线使电路图变得简洁。

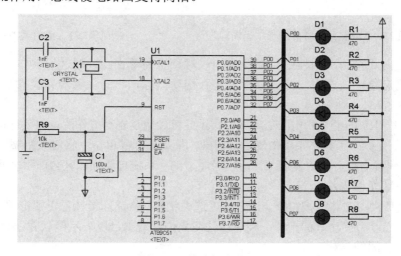

图 1.18　单片机电路设计

（1）将所需元器件加入对象选择器窗口

单击对象选择按钮 ，弹出"Pick Devices"页面，如图 1.19 所示。在"Keywords"栏中输入 AT89C51，系统在对象库中进行搜索，并将搜索结果显示在"Results"栏中。

在"Results"栏的列表项中，双击"AT89C51"，则可将"AT89C51"添加至对象选择器窗口。

图 1.19　"Pick Devices"页面

同理，在"Keywords"栏中分别输入 A700D（电解电容）、CAP（电容）、CRYSTAL（晶

振）、LED-RED（发光二极管）、RES（电阻），把所需元器件添加到对象选择器窗口。单击"OK"按钮，结束对象选择。

经过以上操作，在对象选择器窗口中已有了 AT89C51、A700D107M006ATE018、CAP、CRYSTAL、LED-RED 和 RES，单击元器件，在预览窗口中可看到对应元器件的实物图。此时，可注意到绘图工具栏中的元器件按钮 处于选中状态。

（2）放置元器件至图形编辑窗口

在对象选择器窗口中，选中 AT89C51，将鼠标指针置于图形编辑窗口中该对象的欲放置位置并单击，完成该对象的放置。同理，将其他所需元器件放置到图形编辑窗口中，如图 1.20 所示。其中接地信号和电源信号在"端点方式"按钮 中选择。双击元器件，可更改其属性，如双击电阻 R1，就可以更改它的属性，如图 1.21 所示。

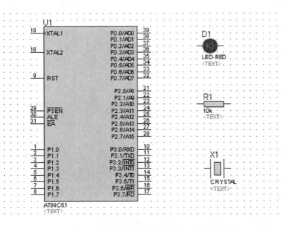

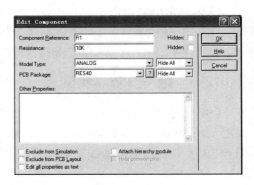

图 1.20　放置元器件至图形编辑窗口　　　　　图 1.21　电阻属性对话框

若对象位置需要移动，则将鼠标指针移到该对象上并单击，此时注意到该对象的颜色已变成红色，表明该对象已被选中，按住鼠标左键并拖动鼠标，将对象移至新位置后松开鼠标，完成移动操作。

由于电阻 R1～R8 的型号和电阻值均相同，因此可利用复制功能作图。将鼠标指针移到 R1 并单击，选中 R1，在标准工具栏中单击复制按钮 ，拖动鼠标并单击，将对象复制到新位置。如此反复，直到单击鼠标右键，结束复制。此时已经注意到，系统自动加以区分电阻名的标识。

（3）放置总线至图形编辑窗口

单击绘图工具栏中的总线按钮 ，使之处于选中状态。将鼠标指针置于图形编辑窗口并单击，确定总线的起始位置；移动鼠标指针，到总线的终止位置双击，以表示确认并结束画总线操作。

（4）元器件之间的连线

Proteus 的智能化表现为可以在画线时进行自动检测。下面来操作将电阻 R1 的左端连接到 D1 的右端。当鼠标指针靠近 R1 左端的连接点时，跟着鼠标指针就会出现一个红色的"口"号，

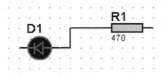

图 1.22　自动连线示意图

表明找到了 R1 的连接点，单击并移动鼠标指针（不用拖动鼠标），将鼠标指针靠近 D1 右端的连接点，跟着鼠标指针就会出现一个红色的"口"号，表明找到了 D1 的连接点，同时屏幕上出现了粉红色的连接，单击此连接线，粉红色的连接线变成了深绿色，同时，线形由直线自动变成了 90°的折线，如图 1.22 所示，这是因为选中了按钮 （线路自动路径功能）。

Proteus 具有线路自动路径功能（简称 WAR）。在选中两个连接点后，WAR 将选择一条合适的路径连线。WAR 可通过使用标准工具栏中的"WAR"命令按钮 ![] 来关闭或打开，也可以在菜单栏的"Tools"下找到这个图标。

同理，可以完成其他连线。在此过程的任何时刻，可以按 Esc 键或者右击来放弃连线。

（5）总线连线和导线标签

画总线时，为了和一般的导线区分，一般喜欢画斜线来表示分支线，此时需要用户自己决定走线路径，只需在想要拐点处单击即可。

单击绘图工具栏中的导线标签按钮 ![]，使之处于选中状态。将鼠标指针置于图形编辑窗口欲标注标签的导线上，跟着鼠标指针就会出现一个"×"号，表明找到了可以标注的导线，单击导线，弹出编辑导线标签对话框，如图 1.23（a）所示。在"String"栏中，输入标签名称（如P00），单击"OK"按钮，结束对该导线的标签标注。同理，也可以标注其他导线的标签，连接效果如图 1.23（b）所示。

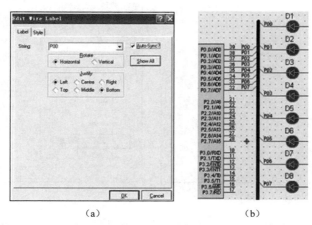

（a）　　　　　　　　　　　　　　　（b）

图 1.23　编辑导线标签对话框和连接效果图

注意：在标定导线标签的过程中，相互接通的导线必须标注相同的标签名。

（6）编写调试程序

打开 Keil μVision5 软件，选择菜单命令 Project→New μVision Project，如图 1.24 所示。设置项目名为"Test1"。在器件选择界面选择 Atmel 公司的 AT89C51 作为项目使用的单片机，如图 1.25 所示。单击新建文件图标 ![]，新建一个文件。在新文件中输入如下调试程序：

```
#include<reg51.h>
#include<intrins.h>

void delay()
{unsigned int i;
for(i=0;i<=500;i++);
}

main()
{while(1)
{P0=0x0fe;
delay();
P0=0x0fd;
delay();
```

```
P0=0x0fb;
delay();
P0=0x0f7;
delay();
P0=0x0ef;
delay();
P0=0x0df;
delay();
P0=0x0bf;
delay();
P0=0x7f;
delay();
}
}
```

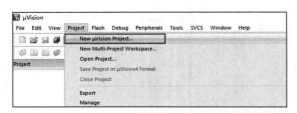

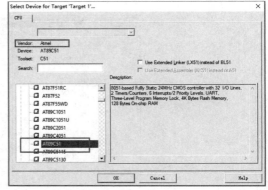

图 1.24　新建一个项目　　　　　　　　　　　　图 1.25　选择一个芯片

随后将该文件保存为 Test1.c 文件。然后在 Project 窗口下右击 Source Group 1，选择"Add Existing Files to Group 'Source Group 1'"选项，把之前建立的 Test1.c 源程序添加进项目中，如图 1.26 所示。右击 Target 1，选择"Options for Target 'Target 1'"选项，如图 1.27 所示，打开项目设置窗口，如图 1.28 所示。在图 1.28 中，单击"Output"选项卡，勾选"Create HEX File"选项，让项目在编译时产生十六进制可执行文件。单击█按钮进行编译，产生十六进制可执行文件。打开 Proteus ISIS，双击 AT89C51，打开 AT89C51 的设置界面，在"Program File"中选择前面生成的十六进制可执行文件，如图 1.29 所示。最后单击仿真按钮，查验实验结果。

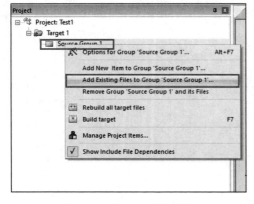

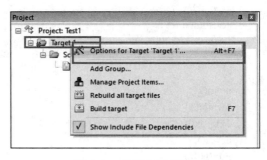

图 1.26　添加文件进项目　　　　　　　　　　　图 1.27　打开项目设置

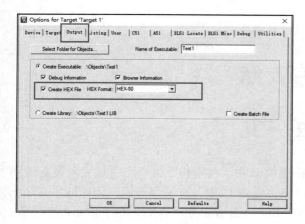

图 1.28　项目设置窗口

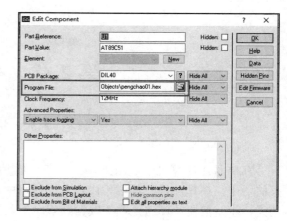

图 1.29　导入 HEX 文件

思考题与习题

1.1　写出下列二进制数的原码、反码和补码（设字长为 8 位）。

（1）001011　　　　　　　　（2）100110

（3）-001011　　　　　　　　（4）-111111

1.2　已知 X 和 Y，试计算下列各题的$[X+Y]_补$和$[X-Y]_补$（设字长为 8 位）。

（1）X=1011，Y=0011　　　（2）X=1011，Y=0111　　　（3）X=1000，Y=1100

1.3　微型计算机由哪几部分构成？微机系统由哪几部分构成？

1.4　什么叫单片机？它有何特点？

第2章 存 储 器

2.1 概　　述

存储器在计算机中是用来存储程序和数据的重要部件，程序和数据预先通过输入设备送到存储器中，在程序执行的过程中再从存储器中取出并送到 CPU。有了存储器，计算机才有记忆功能，才能把要计算和处理的数据及程序存入计算机，使计算机脱离人的直接干预而自动工作。

存储器是由若干个存储单元组成的，每个存储单元又由若干个存储电路组成。一般一个存储电路能存储 1 位（bit）二进制信息，通常将 8 位存储电路结合在一起构成 1 个基本的存储单元，称为 1 字节（Byte）。所以，一个存储器芯片的容量定义为

存储器芯片的容量=存储单元数×（位数/存储单元）

每个存储单元都有各自的地址标记，CPU 可以按地址来访问每个存储单元，所以存储器必须有自己的地址线来帮助外部器件来访问存储单元。1 根地址线可以区分 2 个存储单元，不难推出 n 根地址线可以区分 2^n 个存储单元，如：当 $n=10$，则有 $2^n=1024$ 个存储单元。在计算机中，为便于记忆和交流，将 1024Byte 称为 1KB，这里 K 的量纲为 1024，与重量、长度、频率中的量纲 $k=1000=10^3$ 不一样。

当 $n=20$ 时，$2^{20}B=2^{10}\times2^{10}B=1024KB$，称为 1MB，很明显这里的 $1M=2^{20}$，同样的道理，$1G=2^{30}$，$1T=2^{40}$，表 2.1 为存储单元量纲符号与值的对应表。

若一个存储器的存储单元数为 32K，每个存储单元 8 位，则它的容量通常记为 32K×8 位，也可记为 256K 位。

在计算机中，存储器从它与 CPU 的位置关系可以分

表 2.1　存储单元量纲符号与值的对应表

存储单元量纲符号	值
K	2^{10}
M	2^{20}
G	2^{30}
T	2^{40}

为内部存储器（简称内存）和外部存储器（简称外存）两种。正在运行的程序和数据都要存放在内存中，外存则相当于程序和数据的仓库，用来长期保存程序和数据。内存速度快，容量小；外存速度慢，容量大。

计算机中大量的操作是 CPU 与存储器交换信息。但是，存储器的工作速度远低于 CPU，所以，存储器的工作速度是影响计算机数据处理速度的主要因素。计算机对存储器的要求是：容量大，读/写速度快。但容量大、速度快与成本低是矛盾的，容量大、速度快必然使成本增加。

为此，现代计算机系统大多采用多级存储体系结构：内存、磁盘存储器及网络存储器，如图 2.1 所示。

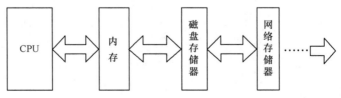

图 2.1　多级存储体系结构

在实际应用中，内存（内存条）又称为主存储器（主存），目前主流容量为 2GB 或 4GB，

内存不是很贵，8GB 及以上的也很常见。

为了使大容量的内存能与 CPU 进行信息快速交换，在 CPU 与内存之间还设计有 1～2 级高速缓冲存储器（Cache），它一般集成在 CPU 芯片内。Cache 容量较小，一般为几兆字节（MB），其工作速度几乎与 CPU 相当。

除内存外的存储器统称为外部存储器（外存），目前主流是磁介质存储器，其容量迅速增大、速度迅速提高，而成本在不断下降，已成为微型计算机的主流外部存储器。另外，还有 NAND 闪存组成的固态硬盘和光存储器（现在较新的是蓝光光盘）等。

微型计算机用到的存储器分类如下。

1．按制造工艺分类

按制造工艺分，可将存储器分为双极型和 MOS 型两类。

（1）双极型存储器

由 TTL 晶体管组成的逻辑电路构成。该类存储器的工作速度快，但集成度低、功耗大、价格偏高。

（2）MOS 型存储器

该类型存储器有多种制作工艺，如 N 沟道 MOS、HMOS（高密度 MOS）、CMOS（互补型MOS）、CHMOS（高速 CMOS）等。该类存储器的集成度高、功耗低、价格便宜，但速度较双极型存储器慢。

2．按使用属性分类

按使用属性分，可将存储器分为 ROM 和 RAM 两类。

（1）ROM

ROM（Read-Only Memory，只读存储器），在一般情况下只能读出所存信息，而不能重新写入。信息的写入是通过工厂的制造环节或采用特殊的编程方法进行的。信息一旦写入，就能长期保存，掉电亦不丢失，所以 ROM 属于非易失性存储器件。

ROM 可分为以下 5 种类型。

① 掩模（Masked）ROM，简称 ROM。该类芯片通过工厂的掩模工艺制作，已将信息做在芯片当中，出厂后不可更改。

② 可编程（Programmable）ROM，简称 PROM。该类芯片允许用户进行一次性编程，此后便不可更改。

③ 可擦除（Erasable）PROM，简称 EPROM。一般指可用紫外线擦除的 PROM。该类芯片允许用户多次编程和擦除。擦除时，通过向芯片外壳上方的圆形窗口照射紫外线的办法来进行。

④ 电可擦除（Electrically Erasable）PROM，简称 EEPROM，也称 E^{2}PROM。该类芯片允许用户多次编程和擦除，用户可在线进行擦除、编程等操作。

⑤ 闪存（Flash ROM），是一种新型的容量大、速度快、电可擦除可编程只读存储器。

（2）RAM

RAM（Random Access Memory，随机存取存储器），也称随机存储器或读/写存储器。顾名思义，对这种存储器，信息可以根据需要随时写入或读出。对于一般的 RAM 芯片，掉电时信息将会丢失。

根据 RAM 的结构和功能，RAM 又可分为两种类型：静态 RAM 和动态 RAM。

① 静态（Static）RAM，即 SRAM。它以触发器为基本存储单元，只要不掉电，其所存信息就不会丢失。在构成小容量的存储系统，如单片机应用系统时，一般选用 SRAM，微型计算机中普遍用 SRAM 构成高速缓冲存储器。

② 动态（Dynamic）RAM，即 DRAM。一般用 MOS 型存储器构成，需要进行定时刷新，集成度高、价格低廉，所以多用在存储容量较大的系统中。目前，微型计算机中的内存几乎都使用 DRAM。

3. 新型存储器件

随着微型计算机使用的深入，也出现了一些新型存储器，像 FRAM、MRAM。

FRAM（铁电存储器），利用铁电晶体的铁电效应实现数据存储。FRAM 的特点是速度快，能够像 RAM 一样操作，掉电数据不丢失。FRAM 为同时需要使用 SRAM 和 EEPROM 的应用系统找到一种新的途径，但受铁电晶体特性的制约，FRAM 仍有最大访问次数的限制。

MRAM（非挥发性随机存储器），具有 SRAM 的高速存储能力、高集成度，基本上可以无限次地重复写入的特点。

2.2　只读存储器

只读存储器（ROM）有两个显著的优点：

① 结构简单，所以位密度比可随机存储器高；

② 具有非易失性，所以可靠性高。

通常采用 ROM 存放系统监控程序、数据表格等。

2.2.1　只读存储器的结构及分类

ROM 的基本结构框图如图 2.2 所示，其主要由地址译码器、存储矩阵和输出缓冲器组成。

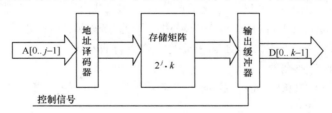

图 2.2　ROM 的基本结构框图

地址译码器根据地址总线信号，选中相应的存储单元。译码器有 j 条地址输入线，可以寻址 2^j 个存储单元。

存储矩阵由 2^j 个存储单元组成，每个存储单元为 k 位，存储器的容量是 $2^j \times k$ 位。

输出缓冲器具有三态功能，受控制信号的控制。当控制信号有效时，才将存储单元的数据输出到数据总线 $D_0 \sim D_{k-1}$ 上，否则数据总线 $D_0 \sim D_{k-1}$ 呈高阻态。

1. 掩模 ROM（ROM）

这种 ROM 一般由生产厂家根据用户的要求而定制，适合于大批量生产和使用。这种 ROM 的结构简单，集成度高，但制作掩模的成本很高，只有在大量生产某种定型的 ROM 产品时才采用该工艺定制所需的 ROM。

掩模 ROM 可用来存储计算机用的某些标准程序，如监控程序、BASIC 语言的解释程序等；也可以用来存储固定的数据表格，如数学用表等。

根据制造工艺，掩模 ROM 又可分为 MOS 型和双极型两种。MOS 型 ROM 的功耗小，但速度比较慢，微型计算机系统中用的 ROM 主要是这种类型。双极型 ROM 的速度比 MOS 型的快，但功耗大，只用在速度较高的系统中。

存储器从译码方式上来看，有字译码结构和复合译码结构两种，MOS 型 ROM 也不例外。

（1）字译码结构

图 2.3 为一个简单的 4×4 位的 MOS 型 ROM。采用字译码方式，两位地址输入，经译码后，输出 4 条选择线，每一条选中一个字，位线输出即为这个字的各位，即数据线。在图示的存储矩阵中，有的列连着 MOS 管，有的列没有连 MOS 管，这是在制造时由二次光刻版的图形（掩模）所决定的，所以把它称为掩模 ROM。

在图 2.3 中，地址译码器为 2-4 译码器。设译码输出 1 为有效，若地址信号 A1A0=01，选中字线 2，字线 2 为高电平，若有 MOS 管与其相连，如位线 1 和位线 4，则相应的 MOS 管导通，于是位线输出为"0"；而位线 2 与位线 3 没有 MOS 管与字线相连，则输出为"1"。由此可见，当某一字线被选中时，连有 MOS 管的位线输出为"0"，而没有 MOS 管相连的位线输出为"1"。图 2.3 中存储矩阵的内容见表 2.2。

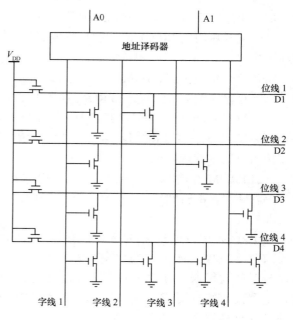

图 2.3　4×4 位的 MOS 型 ROM

（2）复合译码结构

当地址线数 j 增大时，地址译码器的输出线数将呈指数规律上升，变得很大，给工艺加工带来不便。实际设计中，往往采用行、列两个方向同时译码的复合译码结构，图 2.4 所示为一个 4096×1 位的 MOS 型 ROM。4096 个单元采用字译码结构，12 根地址线，会有 4096 根选择线，现在将 12 根地址线分成两组，分别经过行和列译码，分别产生 2^6=64 根选择线，共计 128 根选择线，这比字译码结构的选择线要少得多。

表 2.2　存储矩阵的内容

	位线 1	位线 2	位线 3	位线 4
字线 1	0	0	0	0
字线 2	0	1	1	0
字线 3	1	0	1	0
字线 4	1	1	0	0

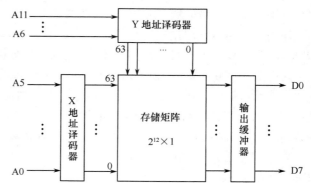

图 2.4　4096×1 位的 MOS 型 ROM

2．可编程只读存储器（PROM）

PROM 只允许用编程器写入一次，PROM 在出厂时，存储的内容全为 1，用户可以根据需要将其中的某些存储单元写入 0，以实现对其"编程"的目的。PROM 的典型产品有双极型熔丝结构的 PROM 和使用肖特基二极管的 PROM 两种。

3．可擦除可编程只读存储器（EPROM）

EPROM 的特点是具有可擦除功能，擦除后即可进行再编程，用户可反复编程使用，但缺点是擦除需要使用紫外线照射一定的时间。这类芯片特别容易识别，在芯片外壳上方的中央有一个圆形窗口——石英玻璃窗，在紫外线照射下，存储器中的各位信息均变为"1"，即处于擦除状态。擦除干净的 EPROM 可以通过编程器将应用程序固化到芯片中。由于阳光中有紫外线的成分，一个编程后的 EPROM 芯片的石英玻璃窗一般使用黑色不干胶纸盖住，避免因阳光照射而破坏程序。

EPROM 的典型芯片是 Intel 公司的 27 系列产品，如 2716（2KB）、2732（4KB）等。随着电可擦除存储器的大量出现，EPROM 慢慢退出主流市场。

4．电可擦除的可编程只读存储器（EEPROM）

EEPROM 又称 E^2PROM，这是一种用电信号编程也用电信号擦除的 ROM，其最大优点是可直接用电信号擦除，也可用电信号写入。具有 ROM 的非易失性，又具有 RAM 的随机读/写特性。EEPROM 存储的信息能保留长达 20 年之久，具有几百次到几万次不等的改写次数，只是内容擦除和写入的时间比较长，约 10ms。为了保证有足够的写入时间，通常用软件或硬件来检测写入周期。

EEPROM 可以通过读/写操作进行逐个存储单元的读出和写入，且读/写操作与 RAM 几乎没有什么差别，所不同的只是写入速度慢一些，而断电后却能保存信息。因为 EEPROM 重编程时间比较长，有效重编程次数也比较少，所以 EEPROM 不能取代 RAM。EEPROM 对硬件电路没有特殊要求，操作简单，作为 ROM 使用时，就按照 EPROM 方式连线并进行单元地址编址即可。

典型 EEPROM 芯片有 24C04、28C16、2864、CAT24C256 等。

5．闪存

Flash ROM 是在 EPROM 和 EEPROM 的基础上发展起来的，其读/写速度很快，存取时间可达 20ns，所以也叫闪速存储器，简称"闪存"。目前很多单片机内均采用闪存作为 ROM，其使用与扩展方法和 EEPROM 一样。

闪存在 EPROM 工艺的基础上增添了芯片电擦除和可再编程功能，使其成为性价比和可靠性高、擦写快、非易失的 EEPROM 存储器。很多闪存内部集成有 DC/DC 变换器，使读、擦除、编程使用单一电压（根据不同型号，有的是单一+5V，也有的是单一+3V），从而使在系统编程（ISP）成为可能。闪存可重复擦写 10 万次以上，数据可靠保持超过 10 年。

闪存必须按块（Block）擦除，每个块的大小不定，不同厂家的产品有不同的规格，而 EEPROM 一次只擦除一字节（Byte），因此闪存也被广泛用在 PC 的主板上，用来保存 BIOS 程序，便于进行程序的升级，同时也广泛用作硬盘的替代品，具有速度快、无噪声、耗电低的优点，但是将其用来取代 RAM 就显得不合适，因为 RAM 需要能够按字节改写。

典型闪存芯片有 AT29C256（32K×8 位）、AT29LV040A（512K×8 位）和 Am29F016B（2M×8 位）等。

2.2.2　EPROM 芯片 27256 介绍

27256 的结构框图如图 2.5 所示。27256 是一个 32K×8 位，即 256K 位的 EPROM，需要 15 条地址线、8 条数据线。该系列产品还有 2716、2764、27128 等。27256 的输出和编程及各种工作方式主要由片选信号 $\overline{CE}$ 和输出允许信号 $\overline{OE}$ 控制，其最大访问时间为 350ns。27256 的 DIP28

封装引脚排列如图 2.6 所示。

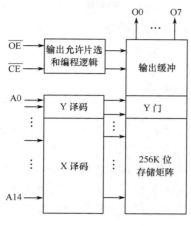

图 2.5　27256 的结构框图

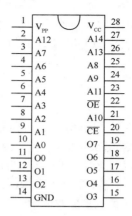

图 2.6　27256 的 DIP28 封装引脚排列

27256 有 8 种工作方式，这些工作方式的选择见表 2.3。

表 2.3　27256 工作方式选择表

	$\overline{CE}$	$\overline{OE}$	V_{PP}	A9	V_{CC}	输出引脚 O0~O7
读	低电平	低电平	V_{CC}	×	V_{CC}	数据输出
编程	低电平	高电平	V_{PP}	×	V_{CC}	数据输入
校验	高电平	低电平	V_{PP}	×	V_{CC}	数据输出
编程禁止	高电平	高电平	V_{PP}	×	V_{CC}	高阻态
备用	高电平	×	V_{CC}	×	V_{CC}	高阻态
输出禁止	低电平	高电平	V_{CC}	×	V_{CC}	高阻态
Intel 标识符	低电平	低电平	V_{CC}	V_H	V_{CC}	编码
Intel 编程方法	低电平	高电平	V_{PP}	×	V_{CC}	数据输入

注：V_H=12.0±0.5V，V_{CC}=5V，V_{PP}=12V，×为高电平或低电平均可。

（1）读方式

这是 27256 正常的使用方式，此时电源线 V_{CC} 和 V_{PP} 都接+5V。当要从一个地址单元读数据时，CPU 先通过地址线送来地址信号，接着使控制信号 $\overline{CE}$ 和 $\overline{OE}$ 都有效。经过一段时间，指定单元的内容就可以读出到输出引脚上。

（2）备用方式

当某片 27256 未被选中时，为了降低芯片的功耗，可设置芯片进入备用方式。只要 $\overline{CE}$ 为高电平，27256 就工作在备用方式，此时，最大电流由 125mA 降为 50mA，输出引脚处于高阻态。

（3）编程方式

当芯片出厂时，或利用紫外线擦除后，所有存储单元的所有位的信息全为"1"，只有经过编程才能使"1"变为"0"。电源线 V_{CC} 仍接+5V，而 V_{PP} 必须接+12V；$\overline{CE}$ 保持低电平，而 $\overline{OE}$ 保持高电平。对于每个地址单元，输出引脚 O0~O7 都被用于数据输入，出现在其上的数据将被写入 EPROM 中，地址线上出现的地址信息则决定数据写入哪个存储单元中。

（4）编程禁止方式

在编程时，如果若干个 27256 并联，而有的 27256 的编程要被禁止，则只要将该芯片的 $\overline{CE}$ 变为高电平即可。

（5）校验方式

为了检查编程时写入的数据是否正确，通常在编程过程中包含校验操作。在 1 字节的编程完成以后，电源的接法不变，$\overline{CE}$ 保持高电平，令 $\overline{OE}$ 变为低电平，则同一单元的数据在 O0～O7 上输出，就可以与要输入的数据相比较，校验编程是否正确。

2.3 随机存储器

随机存储器（RAM）是指存储单元的内容可按需随意取出或存入，在断电时将丢失其存储内容。RAM 常用来存储运算产生的中间数据、外面采集到的数据、临时存放的数据等。

RAM 的内部结构一般可分为地址译码、存储矩阵、输出缓冲器和控制电路 4 部分，如图 2.7 所示。从结构上看，RAM 和 ROM 差不多，但是 RAM 的数据总线因为有既可读出又可写入的要求，故输出缓冲器是双向的。图中的读/写控制线用来选择要进行的是读操作还是写操作，片选线用来决定该芯片是否将要进行读/写操作。

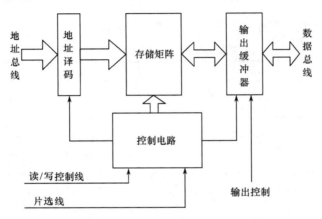

图 2.7　RAM 结构框图

RAM 的基本工作过程是：首先得到地址信号和片选信号，片选信号有效则该芯片被选中，地址总线决定是对存储器的哪个单元进行操作；然后得到读/写控制信号，根据读/写控制信号的电平来确定是进行读操作还是写操作。

若是读操作，芯片就将地址总线所对应存储单元的数据送到输出缓冲器，在得到输出控制信号有效时，再将该数据放到数据总线上。

若是写操作，芯片在写信号有效时就将数据总线上的数据写入芯片的一个存储单元，到底写到哪个单元，由地址总线决定。

若片选信号无效，该芯片不进行任何操作，输出缓冲器的输出线呈高阻态，可实现该芯片输出缓冲器与外部数据总线的隔离。

按制造工艺分类，RAM 分为双极型和 MOS 型两大类。

1．双极型 RAM

① 存储速度快。

② 以晶体管的触发器作为基本存储电路，故管子较多。

③ 与 MOS 相比集成度较低。

④ 功耗大。

⑤ 成本高。

所以，双极型 RAM 主要用在对速度要求较高的微型计算机中或作为 Cache 使用。

2．MOS 型 RAM

MOS 型 RAM 又可分为静态（Static）RAM（SRAM）和动态（Dynamic）RAM（DRAM）两种。

（1）SRAM 的特点

① 多管构成的触发器作为基本存储电路。

② 集成度高于双极型 RAM，但低于 DRAM。

③ 不需要刷新，故可省去刷新电路。

④ 功耗比双极型 RAM 低，但比 DRAM 高。

⑤ 易于用电池作为后备电源（RAM 的一个重大问题是当电源去掉时，RAM 中的信息就会丢失。为了解决这个问题，就要求掉电时，RAM 能自动转换到一个电池供电的低压后备电源，以保持 RAM 中的信息不丢失）。

⑥ 存取速度较 DRAM 快。

（2）DRAM 的特点

① 基本存储电路可以用单管线路组成（依靠电容存储电荷）。

② 集成度高；

③ 比 SRAM 的功耗更低。

④ 价格比 SRAM 便宜。

⑤ 因 DRAM 靠电容来存储信息，由于总是存在泄漏电流，故需要定时刷新。典型的是要求每隔 1ms 刷新一遍。

MOS 型 RAM 因其集成度高、功耗低、价格便宜而得到广泛应用，所以下面主要介绍 MOS 型 RAM。

2.3.1 静态基本存储电路

MOS 型 SRAM 是用 MOS 管作为基本存储元件的。图 2.8 是一个 NMOS 8 管静态基本存储单元电路。输入信号主要有 X 地址译码线和 Y 地址译码线（统称为字线）；I/O 和 $\overline{I/O}$ 是与外部连接的数据线，可输入，也可作为输出；D 和 $\overline{D}$ 统称为位线。$Q_1 \sim Q_4$ 组成静态触发器，Q_1、Q_3 为控制管，Q_2、Q_4 为负载。触发器有两个不同的稳定状态：Q_1 截止时，A=1（高电平），它使 Q_3 导通，于是 B=0（低电平），而 B=0 又保证了 Q_1 截止。所以，这种状态是稳定的。同样，Q_1 导通、Q_3 截止的状态也是稳定的。因此，可以用这两种不同状态分别表示"1"或"0"。

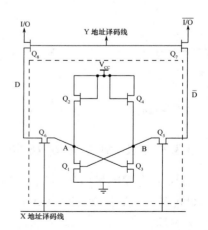

图 2.8　NMOS 8 管静态基本存储单元电路

当 X 地址译码线为高电平时，$Q_5 \sim Q_6$ 导通，A、B 端与位线 D 和 $\overline{D}$ 相连；当这个电路被选中时，相应的 Y 地址译码线也是高电平，Q_7、Q_8 也是导通的，于是，存储器内部的 D 和 $\overline{D}$ 就与外部的输入/输出电路 I/O 及 $\overline{I/O}$ 相通。当写入时，写入信号自 I/O 和 $\overline{I/O}$ 输入，若写"1"，则 I/O =1，而 $\overline{I/O}$ =0。它们通过 Q_8、Q_7 及 Q_6、Q_5 分别与

A 端和 B 端相连，使 A=1，B=0，这样 Q_3 导通、Q_1 截止，相当于把输入电荷存储于 Q_1 和 Q_3 的栅极。在输入信号及地址选择信号消失后，Q_5、Q_6、Q_7、Q_8 都截止，由于存储单元有电源和两个负载，可以不断地向栅极补充电荷，因此靠两个反相器的交叉控制，只要不掉电就能保持写入的信号"1"而不用再刷新。若写"0"，原理一样。

读出时，只要某一电路被选中，相应的 Q_5、Q_6 导通，A、B 端分别与位线 D 和 $\overline{D}$ 相通，且 Q_7、Q_8 也导通，故存储电路的信号被送至 I/O 及 $\overline{I/O}$ 上，供外部总线读取。信息读出以后，并不影响触发器中所存储的信息，故称为非破坏性读出。

当字线为低电平时，Q_5、Q_6 截止，使触发器与位线 D 和 $\overline{D}$ 隔离。这时，存储电路内的信息既不能读出，也不能写入，只是保持原存储信息不变，故称此时为维持状态。

一个基本存储电路只能存放 1 位二进制数，若一条字线接到几个存储电路的传输门，就可以构成一个存储单元。再由许多个存储单元按阵列的形式排列，便可构成一个存储体，配上所需的如地址译码等控制电路，即可得到我们所说的存储芯片。

由此可见，静态 RAM 触发器在有电源的情况下，可以存入数据也可以读出数据。在掉电之后，存入的信息将全部消失。

2.3.2　动态基本存储电路

图 2.9 为单管动态存储单元电路，动态基本存储电路是利用 MOS 管栅极和源极之间的极间电容 C_1 来存储信息的。C_1 上存有电荷，表示存有信息"1"，否则就表示存有信息"0"。虽然 MOS 管是高阻器件，漏电流小，但漏电流总是存在的，因此 C_1 上的电荷经一段时间（一般为 2ms）后就会泄放掉，故不能长期保存信息。为了维持动态存储电路所存储的信息，必须使信息再生（进行刷新）。MOS 管 Q_1 作为一个开关，Q_2 为同一列电路所公用，C_0 为位线对地的寄生电容，$C_0 \gg C_1$。

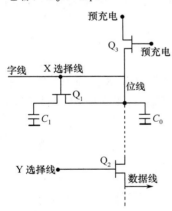

图 2.9　单管动态存储单元电路

因为电容 C_1 很小（为 0.1～0.2μF），所以读出的信号很弱，需要进行放大。另外在每次读出后，由于 C_1 上电荷的损失，原先的存储内容遭到破坏（改变），因此还必须把原来信号重新写入（再生）。

为了读出动态存储电路的数据，在读数前需要对数据线进行预充电。读出和写入操作均需按严格的定时时序脉冲进行，因此，DRAM 芯片内要有时钟电路。

刷新过程就是先读出信息（不送到数据线上，此时 Y 选择线置 0），经放大后再传送给位线，通过写入操作来完成。

由此可见，动态存储电路具有集成度高、成本低、功耗低的优点，但由于刷新，需要较复杂的外部控制电路，因此只有在构成大容量的存储系统（如 PC）时才有较高的性价比。

2.3.3　SRAM 芯片 6116 介绍

6116 是存储容量为 2K×8 位 SRAM 芯片。采用 CMOS 工艺制造，单一+5V 供电，额定功耗为 160mW，典型存取时间为 200ns，24 线双列直插式封装，如图 2.10 所示。该芯片有 11 条地址线，分成 7 条行地址线 A_4～A_{10} 和 4 条列地址线 A_0～A_3，一个 11 位地址码选中一个 8 位存储单元。D_0～D_7 是 8 位数据线，还有 3 条控制线：片选信号 $\overline{CS}$、写允许信号 $\overline{WE}$ 和输出允许信号 $\overline{OE}$。6116 的功能表如表 2.4 所示。读出和写入是分开的，而且写入优先。

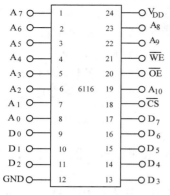

图 2.10 6166 的引脚排列及逻辑符号

表 2.4 6116 的功能表

$\overline{CS}$	$\overline{WE}$	$\overline{OE}$	$A_0 \sim A_7$	$D_0 \sim D_7$	工作状态
1	任意	任意	任意	高阻态	低功耗维持
0	0	1	稳定	输入	写入
0	1	0	稳定	输出	读出

2.3.4 DRAM 芯片 2116 介绍

2116 是 Intel 公司生产的 16K×1 位 DRAM 芯片，有 16 个引脚。16K 位应有 14 条地址线，但 2116 只有 7 个地址线引脚 A0～A6，它们既是列地址引脚，又是行地址引脚，通过两个控制信号——列地址选通信号 $\overline{CAS}$ 和行地址选通信号 $\overline{RAS}$ 来区别。2116 的引脚排列如图 2.11 所示。

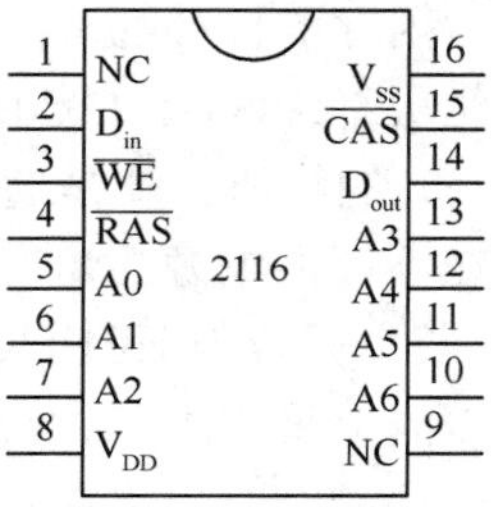

2116 在工作时，$\overline{RAS}$ 先有效，输入行地址 A0～A6，并存入芯片内部的行地址锁存器，然后 $\overline{CAS}$ 有效，将随之而来的 A0～A6 作为列地址 A7～A13 存入列地址锁存器。

2116 只有 $\overline{RAS}$ 有效时，该芯片开始工作，三态数据输出端只受 $\overline{CAS}$ 控制。

读操作：当 $\overline{RAS}$ 和 $\overline{CAS}$ 都为低电平，$\overline{WE}$ 保持高电平时，所选中的存储单元信息送到数据线。

写操作：当 $\overline{RAS}$ 和 $\overline{CAS}$ 都为低电平，而 $\overline{WE}$ 保持低电平时，将数据线的信息写入指定单元。

刷新操作：刷新是按行进行的，要在 2ms 内对 A0～A6 的 128 个地址轮流刷新一遍。刷新操作只需使 $\overline{RAS}$ 为低电平，写入行地址，而 $\overline{CAS}$ 为高电平（不必读列地址），就可以对行地址所对应的 128 个存储单元同时进行刷新。为配合刷新，2116 外部还要设计相应的刷新电路。

DRAM 的数据线一般只有一条，在实用中厂家或商家通常是将 8 片 DRAM 装配在一个 RAM 条上出售，以简化系统的电路连接。

随着微电子技术的发展，新的 RAM 芯片或器件不断推出，像 HY57V641620 芯片具有 4M×16 位的存储空间，带有自动刷新电路，这里就不介绍了。

图 2.11 2116 的引脚排列

2.4 闪　　存

Flash 存储器又称闪存，是一种寿命长的非易失性（在断电情况下仍能保持所存储的数据信息）存储器，数据删除不以单个字节为单位而以固定的块为单位，块大小一般为 256KB～20MB。

闪存是 EEPROM 的变种。EEPROM 与闪存不同的是，它在字节水平上进行删除和重写操作而不像闪存进行整个芯片的擦写，这样闪存就比 EEPROM 的更新速度快。由于闪存断电时仍能保存数据，因此通常被用来保存设置信息，如在计算机的 BIOS（基本输入/输出程序）、PDA

（个人数字助理）、数码相机中保存资料等。另外，闪存不像 RAM 一样以字节为单位改写数据，因此不能取代 RAM。闪存结合了 ROM 和 RAM 的长处，不仅具备 EEPROM 的性能，而且不会断电丢失数据，同时可以快速读取数据，U 盘和 MP3 中用的就是这种存储器。过去嵌入式系统一直使用 ROM（EPROM）作为存储设备，然而近年来闪存全面代替了 ROM（EPROM）在嵌入式系统中的地位，用于存储 Bootloader 及操作系统或程序代码，或者直接当硬盘使用。

2.4.1　闪存简介

全球闪存的供应商主要有 AMD、Atmel、Fujistu、Hitachi、Hyundai、Intel 等。

1．闪存类型

从技术层面上来说，可以根据内部晶体管的设计架构不同把闪存分为 Cell Type 和 OperaTlon Type 两类。其中，OperaTlon Type 按功能又可分为 Code Flash（存储程序代码）和 Data Flash（存储一般数据）。其中，Code Flash 的驱动方式有 NOR 和 DINOR，而 Data Flash 的驱动方式则有 NAND 和 AND。

2．闪存的物理结构

闪存的标准物理结构为基本位（Cell）。一般存储器的 MOS 栅极（Gate）与通道的间隔为氧化层绝缘（Gate Oxide）。而闪存在控制闸（Control Gate）与通道间多了一层称为"浮栅"（Floating Gate）的物质。就是这层物质的存在，使得闪存可以快速完成读、写、删除 3 种基本操作。即便在不提供电源的情况下，闪存也能通过此浮栅来保证数据的完整性。

3．闪存与 EEPROM 的区别

闪存采用内部闭合电路，这样不仅可以使电子区作用于整个芯片，还可以预先设定块。在设定块的同时也将芯片中的目标区域擦除干净，以备重新写入。传统的 EEPROM 每次只能擦除 1 字节，而闪存每次可擦写一块或整个芯片。闪存的工作速度大幅领先于传统的 EEPROM。

2.4.2　闪存芯片 M45PE80

M45PE80 的硬件生产厂家有很多，下面以 Numonyx（恒忆）公司的 M45PE80 产品为例介绍。

1．M45PE80 的主要特点

● 8MB 页面可擦除闪存。
● 最大 50MHz 时钟频率。
● 2.7～3.6V 的单一供电电压。
● SPI 总线兼容串行口。
● 页面大小为 256B，页面写入典型时间为 11ms，页面编程典型时间为 0.8ms，页面擦除典型时间为 10ms。
● 区块擦除大小为 64KB。
● 深度掉电模式，典型值为 1μA。
● 写入次数超过 10 万次，数据保留超过 20 年。

2．M45PE80 的引脚图及其功能

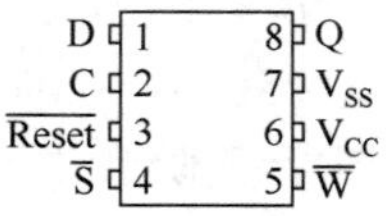

图 2.12 所示为 M45PE80 的引脚图，部分引脚功能如下。

Q：串行数据输出引脚，用于将数据串行输出。数据在串行时钟（C）的下降沿移出。

D：串行数据输入引脚，用于将数据串行输入。数据在串行时钟（C）的上升沿锁存。

图 2.12　M45PE80 引脚图

C：串行时钟引脚。

$\overline{S}$：片选引脚。当输入信号为高电平时，M45PE80 不被选中，这时 Q 引脚处于高阻抗状态。除非正在进行内部读取、编程、擦除或写入，否则 M45PE80 将处于待机模式（不是深度关机模式）。

$\overline{Reset}$：复位信号引脚，低电平有效。

$\overline{W}$：写保护信号引脚。当 $\overline{W}$ 连接到 V_{SS} 时，会保护前 256 页内存的写入、编程和擦除操作，使它们变为只读。当 $\overline{W}$ 连接到 V_{CC} 时，前 256 页内存的行为与其他内存页的行为类似。

2.5　存储器的选择与扩展

CPU 一般不配置存储器，在设计一个应用系统时，用户往往需要设计自己所需的存储器系统，来完成程序和数据的存储。

CPU 和存储器之间的连接要考虑较多的问题，下面只介绍存储器的选择与扩展。

2.5.1　存储器的选择

设计存储器系统时，首先要考虑的是存储器芯片的选择，考虑的因素主要是存储器的类型、芯片的容量、芯片的读/写速度等。

1．类型

根据实际应用需要，考虑适合工作需要的存储器类型，如选 ROM 还是 RAM、选 SRAM 还是 DRAM 等。

一般来说，如果存储器用来存放已调试好的程序或固定常数，则应选用 ROM，在样机研制或小批量生产时可选用 EPROM，大批量生产时可采用掩模 ROM。

如果用来存放经常变化的数据，则选 RAM。若系统较小，存储容量不大，则常选用 SRAM，如单片机应用系统；若系统存储容量较大，则可选用 DRAM。

闪存既可以用作 ROM，也可以用作 RAM。用作 ROM 时，具有在线擦除和改写功能；用作 RAM 时，存入的数据不会因为断电而消失，但闪存的改写速度比 RAM 的写入速度慢得多。

2．容量

存储容量的大小要根据系统的实际需要来定，同时适当考虑系统的后续扩充需要。

3．工作速度

存储器的工作速度只有满足 CPU 的读/写速度要求，才能有效完成数据的传送。反映存储器工作速度的是存储器的存取时间 t_m，它是指从接收到有效的地址信号到读出的数据放在数据线上稳定为止的这一段时间。

CPU 对存储器的访问时间 t_c 是指从 CPU 送出有效地址到 CPU 采样数据总线的这段时间。

要实现有效访问，必须有

$$t_m < t_c$$

2.5.2　存储器的扩展

1．存储器位数的扩展

当存储器位数不满足要求时，需要进行存储器位数的扩展。如图 2.13 所示，要构成 2K×16 位只读存储器，可以采用两个 2K×8 位的存储器芯片构成，将两个芯片的地址线 A0～A10 分别连接在一起，片选信号 $\overline{CS}$ 及读/写控制信号 $\overline{WE}$ 也都各自连接在一起，而数据输出端各自独立，

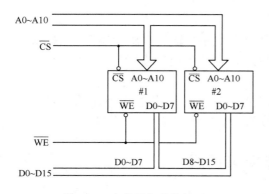

图 2.13 存储器位数的扩展

#1 芯片输出为 D0～D7，#2 芯片输出为 D8～D15。这样，在 CPU 发出一组地址信号和片选信号后，这两个芯片同时被选中，从而组成一个完整的 16 位存储单元输出。

2．存储单元的扩展

当存储器的存储单元数不够时，需要进行存储单元的扩展，如 2K×8 位芯片扩展为 16K×8 位芯片，需要用 8 个 2K×8 位芯片。这时，若 CPU 发出某一存储单元的读/写命令，应该只有一个芯片被选中，如何被选中就是片选问题。片选有两种方法：线选法和译码法，而译码法又可以分为全译码和部分译码。

（1）线选法

线选法就是用低位地址线来实现各芯片内存储单元的寻址，然后用余下的高位地址线直接接到芯片的片选端实现芯片的选择。

例如，2K×8 位芯片需 11 条地址线，故用 A10～A0。然后用余下的高位地址线 A15～A11 来区别各个芯片，可以区别 5 个这样的芯片。图 2.14 只接了 4 个 2K×8 位芯片，构成 8K×8 位存储器，用 A14～A11 作线选，设片选端 CS 高电平有效，则#1 和#2 芯片的地址范围分析如下，#3 和#4 芯片的地址范围也不难得出，分别为 2000H～27FFH、4000H～47FFH。

芯片	A15	A14	A13	A12	A11	A10	…	A0	地址范围
#1	0	0	0	0	1	0	…	0	0800H～0FFFH
	0	0	0	0	1	1	…	1	
#2	0	0	0	1	0	0	…	0	1000H～17FFH
	0	0	0	1	0	1	…	1	

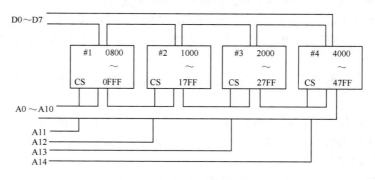

图 2.14 存储器线选法的扩展

可见，用线选法构成的存储器，接线简单，但是有明显的不足：

- 各芯片的地址是不连续的；
- 存在大量的地址空间浪费。

所以这种连接方法只适用于较小的存储器系统。

（2）全译码

用低位地址线实现各芯片内存储单元的寻址，而其余的全部高位地址线经过译码器译码后作为各芯片的片选信号，这种方式称为全译码。

例如，由 4 个 2K×8 位芯片构成 8K×8 位存储器，片内存储单元寻址用 A10～A0，将其余的 5 条高位地址线 A15～A11 输入一个 5-32 地址译码器，其输出用作片选。如图 2.15 所示，当 A15～A11=11110 时，$\overline{Y30}$=0，#3 芯片的 $\overline{CS}$ 有效；当 A15～A11=11101 时，$\overline{Y29}$=0，#2 芯片的 $\overline{CS}$ 有效。则#3、#2 芯片的地址范围分析如下：

芯片	A15	A14	A13	A12	A11	A10	...	A0	地址范围
#2	1	1	1	0	1	0	...	0	E800H～EFFFH
	1	1	1	0	1	1	...	1	
#3	1	1	1	1	0	0	...	0	F000H～F7FFH
	1	1	1	1	0	1	...	1	

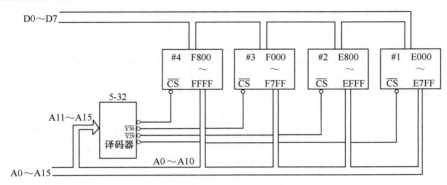

图 2.15　全译码构成的 8K×8 位存储器

全译码时，高位地址可以任意排列，每个芯片的地址范围都是唯一的，同时，寻址空间也得到充分利用。如在上例中扩展至 8K×8 位后，仍有 56K×8 位地址可供进一步扩展。

（3）部分译码

全译码是将其余的全部高位地址线经过译码器译码后作为各芯片的片选信号，若只将高位地址线的一部分经过译码器译码后作为各芯片的片选信号，则这种方式称为部分译码。

例如，要用 4 个 2K×8 位芯片构成 8K×8 位存储器，由于 4 个芯片需要 4 个片选信号，可以采用 2-4 译码器，这种连接方案如图 2.16 所示。A13、A12、A11 是无关位，所以该方案的每个单元都有 8 套地址。没有用到的高位地址（这里是 A13A12A11）可设为 "0"，这样确定的地址称为芯片的 "基本地址"。#1、#2 芯片的地址分析如下：

芯片	A15	A14	A13	A12	A11	A10	...	A0
#1	0	0	×	×	×	0	...	0
	0	0	×	×	×	1	...	1
#2	0	1	×	×	×	0	...	0
	0	1	×	×	×	1	...	1

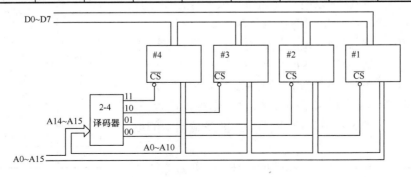

图 2.16　部分译码构成的 8K×8 位存储器

很明显，部分译码时各芯片地址不是唯一的。也就是说，多个地址都可以选中同一芯片的同一单元，这就是所谓的地址重叠。这样的地址重叠，将造成这些地址在该系统中不能另作他用，这就影响了系统地址区的有效使用，也就限制了存储器的扩展。

3．存储单元和位数同时扩展

存储器芯片既要扩展位数，又要扩展存储单元，下面举例说明如何连接及连接中应考虑的一些问题。

若用 2114（1K×4 位）来扩展 2K×8 位 RAM，这既需要位数的扩展，又需要存储单元的扩展，现采用全译码方式来进行设计，采用 3-8 译码器 74LS138 作为译码芯片。

设计中，将 A15、A14、A13 分别与 G1、$\overline{G2A}$、$\overline{G2B}$ 连接，A12、A11、A10 分别与 C、B、A 连接。显然，当 A15A14A13＝100 时，74LS138 工作，当 A12A11A10＝000 时，$\overline{Y0}$ ＝0 有效，A12A11A10＝001 时，$\overline{Y1}$ ＝0 有效。线路连接图如图 2.17 所示，地址分配分析如下：

A15	A14	A13	A12	A11	A10	A9	A8	A7	A6	A5	A4	A3	A2	A1	A0	地址
G1	$\overline{G2A}$	$\overline{G2B}$	C	B	A											
1	0	0	0	0	0	0	0	0	0	0	0	0	0	0	0	8000H
⋮	⋮	⋮	⋮	⋮	⋮	⋮	⋮	⋮	⋮	⋮	⋮	⋮	⋮	⋮	⋮	⋮
1	0	0	0	0	0	1	1	1	1	1	1	1	1	1	1	83FFH
1	0	0	0	0	1	0	0	0	0	0	0	0	0	0	0	8400H
⋮	⋮	⋮	⋮	⋮	⋮	⋮	⋮	⋮	⋮	⋮	⋮	⋮	⋮	⋮	⋮	⋮
1	0	0	0	0	1	1	1	1	1	1	1	1	1	1	1	87FFH

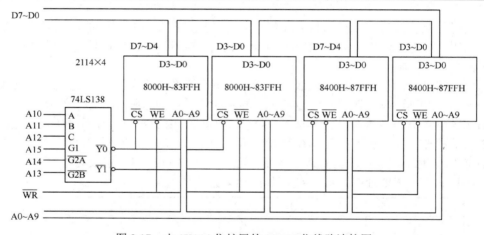

图 2.17　由 1K×4 位扩展的 2K×8 位线路连接图

由译码器来实现存储器扩展，其线路连接非常灵活，地址范围也相应地变化，这可以根据实际情况来设计，在单片机的 I/O 扩展中，其 I/O 地址的确定也是这样来设计的。

在应用系统中，考虑到系统的扩展需要，都设计了若干译码输出端供后续扩展使用，这时译码输出端往往是一个地址范围。由于 80C51 单片机存储器与 I/O 接口是统一编址的，因此译码输出端可以作为存储器的片选信号，也可以作为 I/O 接口的选择信号。表 2.5 是图 2.17 中 74LS138 各输出端的地址范围。

若设计中 A15～A10 与 74LS138 的连接不一样，其地址

表 2.5　74LS138 各输出端的地址范围

$\overline{Y0}$	8000H～83FFH
$\overline{Y1}$	8400H～87FFH
$\overline{Y2}$	8800H～8BFFH
$\overline{Y3}$	8C00H～8FFFH
$\overline{Y4}$	9000H～93FFH
$\overline{Y5}$	9400H～97FFH
$\overline{Y6}$	9800H～9BFFH
$\overline{Y7}$	9C00H～9FFFH

范围就相应地发生变化，如 A15 经过一个非门接到 G1， A14 与 A13 相与非后接到 $\overline{G2A}$ ，$\overline{G2B}$ 接地，其他连接不变，要使 74LS138 工作，则 A15=0，A14 与 A13 同时为 1，$\overline{Y0}$ 输出地址范围为 6000H～63FFH，其他输出端地址范围同理，请读者自行分析。

A15 G1	A14	A13	A12 C	A11 B	A10 A	A9	A8	A7	A6	A5	A4	A3	A2	A1	A0	地址
0	1	1	0	0	0	0	0	0	0	0	0	0	0	0	0	6000H
⋮	⋮	⋮	⋮	⋮	⋮	⋮	⋮	⋮	⋮	⋮	⋮	⋮	⋮	⋮	⋮	⋮
0	1	1	0	0	0	1	1	1	1	1	1	1	1	1	1	63FFH

思考题与习题

2.1　说明 ROM、EPROM、EEPROM 和闪存之间的主要区别。

2.2　EPROM、PROM、SRAM、DRAM 等存储器中，哪些是可以随时读/写的？

2.3　某 ROM 芯片中有 12 个地址输入端和 8 个数据输出端，该芯片的存储容量是多少位？

2.4　说明 SRAM 和 DRAM 的主要区别，以及使用时应如何选用。

2.5　说明 NOR Flash 与 NAND Flash 的主要区别，以及使用时应如何选用。

2.6　现有若干 2K×8 位的 RAM 芯片，若用线选法组成存储器，则有效的寻址范围最大是多少？若用 3-8 译码器来产生片选信号，则有效的寻址范围最大又是多少？若将寻址范围扩展到64KB，则应选用什么样的译码器来产生片选信号？

2.7　什么是地址重叠区？它对存储器扩展有什么影响？

2.8　如图 2.18 所示，若用 1K×8 位的芯片来扩展 3K×8 位存储器，各片的地址范围为多少？

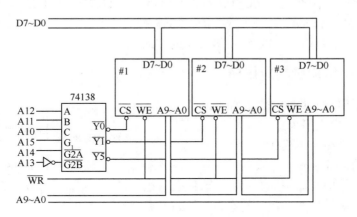

图 2.18　1K×8 位扩展的 3K×8 位存储器

2.9　现有多个 8K×8 位 RAM、1 个 3-8 译码器，要构成容量为 16K×8 位的存储器，请用线选法、部分译码、全译码 3 种方式分别设计，画出连接图，并指出寻址范围。

2.10　如何检查扩展的 RAM 工作是否正常？试编写一个简单的 RAM 检查程序，要求此程序能记录有多少个 RAM 单元工作有错且记录出错的单元地址。

第3章 80C51单片机的结构和原理

3.1 80C51单片机的概述

3.1.1 MCS–51单片机

MCS-51是Intel公司生产的一个单片机系列名称。属于这一系列的单片机有多种，如：8051/8751/8031，8052/8752/8032，80C51/87C51/80C31，80C52/87C52/80C32等。

该系列生产工艺有两种：一是HMOS工艺（高密度窄沟道MOS工艺）；二是CHMOS工艺（互补金属氧化物的HMOS工艺）。CHMOS是CMOS和HMOS的结合，既保持了HMOS高速度和高密度的特点，又具有CMOS低功耗的特点。在产品型号中，凡带有字母"C"的即为CHMOS芯片，CHMOS芯片的电平既与TTL电平兼容，又与CMOS电平兼容。

在功能上，MCS-51单片机有基本型和增强型两大类。

在内部ROM的配置上，MCS-51单片机有3种形式，即掩模ROM、EPROM或闪存和ROM Less（无内部ROM）。

80C51单片机是MCS-51单片机中采用CHMOS工艺的一个典型品种。各厂商以80C51为基核开发出的CHMOS工艺单片机产品统称为80C51单片机。当前常用的80C51单片机主要有：

- Intel的产品，如80C31、80C51、87C51、80C32、80C52、87C52等；
- Atmel的产品，如89C51、89C52、89C2051等；
- Philips、华邦、Dallas、Siemens等公司的产品。

3.1.2 80C51单片机的应用模式

单片机的应用模式分类如图3.1所示。

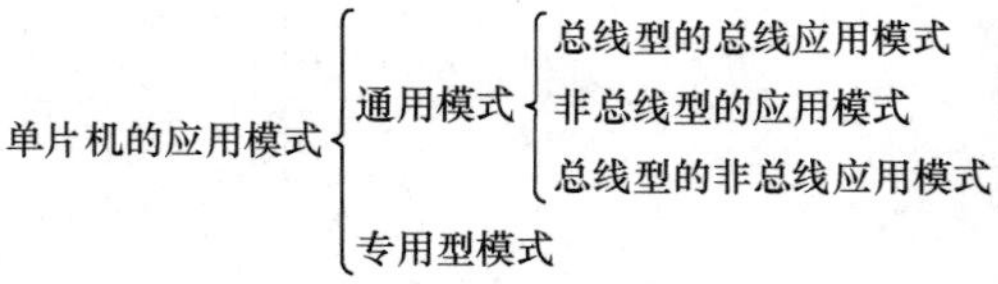

1. 总线型单片机应用模式

（1）总线型的总线应用模式

利用单片机的部分引脚，可以方便地将单片机配置成典型的三总线结构，如图3.2所示。这种应用在扩展外部器件比较多时接线会比较复杂，系统的可靠性会降低。因此，在设计系统时，应尽量减少扩展器件的数量。

图 3.1 单片机的应用模式分类

（2）总线型的非总线应用模式

单片机也可以采用非总线应用的"多I/O"模式，如图3.3所示。该模式非常适用于大量I/O接口需求的应用系统。

2. 非总线型单片机应用模式

非总线型单片机已经将用于外部总线扩展用的I/O口线和控制功能线去掉，从而使单片机的引脚数减少、体积减小。这对于不需进行并行外部扩展、装置的体积要求苛刻且程序量不大的系统极其适用。非总线型单片机典型产品有AT89S2051、AT89S4051等。

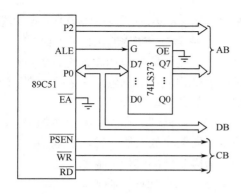 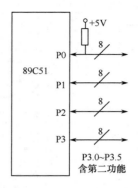

图 3.2　总线应用的三总线结构　　　　　图 3.3　非总线应用的"多 I/O"模式

3.2　80C51 单片机典型产品资源配置与引脚

3.2.1　80C51 单片机典型产品资源配置

80C51 单片机典型产品资源配置见表 3.1。

表 3.1　80C51 单片机典型产品资源配置

分类		芯片型号	存储器类型字节数		其他功能单元数量			
			ROM	RAM	并行口	串行口	定时/计数器	中断源
总线型	基本型	80C31	无	128B	4 个	1 个	2 个	5 个
		80C51	4KB 掩模	128B	4 个	1 个	2 个	5 个
		87C51	4KB	128B	4 个	1 个	2 个	5 个
		89C51	4KB Flash	128B	4 个	1 个	2 个	5 个
	增强型	80C32	无	256B	4 个	1 个	3 个	6 个
		80C52	8KB 掩模	256B	4 个	1 个	3 个	6 个
		87C52	8KB	256B	4 个	1 个	3 个	6 个
		89S52	8KB Flash	256B	4 个	1 个	3 个	6 个
非总线型		89S2051	2KB Flash	128B	2 个	1 个	2 个	5 个
		89S4051	4KB Flash	256B	2 个	1 个	2 个	5 个

由表 3.1 可见，增强型与基本型有以下不同：

● 内部 ROM 字节数从 4KB 增加到 8KB；

● 内部 RAM 字节数从 128B 增加到 256B；

● 定时/计数器从 2 个增加到 3 个；

● 中断源由 5 个增加到 6 个。

3.2.2　引脚及其功能

80C51 单片机的引脚图如图 3.4 所示；为标准的 40 引脚 DIP 封装。这些引脚的功能描述如下。

（1）电源引脚 V_{CC} 和 V_{SS}

V_{CC}：电源端，接＋5V。

V_{SS}：接地端。

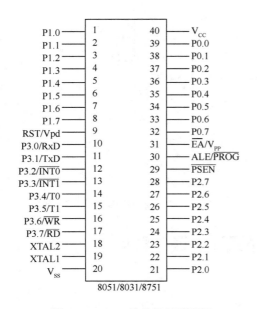

图 3.4　80C51 单片机的引脚图

通常在 V_{CC} 和 V_{SS} 引脚之间接 0.1μF 高频滤波电容。

（2）时钟电路引脚 XTAL1 和 XTAL2

XTAL1：接外部晶振和微调电容的一端，在片内它是振荡器倒相放大器的输入。若使用外部 TTL 时钟，则该引脚必须接地。

XTAL2：接外部晶振和微调电容的另一端，在片内它是振荡器倒相放大器的输出。若使用外部 TTL 时钟，则该引脚为外部时钟的输入端。

（3）地址锁存允许引脚 ALE

在系统扩展时，ALE 用于控制地址锁存器锁存 P0 口输出的低 8 位地址，从而实现数据与低位地址的复用。当单片机上电并正常工作时，ALE 通常以时钟频率的 1/6 的固定频率向外输出正脉冲信号，ALE 的负载能力为 8 个 LS TTL 器件。

（4）外部 ROM 读选通引脚 $\overline{PSEN}$

$\overline{PSEN}$ 是读外部 ROM 的选通信号，低电平有效。CPU 从外部存储器取指令时，它在每个机器周期中两次有效。

（5）ROM 地址允许输入引脚 $\overline{EA}/V_{PP}$

当 $\overline{EA}$ 为高电平时，CPU 执行内部 ROM 指令，但当程序计数器（PC）中的值超过 0FFFH 时，将自动转向执行外部 ROM 指令。当 $\overline{EA}$ 为低电平时，CPU 只执行外部 ROM 指令。对于 8031，由于其无内部 ROM，故 $\overline{EA}$ 必须接低电平。

（6）复位引脚 RST

该引脚高电平有效，在输入端保持两个机器周期的高电平后，就可以完成复位操作。此外，该引脚还有掉电保护功能。该引脚接＋5V 备用电源，在使用中即便 V_{CC} 掉电，也可保护内部 RAM 中的信息不丢失。

（7）输入/输出口 P0、P1、P2 和 P3

P0 口（P0.0～P0.7）：它是一个漏极开路的 8 位准双向 I/O 接口，内部没有上拉电阻。P0 口用作 I/O 接口时，务必外接上拉电阻，驱动能力为 8 个 LS TTL 负载，它为低 8 位地址线和 8 位数据线的复用接口。

P1 口（P1.0～P1.7）：它是一个内部带上拉电阻的 8 位准双向 I/O 接口，P1 口的驱动能力为 4 个 LS TTL 负载。

P2 口（P2.0～P2.7）：它是一个内部带上拉电阻的 8 位准双向 I/O 接口，P2 口的驱动能力也为 4 个 LS TTL 负载。在访问外部 ROM 时，它作为存储器的高 8 位地址线。

P3 口（P3.0～P3.7）：同样是内部带上拉电阻的 8 位准双向 I/O 接口，P3 口除作为一般的 I/O 接口使用外，还具有特殊功能。

3.3　80C51 单片机的结构

3.3.1　80C51 单片机逻辑结构

80C51 单片机采用冯·诺伊曼提出的经典计算机体系结构框架，即由运算器、控制器、存储器、输入设备和输出设备 5 个基本部分组成。80C51 单片机在一块芯片上集成了 CPU、RAM、ROM、定时/计数器和多功能 I/O 接口等。

80C51 单片机的系统结构框图如图 3.5 所示。

80C51 单片机内部主要包含：

● 一个 8 位 CPU；

● 一个时钟电路；

● 4KB ROM；

● 128B RAM；

● 两个 16 位定时/计数器；

● 64KB 扩展总线控制电路；

● 4 个 8 位并行口；

● 一个可编程串行口；

● 5 个中断源，其中包括两个优先级嵌套中断。

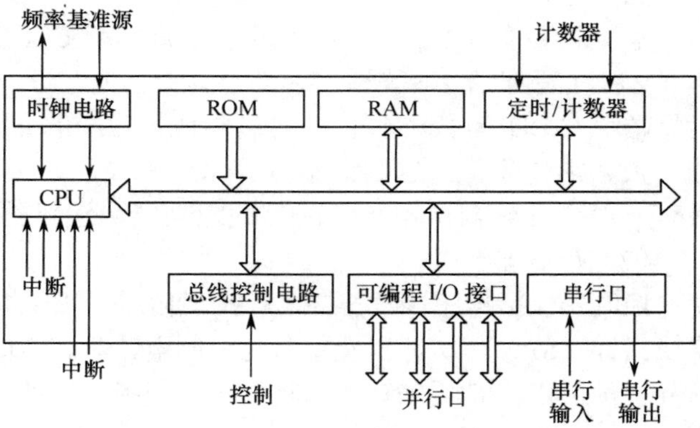

图 3.5　80C51 单片机的系统结构框图

3.3.2　80C51 单片机内部结构

80C51 单片机的内部结构框图如图 3.6 所示。

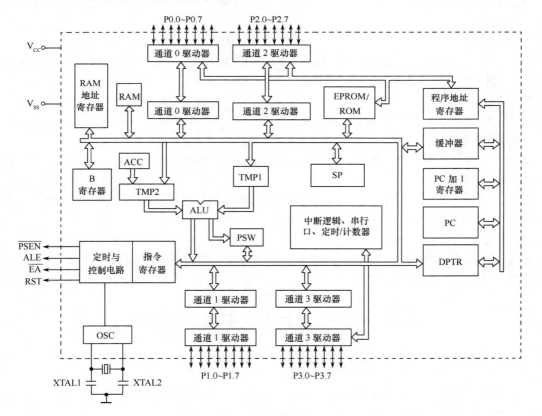

图 3.6　80C51 单片机的内部结构框图

1. CPU

CPU 即中央处理器的简称，是单片机的核心部件，它完成各种运算和控制操作。CPU 由运算器和控制器两部分组成。

（1）运算器

运算器包括 ALU（算术逻辑单元）、ACC（累加器）、B 寄存器、TMP1（暂存器 1）和 TMP2（暂存器 2）等部件，其功能是进行算术运算、逻辑运算、位变量处理和数据传送。运算器以 ALU 为核心单元，可以完成半字节、单字节及多字节数据的运算操作，其中包括加、减、乘、除、十进制调整等算术运算及与、或、异或、求补和循环等逻辑操作，同时还具有一般微处理器所不具备的位处理功能，运算结果的状态由状态寄存器保存。

（2）控制器

控制器包括程序计数器（PC）、PC 加 1 寄存器、指令寄存器、指令译码器、数据指针（DPTR）、堆栈指针（SP）、缓冲器及定时与控制电路等。定时与控制电路完成控制工作，协调单片机各部分正常工作。PC 用来存放即将要执行的指令地址。DPTR 为 16 位数据指针，可以对外部 RAM 和 I/O 接口进行寻址，它的低 8 位为 DPL（地址 82H），高 8 位为 DPH（地址为 83H）。SP 随时跟踪栈顶地址，按先进后出的原则存取数据。

2．定时/计数器

80C51 单片机内部有两个 16 位的定时/计数器，可用于定时控制、延时及对外部事件的计数和检测等。

3．存储器

80C51 单片机的存储器包括 RAM 和 ROM，ROM 和 RAM 的寻址空间是相互独立的，物理结构也不相同。

4．并行口

80C51 单片机共有 4 个 8 位的 I/O 接口（P0、P1、P2 和 P3 口），每个 I/O 接口都能独立地用作输入或输出。

5．串行口

80C51 单片机具有一个采用通用异步工作方式的全双工串行口。

6．中断控制系统

80C51 单片机共有 5 个中断源，分为高级和低级两个中断优先级。

7．时钟电路

80C51 单片机内部有时钟电路，但晶振和微调电容必须外接。时钟电路为单片机产生时钟脉冲序列。

8．总线

以上所有组成部分都是通过总线连接起来的。系统的地址信号、数据信号和控制信号都是通过总线传送的，总线结构减少了单片机的连线和引脚，提高了集成度和可靠性。

3.4　80C51 单片机内部数据存储器

3.4.1　80C51 单片机的内部 RAM

80C51 单片机的内部 RAM 有 256 个单元，通常在空间上分为两个区：低 128 个单元（00H～7FH）的内部 RAM 区和高 128 个单元（80H～0FFH）的专用寄存器（SFR）区。

1．内部 RAM 低 128 单元

80C51 单片机内部 RAM 的低 128 个单元是真正的内部 RAM 区，其按用途可分为 3 个区域，如图 3.7 和图 3.8 所示。

（1）工作寄存器区（00H～1FH）

工作寄存器区也称为通用寄存器区，该区域共有 4 组通用寄存器，每组由 8 个单元组成，每个单元 8 位，各组均以 R0～R7 作为寄存器编号，共 32 个单元，单元的地址为 00H～1FH。

在任一时刻，CPU 只能使用其中一组通用寄存器，称为当前通用寄存器组，具体可由程序状态字（PSW）中 RS1、RS0 位的状态组合来确定。通用寄存器为 CPU 提供了就近存取数据的便利，提高了工作速度，也为编程提供了方便。

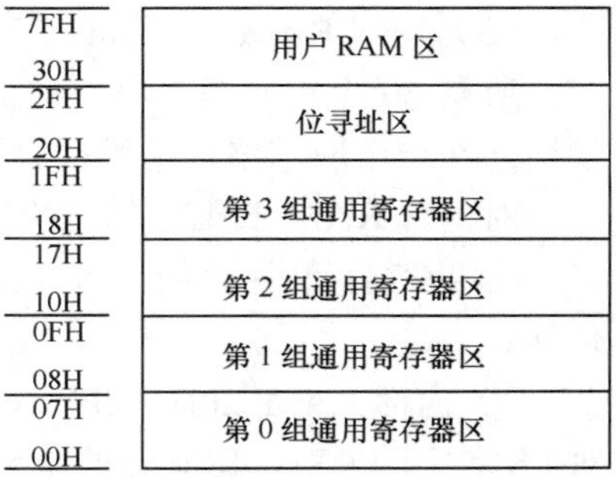

（2）位寻址区（20H～2FH）

内部 RAM 的 20H～2FH 共 16 个单元，计 16×8=128 位，位地址为 00H～7FH。位寻址区既可作为一般的 RAM 区进行字节操作，也可对单元的每一位进行位操作，因此称为位寻址区。表 3.2 列出了位寻址区的位地址。

图 3.7 内部 RAM 区

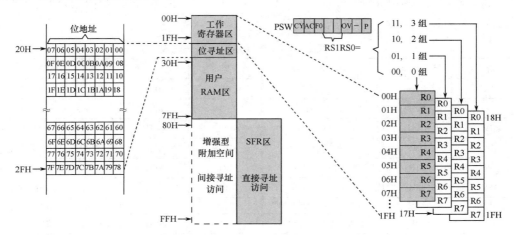

图 3.8 内部 RAM 详图

表 3.2 位寻址区的位地址

单元地址	MSB			位地址				LSB
2FH	7FH	7EH	7DH	7CH	7BH	7AH	79H	78H
2EH	77H	76H	75H	74H	73H	72H	71H	70H
2DH	6FH	6EH	6DH	6CH	6BH	6AH	69H	68H
2CH	67H	66H	65H	64H	63H	62H	61H	60H
2BH	5FH	5EH	5DH	5CH	5BH	5AH	59H	58H
2AH	57H	56H	55H	54H	53H	52H	51H	50H
29H	4FH	4EH	4DH	4CH	4BH	4AH	49H	48H
28H	47H	46H	45H	44H	43H	42H	41H	40H
27H	3FH	3EH	3DH	3CH	3BH	3AH	39H	38H
26H	37H	36H	35H	34H	33H	32H	31H	30H
25H	2FH	2EH	2DH	2CH	2BH	2AH	29H	28H
24H	27H	26H	25H	24H	23H	22H	21H	20H
23H	1FH	1EH	1DH	1CH	1BH	1AH	19H	18H
22H	17H	16H	15H	14H	13H	12H	11H	10H
21H	0FH	0EH	0DH	0CH	0BH	0AH	09H	08H
20H	07H	06H	05H	04H	03H	02H	01H	00H

注：MSB 为最高有效位，LSB 为最低有效位。

（3）用户 RAM 区（30H～7FH）

所剩 80 个单元即为用户 RAM 区，单元地址为 30H～7FH，这些单元可以作为数据缓冲器使用。在一般应用中，把堆栈设置在该区域中，栈顶的位置由堆栈指针（SP）指示。

对内部 RAM 低 128 单元的使用有以下几点说明：

① 80C51 单片机的内部 RAM 00H～7FH 单元可采用直接寻址或间接寻址方式实现数据传送；

② 内部 RAM 20H～2FH 单元的位地址空间可实现位操作，当前工作寄存器组可通过软件对 PSW 中的 RS1、RS0 位的状态设置来选择。

2．内部 RAM 高 128 单元

内部 RAM 高 128 单元是供给专用寄存器使用的，因此称之为专用寄存器区（也称为特殊功能寄存器区，SFR 区），单元地址为 80H～0FFH。80C51 单片机共有 22 个专用寄存器，其中程序计数器（PC）在物理上是独立的，没有地址，故不可寻址，它不属于内部 RAM 的 SFR 区。其余的 21 个专用寄存器都属于内部 RAM 的 SFR 区，是可寻址的，它们的单元地址离散地分布于 80H～0FFH，见表 3.3。

表 3.3　21 个专用寄存器一览表

寄存器符号	地　　址	寄存器名称	寄存器符号	地　　址	寄存器名称
ACC	E0H	累加器	P3	B0H	P3
B	F0H	B 寄存器	PCON	87H	电源控制及波特率选择寄存器
PSW	D0H	程序状态字	SCON	98H	串行口控制寄存器
SP	81H	堆栈指针	SBUF	99H	串行口数据缓冲寄存器
DPL	82H	数据指针低 8 位	TCON	88H	控制寄存器
DPH	83H	数据指针高 8 位	TMOD	89H	方式选择寄存器
IE	A8H	中断允许控制寄存器	TL0	8AH	定时/计数器 T0 低 8 位
IP	B8H	中断优先控制寄存器	TL1	8BH	定时/计数器 T1 低 8 位
P0	80H	P0	TH0	8CH	定时/计数器 T0 高 8 位
P1	90H	P1	TH1	8DH	定时/计数器 T1 高 8 位
P2	A0H	P2			

下面介绍有关专用寄存器功能。

（1）程序计数器（PC）

PC 是一个 16 位计数器，其内容为单片机将要执行的指令机器码所在存储单元的地址。PC 具有自动加 1 的功能，从而实现程序的顺序执行。由于 PC 是不可寻址的，因此用户无法对它直接进行读/写操作，但可以通过转移、调用、返回等指令改变其内容，以实现程序的转移。PC 的寻址范围为 64KB，即地址空间为 0000～0FFFFH。

（2）累加器（ACC 或 A）

ACC 是 8 位寄存器，是最常用的专用寄存器，功能强，地位重要。它既可存放操作数，又可存放运算的中间结果。80C51 单片机中许多指令的操作数来自累加器。累加器非常繁忙，是单片机的执行程序瓶颈，制约了单片机工作效率的提高，现在已经有些单片机用寄存器阵列来代替累加器。

（3）B 寄存器

B 寄存器是 8 位寄存器，主要用于乘、除运算。乘法运算时，B 寄存器中存放乘数，乘法操作后，高 8 位结果存于 B 寄存器中。除法运算时，B 寄存器中存放除数，除法操作后，余数存于 B 寄存器中。B 寄存器也可作为一般的寄存器使用。

（4）程序状态字（PSW）

PSW 是 8 位寄存器，用于指示程序运行状态的信息。其中有些位是根据程序执行结果由硬件自动设置的，而有些位可由用户通过指令方法设定。PSW 中各标志位名称及定义如下。

位序	D7	D6	D5	D4	D3	D2	D1	D0
标志位	CY	AC	F0	RS1	RS0	OV	—	P

CY——进（借）位标志位，也是布尔处理器的位累加器 C。在加减运算中，若操作结果的最高位有进位或借位，则 CY 由硬件自动置 1，否则清 0。在位操作中，CY 作为位累加器 C 使用，参与位传送、位与、位或等位操作。另外，某些控制转移类指令也会影响 CY 的状态（本书第 4 章讨论）。

AC——辅助进（借）位标志位。在加减运算中，当操作结果的低 4 位向高 4 位进位或借位时，此标志位由硬件自动置 1，否则清 0。

F0——用户标志位，由用户通过软件设定，用以控制程序转向。

RS1、RS0——工作寄存器组选择位。用于设定当前通用寄存器组的组号。通用寄存器组共有 4 组，其对应关系见表 3.4。

RS1、RS0 的状态由软件设置，被选中寄存器组即为当前通用寄存器组。

表 3.4　工作寄存器组选择位

RS1	RS0	寄存器组	R0～R7 地址
0	0	组 0	00～07H
0	1	组 1	08～0FH
1	0	组 2	10～17H
1	1	组 3	18～1FH

OV——溢出标志位。在有符号数（补码数）的加减运算中，OV=1 表示加减运算的结果超出了累加器的 8 位符号数表示范围（-128～+127），产生溢出，因此运算结果是错误的；OV=0，表示结果未超出累加器的符号数表示范围，运算结果正确。

乘法时，OV=1，表示结果大于 255，结果分别存于 A、B 寄存器中；OV=0，表示结果未超出 255，结果只存于 A 中。

除法时，OV=1，表示除数为 0；OV=0，表示除数不为 0。

P——奇偶标志位，执行结果中含"1"的奇偶状态，即是奇数个"1"还是偶数个"1"。

（5）数据指针（DPTR）

DPTR 为 16 位寄存器，它是 80C51 单片机中唯一的一个 16 位寄存器。编程时，既可按 16 位寄存器使用，又可作为两个 8 位寄存器分开使用。DPH 为 DPTR 的高 8 位寄存器，DPL 为 DPTR 的低 8 位寄存器。DPTR 通常在访问外部 RAM 或 I/O 接口时作为地址指针使用，寻址范围为 64KB。

（6）堆栈指针（SP）

在微型计算机的内存中，都需要设置一个对数据实行"后进先出"操作的区域，这个区域称为堆栈。堆栈通常是存储器的一部分，为了保证堆栈中的数据能按"后进先出"的规则来操作，专门设置一个地址寄存器来管理，这个地址寄存器称为堆栈指针（SP），用于指示栈顶单元地址。

在 80C51 单片机中，SP 为 8 位寄存器。当数据存入堆栈时，SP 将自动加 1 并将数据存入 SP 所指的存储单元，当需要从堆栈中取出数据时，首先将 SP 所指的存储单元中的数据读出，然后自动将 SP 减 1。所以，SP 始终指向堆栈中最后存入数据的那个单元，故称该单元为堆栈栈顶。由于数据存入堆栈时 SP 自动加 1（地址增大），因此称为向上生长型堆栈。

如图 3.9 所示，堆栈的操作规程是：进栈操作，先将 SP 加 1，后写入数据；出栈操作，先读出数据，后将 SP 减 1。

在 81C51 单片机中，堆栈设在单片机的内部 RAM 中，同时在特殊功能寄存器中将 81H 设置为堆栈指针，即 SP=81H，81H 的内容指示了栈顶地址。

① 堆栈的功能：堆栈的主要功能是保护断点和保护现场。

② 堆栈的设置：80C51 单片机复位时，(SP)=07H。由于 80C51 单片机内部 RAM 区有限，因此栈顶越小，堆栈深度就越深。为便于 4 组工作寄存器组都能使用，一般在系统初始化时使用 MOV SP,#30H 命令，将栈顶设置在 30H 位置处。

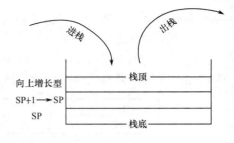

图 3.9　堆栈

③ 堆栈使用方式。堆栈使用方式有两种：一种是自动方式，在调用子程序或中断时，返回地址自动进栈。程序返回时，断点再自动弹回 PC。这种方式无须用户操作。另一种是指令方式。进栈指令是 PUSH，出栈指令是 POP。

（7）电源控制及波特率选择寄存器（PCON）

PCON 为 8 位寄存器，主要用于控制单片机工作于低功耗方式。80C51 单片机的低功耗方式有待机方式和掉电保护方式两种。待机方式和掉电保护方式都由 PCON 的有关位来控制。PCON 寄存器不可位寻址，只能字节寻址。

位　序	D7	D6	D5	D4	D3	D2	D1	D0
位符号	SMOD	—	—	—	GF1	GF0	PD	IDL

（8）并行口寄存器 P0～P3

并行口寄存器 P0、P1、P2、P3 分别是 P0～P3 口中的数据锁存器。在 80C51 单片机中，没有专门的 I/O 接口操作指令，而采用统一的 MOV 指令操作，把 I/O 接口当作一般的专用寄存器使用。

（9）串行口数据缓冲寄存器（SBUF）

SBUF 是串行口的一个专用寄存器，由一个发送缓冲器和一个接收缓冲器组成。两个缓冲器在物理上独立，但公用一个地址（99H）。SBUF 用来存放要发送的或已接收的数据。

（10）定时/计数器的专用寄存器

80C51 单片机中有两个 16 位的定时/计数器 T0 和 T1，它们分别由两个独立的 8 位寄存器组成，T0 由专用寄存器 TH0、TL0 组成，T1 由专用寄存器 TH1、TL1 组成。

（11）控制类的专用寄存器

IE、IP、TMOD、TCON、SCON 是中断系统、定时/计数器、串行口的控制寄存器，包含控制位和状态位。控制位是编程写入的控制操作位。

对专用寄存器的字节寻址做如下几点说明：

① 21 个可字节寻址的专用寄存器离散分布在内部 RAM 高 128 单元，其余的空闲单元为保留区，无定义，用户不能使用；

② 程序计数器（PC）是唯一不能寻址的专用寄存器，PC 不占用内部 RAM 单元，它在物理上是独立的；

③ 对专用寄存器只能使用直接寻址方式，在指令中可写成寄存器符号或单元地址形式。

3.4.2　专用寄存器的位寻址

在 21 个可寻址的专用寄存器中，有 11 个专用寄存器，它们的字节地址都能被 8 整除，可以进行位寻址，即可对这些专用寄存器的每一位进行位操作，每一位有固定的位地址。表 3.5 列出了可位寻址的专用寄存器的每一位的位地址，表中字节地址带括号的专用寄存器不可位寻址。

表 3.5　可位寻址的专用寄存器的每一位的位地址

寄存器符号	D7	D6	D5	D4	D3	D2	D1	D0	字节地址
ACC	E7	E6	E5	E4	E3	E2	E1	E0	E0H
B	F7	F6	F5	F4	F3	F2	F1	F0	F0H
PSW	D7	D6	D5	D4	D3	D2	D1	D0	D0H
	CY	AC	F0	RS1	RS0	OV		P	
SP									(81H)
DPL									(82H)
DPH									(83H)
IE	AF	AE	AD	AC	AB	AA	A9	A8	A8H
	EA			ES	ET1	EX1	ET0	EX0	
IP	BF	BE	BD	BC	BB	BA	B9	B8	B8H
				PS	PT1	PX1	PT0	PX0	
P0	87	86	85	84	83	82	81	80	80H
	P0.7	P0.6	P0.5	P0.4	P0.3	P0.2	P0.1	P0.0	
P1	97	96	95	94	93	92	91	90	90H
	P1.7	P1.6	P1.5	P1.4	P1.3	P1.2	P1.1	P1.0	
P2	A7	A6	A5	A4	A3	A2	A1	A0	A0H
	P2.7	P2.6	P2.5	P2.4	P2.3	P2.2	P2.1	P2.0	
P3	B7	B6	B5	B4	B3	B2	B1	B0	B0H
	P3.7	P3.6	P3.5	P3.4	P3.3	P3.2	P3.1	P3.0	
PCON	SMOD				GF1	GF0	PD	IDL	(87H)
SCON	9F	9E	9D	9C	9B	9A	99	98	98H
	SM0	SM1	SM2	REN	TB8	RB8	TI	RI	
SBUF									(99H)
TCON	8F	8E	8D	8C	8B	8A	89	88	88H
	TF1	TR1	TF0	TR0	IE1	IT1	IE0	IT0	
TMOD	GATE	C/$\overline{T}$	M1	M0	GATE	C/$\overline{T}$	M1	M0	(89H)
TL0									(8AH)
TL1									(8BH)
TH0									(8CH)
TH1									(8DH)

3.5　80C51 单片机内部程序存储器

大多数 80C51 单片机内部都配置一定数量的 ROM，如 80C51 单片机内有4KB 掩模 ROM，AT89C51 内部配置了 4KB Flash ROM，它们的地址范围均为 0000H～0FFFH。ROM 可用来存放固定的程序或数据，如系统监控程序、常数表格等。

3.5.1　内部与外部 ROM 的选择

80C51 单片机的程序计数器（PC）为 16 位，因此能寻址 64KB ROM 的任何单元。

1. $\overline{EA}$ 引脚接高电平

当 $\overline{EA}$ 引脚接高电平时，对于基本型 80C51 单片机，首先在内部 ROM 中取指令，当PC 的内容超过0FFFH 时，系统会自动转到外部 ROM 中取指令，外部 ROM 的地址从 1000H 开始编址，如图 3.10 所示。

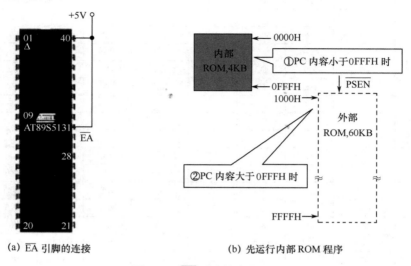

(a) $\overline{EA}$ 引脚的连接　　　　　(b) 先运行内部 ROM 程序

图 3.10　$\overline{EA}$ 引脚接高电平

对于增强型 80C51 单片机，首先在内部 ROM 中取指令，当 PC 的内容超过 1FFFH 时，系统才转到外部 ROM 中取指令。

2. $\overline{EA}$ 引脚接低电平

当 $\overline{EA}$ 引脚接低电平时，单片机自动转到外部 ROM 中取指令（无论是否有内部 ROM），外部 ROM 的地址从 0000H 开始编址，如图 3.11 所示。

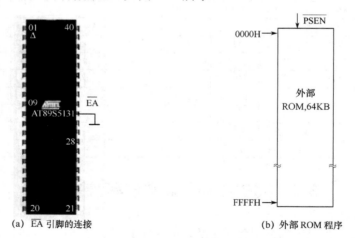

(a) $\overline{EA}$ 引脚的连接　　　　　(b) 外部 ROM 程序

图 3.11　$\overline{EA}$ 引脚接低电平

3.5.2　ROM 的几个特殊单元

ROM 低端的一些地址被固定地用于特定的入口地址，如图 3.12 所示。其中一组特殊单元是 0000H～0002H。系统复位后，(PC)=0000H，单片机从 0000H 单元开始执行程序。如果不从 0000H 开始，就要在这 3 个单元中存放一条无条件转移指令，以便转去执行指定的应用程序。

另外，在 ROM 中有各个中断源的入口地址，分配如下：

0003H～000AH——外部中断 0（$\overline{\text{INT0}}$）中断地址区

000BH～0012H——定时/计数器 T0 中断地址区

0013H～001AH——外部中断 1（$\overline{\text{INT1}}$）中断地址区

001BH～0022H——定时/计数器 T1 中断地址区

0023H～002AH——串行口中断地址区

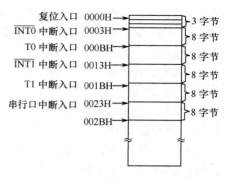

图 3.12　ROM 低端的一些地址

每个中断地址区有 8 个单元，可以存放中断服务程序，但 8 个单元通常难以存下一个完整的中断服务程序，因此往往需要在中断地址区的首地址中存放一条无条件转移指令，转去中断服务程序真正的入口地址。

从 002BH 开始的单元才是用户可以随意使用的 ROM。

3.6　80C51 单片机输入/输出（I/O）接口

80C51 单片机中有 4 个双向的 8 位 I/O 接口 P0～P3，在无外部存储器的系统中，这 4 个 I/O 接口的每一位都可以作为准双向通用 I/O 接口使用。在具有外部存储器的系统中，P0 口作为地址总线的低 8 位及双向数据总线，P2 口作为高 8 位地址总线。这 4 个 I/O 接口除按字节寻址外，还可以按位寻址。

3.6.1　P0 口

图 3.13 给出了 P0 口的位结构，它由一个锁存器、两个三态输入缓冲器、一个多路复用开关（MUX）及控制电路和驱动电路等组成。

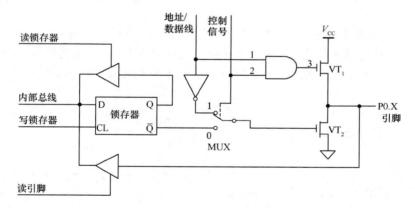

图 3.13　P0 口的位结构

P0 口可以作为输入/输出口，在实际应用中通常作为地址/数据复用总线。

在访问外部存储器时，P0 口为真正的双向口。由图 3.13 可知，当 P0 口输出地址/数据信息时，此时控制信号为高电平"1"，MUX 将地址/数据线与场效应管 VT_2 接通，同时与门输出有效，于是输出的地址/数据信息通过与门后将去驱动 VT_1，同时通过反相器后驱动 VT_2。若地址/数据线为"1"，则 VT_1 导通，VT_2 截止，P0 口输出为"1"，反之 VT_1 截止，VT_2 导通，P0 口输出为"0"。当数据从 P0 口输入时，读引脚使三态缓冲器打开，P0 口上的数据经缓冲器后送到内部总线。

当 P0 口作为通用 I/O 接口时，CPU 向 P0 口输出数据，此时控制信号为"0"，MUX 与锁存器的反相端相连，写信号与触发器的时钟线相连，于是内部总线上的数据经反相后出现在 VT_2，再经 VT_2 反相后输出到 P0 口，输出数据经过两次倒相后相位不变，但是由于 VT_2 为漏极开路输出，故此时必须外接上拉电阻。

当 P0 口用作输入时，由于信号加载在 VT_2 上被送入三态缓冲器，若该接口此前刚锁存过数据 "0"，则 VT_2 是导通的，VT_2 的输出被钳位在 "0" 电平，此时输入的 "1" 无法读入，因此当 P0 口作为通用 I/O 接口时，在输入数据前，必须向 P0 口写 "1"，使 VT_2 截止。不过，当在访问外部存储器时，CPU 会自动向 P0 口写 "1"。

有时需要先将 P0 口的数据写入，经过修改后再输出到 P0 口，若此时 P0 口的负载正好是晶体管的基极，并且其输出为 "1"，这必然导致该引脚为低，若此时读取引脚信号，则会将刚输出的 "1" 误读为 "0"。为了避免这类误读的错误，单片机还提供了读锁存器的功能。例如执行 INC P0 时，CPU 先读 P0 锁存器中的数据，然后执行加 1 操作，最后将结果送回 P0 口。这样单片机从结构上满足了 "读—修改—写" 这类操作的需要。

3.6.2 P1 口

P1 口是一个准双向口，通常作为 I/O 接口使用，其位结构如图 3.14 所示。由于在其输出端接有上拉电阻，故可以直接输出而无须外接上拉电阻。同 P0 口一样，当用作输入时，必须先向对应的锁存器写 "1"，使场效应管截止。同时值得一提的是，它可以被任何数字逻辑电路驱动，其中包括 TTL 电路、MOS 电路和 OC 电路。

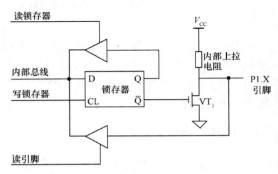

图 3.14 P1 口的位结构

3.6.3 P2 口

P2 口的位结构如图 3.15 所示。P2 口为一个准双向口，其位结构与 P0 口相似。当系统外接外部存储器时，它输出高 8 位地址，此时开关在 CPU 的控制下接通地址信号。同时它还可作为通用 I/O 接口使用，此时开关接通锁存器的 Q 端。对于 80C51 单片机来说，P2 口通常用作地址信号输出。

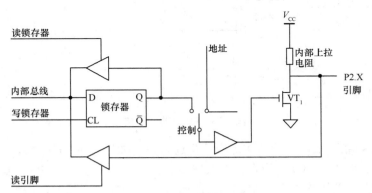

图 3.15 P2 口的位结构

3.6.4 P3 口

P3 口的位结构如图 3.16 所示。P3 口为双功能口，当 P3 口作为通用 I/O 接口使用时，它为准双向口，且每位都可定义为输入口或输出口，其工作原理同 P1 口类似。

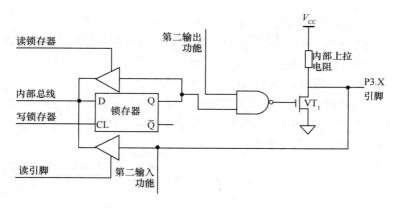

图 3.16　P3 口的位结构

P3 口还具有第二功能，见表3.6。对于输出而言，此时相应位的锁存器由 CPU 自动输出为"1"，有效输出第二功能。对于输入而言，无论该位是作为通用输入口还是作为第二功能输入口，相应的锁存器和选择输出功能端都应置"1"，该工作在开机或复位时由 CPU 自动完成。

80C51 单片机的并行口有以下应用特性。

① P0、P1、P2、P3 口作为通用双向 I/O 接口使用时，输入操作是读引脚状态；输出操作是对口的锁存器的写入操作，锁存器的状态立即反映到引脚上。

② P1、P2、P3 口作为输出口时，由于电路内部带上拉电阻，因此无须外接上拉电阻。

表 3.6　P3 口的第二功能

口线	第二功能	信号名称
P3.0	RXD	串行输入口
P3.1	TXD	串行输出口
P3.2	$\overline{INT0}$	外部中断 0 输入口
P3.3	$\overline{INT1}$	外部中断 1 输入口
P3.4	T0	定时/计数器 T0 外部输入口
P3.5	T1	定时/计数器 T1 外部输入口
P3.6	$\overline{WR}$	写选通输出口
P3.7	$\overline{RD}$	读选通输出口

③ P0、P1、P2、P3 口作为通用的输入口时，必须使电路中的锁存器写入高电平"1"。

④ I/O 接口功能的自动识别。无论是 P0、P2 口的总线复用功能，还是 P3 口的第二功能复用，单片机都会自动选择。

⑤ 两种读端口的方式，包括端口锁存器的读、改、写操作和读引脚的操作。在单片机中，有些指令是读端口锁存器的，如一些逻辑运算指令、置位/复位指令、条件转移指令及将 I/O 接口作为目的地址的操作指令；有些指令是读引脚的，如以 I/O 接口作为源操作数的指令 MOV A,P1。

⑥ I/O 接口的驱动特性。P0 口的每个 I/O 接口可驱动 8 个 LS TTL 输入，而 P1、P2、P3 口的每个 I/O 接口可驱动 4 个 LS TTL 输入。

3.7　单片机的工作方式

3.7.1　复位及复位电路

在 80C51 单片机中，最常见的复位电路为图 3.17 所示的上电复位电路，它能有效地实现上电复位和手动复位。RST 引脚是复位信号输入端，复位信号为高电平有效，其有效时间应持续

24 个振荡周期以上才能完成复位操作；若使用 6MHz 晶振，则需持续 4μs 以上才能完成复位操作。图 3.17 中，在通电瞬间，由于存在 RC 电路的充电过程，在 RST 端出现一定宽度的正脉冲，只要该正脉冲保持 10ms 以上，就能使单片机自动复位。在 6MHz 晶振时，通常 C_R 取 22μF，R_1 取 200Ω，R_2 取 1kΩ，这时能可靠地上电复位和手动复位。

CPU 在第二个机器周期内执行内部复位操作，以后每个机器周期重复一次，直至 RST 端电平变低。在单片机复位期间，ALE 和 $\overline{\text{PSEN}}$ 信号都不产生。复位操作将对部分专用寄存器产生影响，复位后，这些寄存器状态见表 3.7。

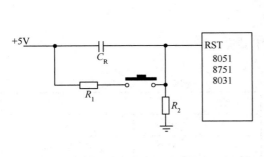

图 3.17 上电复位电路

表 3.7 部分专用寄存器复位状态

寄存器	值	寄存器	值
PC	0000H	ACC	00H
B	00H	PSW	00H
SP	07H	DPTR	0000H
P0～P3	FFH	IP	×××00000
IE	0××00000	TMOD	00H
TCON	00H	TL0，TL1	00H
TH0，TH1	00H	SCON	00H
SBUF	不定	PCON	0×××0000

3.7.2 时钟电路和时序

1. 时钟电路

80C51 单片机的内部有一个高增益的反相放大器，反相放大器的输入端为 XTAL1，输出端为 XTAL2，由该放大器构成的振荡电路和时钟电路一起构成了单片机的时钟方式。根据硬件电路的不同，单片机的时钟电路可分为内部时钟电路和外接时钟电路，如图 3.18 所示。

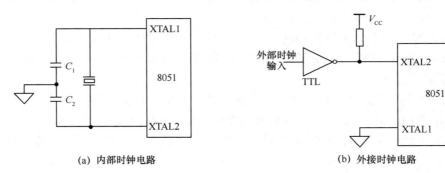

(a) 内部时钟电路 (b) 外接时钟电路

图 3.18 时钟电路

在内部时钟电路中，必须在 XTAL1 与 XTAL2 引脚两端跨接石英晶振和两个微调电容以构成振荡电路，通常 C_1 和 C_2 一般取 30pF，晶振频率取值为 1.2～12MHz。对于外接时钟电路，要求 XTAL1 接地，XTAL2 脚接外部时钟，对于外部时钟信号并无特殊要求，只要保证一定的脉冲宽度，时钟频率低于 12MHz 即可。

晶振的振荡信号从 XTAL2 端送入内部时钟电路，它将该振荡信号二分频，产生一个两相时钟信号 P1 和 P2 供单片机使用。P1 信号在每个状态的前半周期有效，P2 信号在每个状态的后半周期有效。CPU 就是以两相时钟 P1 和 P2 为基本节拍协调单片机各部分有效工作的。

2．指令时序

单片机的基本操作周期称作机器周期，一个机器周期由 6 个状态组成，每个状态由两个时钟信号 P1 和 P2 构成，故一个机器周期可依次表示为 S1P1，S1P2，…，S6P1，S6P2，即一个机器周期共有 12 个振荡脉冲。

（1）振荡周期

振荡周期是指振荡源的周期或外部输入时钟的周期。

（2）状态周期

状态周期是振荡周期的 2 倍，分为 P1 节拍和 P2 节拍，通常在 P1 节拍完成算术逻辑操作，在 P2 节拍完成内部寄存器之间的传送操作。

（3）机器周期

一个机器周期由 6 个状态组成，如果把一条指令的执行过程分为几个基本操作，则将完成一个基本操作所需的时间称作机器周期。

（4）指令周期

指令周期即执行一条指令所占用的全部时间，通常为 1～4 个机器周期。

图 3.19 给出了 80C51 单片机的典型取指、执行时序。由图可知，在每个机器周期内，地址锁存信号 ALE 两次有效，一次在 S1P2 与 S2P1 之间，另一次在 S4P2 和 S5P1 之间。

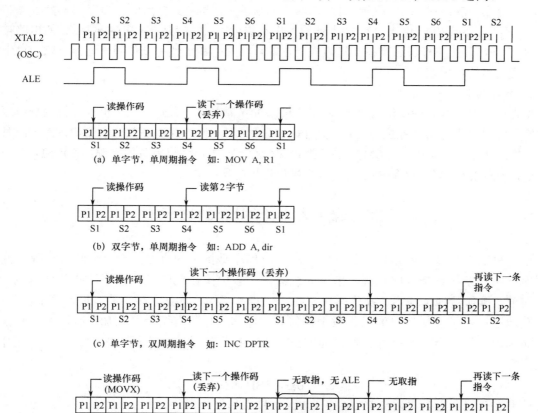

图 3.19　80C51 单片机取指、执行时序

从图 3.19 可以看出，对于单周期指令，当操作码被送入指令寄存器后，指令的执行从 S1P2 开始。对于双字节单周期指令，则在同一机器周期的 S4 期间写入第 2 字节。如果是单字节单周期指令，则在 S4 期间仍然保持读操作，但所进行的读操作为无效操作，同时 PC 并不加 1。

图 3.19（a）和（b）给出了单字节单周期和双字节单周期指令的时序，这些操作都在 S6P2 结束时完成指令操作。

图 3.19（c）给出了单字节双周期指令的时序，在两个机器周期内进行了 4 次读操作，由于是单字节指令，故后面的三次读操作是无效的。

图 3.19（d）给出了访问外部 RAM 指令 MOVX 的时序，它是一条单字节双周期指令。在执行 MOVX 指令期间，外部 RAM 被访问且选通时跳过两次取指操作，其中在第一个机器周期 S5 开始送出外部 RAM 的地址后，进行读、写数据，在此期间并无 ALE 信号，故第二周期不产生取指操作。

3.7.3 单片机的低功耗方式

通过设置寄存器 PCON 的相关位可以确定当前的低功耗方式。

1. 待机方式

将寄存器 PCON 的 IDL 位置"1"，单片机则进入待机方式。此时，振荡器仍然处于工作状态，并且向中断逻辑、串行口和定时/计数器电路提供时钟，但是向 CPU 提供时钟的电路被断开，因此 CPU 停止工作。通常在待机方式下，单片机的中断仍然可以使用，这样可以通过中断触发方式退出待机方式。

2. 掉电保护方式

将寄存器 PCON 的 PD 位置"1"，单片机则进入掉电保护方式。如果单片机检测到电源电压过低，此时除进行信息保护外，还需将 PD 位置"1"，使单片机进入掉电保护方式。此时，单片机停止工作，但是内部 RAM 中的数据仍被保存。如果单片机有备用电源如 80C51，待电源正常后，硬件复位信号维持 10ms 后，单片机退出掉电保护方式。

3.8 单片机执行指令的过程

单片机的工作过程就是运行程序的过程，而程序是指令的有序集合，因此运行程序就是按顺序一条一条执行指令的过程。指令的机器码一般由操作码和操作数地址两部分组成，操作码在前，操作数地址在后。操作码决定指令的操作类型（如加、减、乘、除等算术操作）。操作数地址指示了参加运算的操作数来自何处，操作数一般有两个（如加、减法），操作数地址简称地址码。指令的执行又可分为取出指令和执行指令两个步骤。例如，使单片机进行下列运算：

$$08H+5BH=63H$$

并将结果 63H 送入单片机内部 RAM 35H 单元，步骤如下。

1. 编写汇编语言程序

MOV	A,#08H	;将立即数 08H 送累加器 A,(A)=08H
ADD	A,#5BH	;A 中的内容与立即数 5BH 相加,结果送 A,即 A←(A)+5BH
MOV	35H,A	;结果送内部 RAM 35H 单元

2. 通过查指令表得出各指令的机器码

机器码	汇编语言源程序	指令功能
74H 08H	MOV A,#08H	立即数传送
24H 5BH	ADD A,#5BH	加法运算
F5H 35H	MOV 35H,A	数据传送

3. 将机器码存入 ROM 中

例如，从 ROM 8000H 单元开始存放程序的机器码，如下表所示：

存储地址	ROM 存储单元内容	机器码
8000H	01110100	74H
8001H	00001000	08H
8002H	00100100	24H
8003H	01011011	5BH
8004H	11110101	F5H
8005H	00110101	35H

4. 程序执行过程

先赋值(PC)=8000H，以下为指令执行的步骤：

（1）PC 送出当前地址 8000H，选中 ROM 8000H 单元；

（2）CPU 发出访问 ROM 信号，从 8000H 单元中取出第一条指令的操作码 74H；

（3）PC 内容自动加 1，指向下一存储单元；

（4）CPU 将操作码 74H 送内部指令译码器译码后，可知是一条立即数送 A 的指令；

（5）PC 送出当前地址 8001H，选中 ROM 8001H 单元；

（6）CPU 再发出访问 ROM 信号，从 8001H 单元中取出第一条指令的立即数 08H 并送 A；

（7）PC 内容自动加 1，指向下一存储单元。

以上即为第一条指令的取指和执行指令过程。接下去 CPU 取出第二条指令码，并完成加法运算后结果送 A，最后完成 A 中的内容送 35H 单元指令。每条指令的执行步骤与前面所述基本相同，不再细述。

最后说明一下，单片机的程序运行一般有两种方式。

① 连续运行方式：这是程序运行最基本的方式，即从 PC 开始，连续执行程序，直到遇到结束或暂停标志。在系统复位时，PC 总是指向 0000H 地址单元，而实际的程序应允许从 ROM 的任意位置开始，可通过执行若干指令使 PC 指向程序的实际起始地址。

② 单步运行方式：这种方式是指从程序的某一地址开始，启动一次只执行一条程序指令的运行方式，主要用于调试程序。单步运行方式是利用单片机的中断结构实现的。将 80C51 单片机的外部中断编程为外部电平触发方式，并设置一个单步操作脉冲产生电路，接入某个外部中断引脚，单步操作键动作一次，产生一个脉冲，启动一次内部中断处理过程，CPU 执行一条程序指令，这样就可以一步一步地进行单步操作。

思考题与习题

3.1　80C51 单片机的 P0～P3 口在用作通用 I/O 接口时应注意什么？P0～P3 口不用作通用 I/O 接口时是什么功能？在使用上有何特点？P0～P3 口的驱动能力如何？

3.2 80C51 单片机运行出错或程序进入死循环，如何摆脱困境？

3.3 单片机的复位操作有几种方法？复位功能的主要作用是什么？

3.4 简述程序状态字（PSW）中各位的含义。

3.5 80C51 单片机的当前工作寄存器组如何选择？

3.6 80C51 单片机的控制总线信号有哪些？各信号的作用如何？

3.7 80C51 单片机中 $\overline{\text{EA}}$ 引脚的作用是什么？

3.8 程序计数器（PC）的作用是什么？

3.9 堆栈有哪些功能？堆栈指针（SP）的作用是什么？在程序设计时，为什么要对 SP 重新赋值？

3.10 内部 RAM 低 128 单元划分为哪 3 个主要部分？说明各部分的使用特点。

3.11 简述 80C51 单片机存储区的划分。

3.12 基本型 80C51 单片机的中断入口地址各为多少？

3.13 什么是指令周期、机器周期和状态周期？

3.14 已知一个 80C51 单片机系统使用 6MHz 的外部晶振，该单片机系统的状态周期与机器周期各为多少？

第4章　80C51单片机的指令系统

指令是指示计算机执行某种操作的命令，计算机能识别执行的只能是二进制代码，以二进制代码来描述指令功能的语言，称为机器语言。由于机器语言不便于人们识别、记忆、理解和使用，因此便对每条机器语言指令用助记符来形象表示，这就形成了汇编语言。

一条指令是机器语言的一个语句，包括操作码字段和操作数字段。一台计算机所具有的全部指令的集合，称为这台计算机的指令系统。不同的微处理器，其指令系统一般是不同的。

80C51单片机指令系统共有111条指令，具有如下特点：

① 执行时间短：单周期指令64条、双周期指令45条，而四周期指令只有2条；

② 指令编码字节少：单字节指令49条、双字节指令45条，最长的三字节指令只有17条；

③ 位操作指令丰富（有17条）。

为便于阅读指令，对指令助记符的一些符号约定意义予以说明：

Rn —— 当前选定的工作寄存器R0～R7；

Ri —— 当前选定的工作寄存器能做间接寻址的寄存器R0或R1；

@ —— 间接寻址或变址寻址前缀，如@Ri、@DPTR；

#data —— 8位立即数；

#data16 —— 16位立即数；

Direct —— 内部RAM单元地址及SFR地址（8位）；

addr11 —— 11位目标地址；

addr16 —— 16位目标地址；

rel —— 有符号的（补码）8位偏移量，范围为-128～+127；

bit —— 内部RAM位地址、SFR的位地址（可用符号名称表示）；

(×) —— 表示×地址单元或寄存器中的内容；

((×)) —— 表示以×地址单元或寄存器内容为地址的存储单元的内容；

/ —— 位操作数取反的前缀，表示对该位操作数取反；

→ —— 数据传送方向。

$(×)_{RAM}$ 或 $(×)_{ROM}$ —— 下角标表示取数区域。

4.1　指令的基本格式及常用符号

指令的汇编语言形式是用助记符来表示一条指令的，其基本格式为：

操作码+操作数

操作码表示该指令将要做什么样的操作，操作数是该指令操作的对象，一般是操作所需要的数或所需要的数的存放地址。

4.1.1　指令的字节数

80C51单片机指令有单字节指令、双字节指令和三字节指令3种。

（1）单字节指令

单字节指令有49条，8位二进制代码中既包含操作码的信息，也包含操作数的信息；或8

位二进制代码中只包含操作码的信息，而操作数的信息被隐含了。

例如：MOV　A,Rn

机器码为 1110 1xxx，其中 1110 1 为操作码，xxx 为操作数 n，若 Rn 为 R3，则 xxx=011，其机器码为 EBH。

例如：INC　A，机器码为 04H，被隐含的操作数为累加器 A。

（2）双字节指令

双字节指令有 45 条，机器码的第一个字节表示操作码，第二个字节表示操作数。

例如：MOV　R2,#0F0H，机器码为 7A F0。

（3）三字节指令

三字节指令有 17 条，第一个字节表示操作码，另两个字节表示操作数。

例如：ANL　30H,#66H，机器码为 53H 30H 66H。

4.1.2　指令的执行时间

80C51 单片机指令执行时间有单周期指令（64 条）、双周期指令（45 条）和四周期指令（2 条）。

4.1.3　汇编语言的语句结构

一般来讲，汇编语言的语句结构由 5 部分组成，即标号、操作助记符、目的操作数、源操作数和注释。一般格式如下：

　　［标号:］　　操作助记符　［目的操作数］[,源操作数][;注释]

例如，LOOP: MOV　R3,#08H　　　;执行数据传送操作，将立即数 08H 送到寄存器 R3

① 方括号[ ]：表示该项是可选项，可有可无。

② 标号：是用户设定的地址符号，它代表该指令机器码存放在存储器中第一个字节的地址。标号必须以字母开头，其后跟 1～8 个字母或数字，并以"："结尾。

③ 操作助记符：表明本条指令完成什么样的功能操作。任何一条指令都必须有该助记符项，不得省略。

④ 目的操作数：提供操作的对象，并指出一个目标地址，表示操作结果将要存放的地址。

⑤ 源操作数：指出的是一个源地址（或立即数），表示操作的对象或操作数来自何处。它与目的操作数之间要用"，"隔开。

⑥ 注释：在编写程序时，为了增加程序的可读性，由用户对该条指令或该段程序功能进行的说明。它以"；"开头，由于"；"以后部分计算机不予处理，故可以用中文、英文的某些符号来表示，但要注意在非注释部分的所有字符都必须是英文的，例如标点符号"，"、"："只能用半角输入，而不能用全角输入。

4.2　80C51 单片机的寻址方式

寻址方式就是寻找操作数的方式，由于 80C51 单片机有内部 RAM、内部 ROM、外部 RAM、外部 ROM 4 个不同的存储区域，数据存储的方式十分灵活，在用汇编语言编程时，数据的存放、传送、运算都要通过指令来完成。因此编程者必须要十分清楚操作数的位置，以及如何将它们传送到适当的寄存器去参与运算，从而有效完成汇编程序的编写。

80C51 单片机有 7 种寻址方式，即立即寻址、直接寻址、寄存器寻址、寄存器间接寻址、变址寻址、相对寻址、位寻址。源操作数和目的操作数都有各自的寻址方式，下面以源操作数为例来讲述寻址方式。

4.2.1 立即寻址

操作数就在指令代码中，在操作码之后，是一个 8 位二进制数或 16 位二进制数，称为立即数，这种寻址方式称为立即寻址。例如：MOV　P1,#80H，机器码为 75H 90H 80H，75H 是操作码，后面的 80H 就是操作数，指令功能是将 80H 送到 P1 口。

在 80C51 单片机中，采用 "#" 作为立即数的前缀，如 MOV　A,#3AH 表示将立即数 3AH 送给 A，而 MOV　A,3AH 则表示将 RAM 地址 3AH 单元的内容送给 A。

【例 4.1】执行 1010H:MOV　A,#55H 后，结果(A)=55H，如图 4.1 所示。

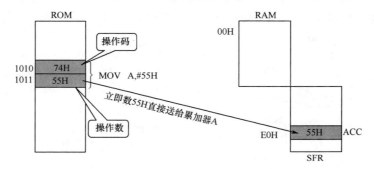

图 4.1　指令 MOV　A,#55H 执行示意图

4.2.2 直接寻址

直接寻址是指令中直接给出操作数所在单元的地址。采用直接寻址的存储空间有：

① 内部 RAM 的低 128 字节（00H～7FH）；

② 位地址空间；

③ 特殊功能寄存器，特殊功能寄存器只能用直接寻址方式操作。

例如：MOV　A,00H　　　　　;将内部 RAM 中 00H 单元的内容送给累加器 A

　　　MOV　C,20H　　　　　;将内部 RAM 中位地址为 20H 单元的内容送给位累加器 C

【例 4.2】若(55H)=5AH，执行 2000H: MOV　A,55H 后，(A)=5AH，如图 4.2 所示。

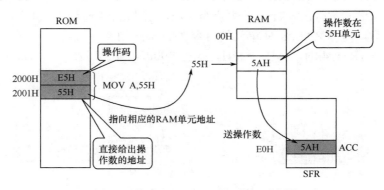

图 4.2　指令 MOV　A,55H 执行示意图

在程序的转移、调用指令中，由于指令中直接给出了目标地址，执行这些指令后，程序指针 PC 的内容将直接由指令给出的地址来更新，因此这些指令的寻址方式也可归属为直接寻址。

4.2.3 寄存器寻址

由指令指出某一寄存器的内容作为操作数，这种寻址方式称为寄存器寻址。可以采用的寄存器有 R0～R7、累加器 A、寄存器 B、数据指针 DPTR 和布尔处理器的位累加器 C。

例如：MOV   A,R0

该指令的功能是把工作寄存器 R0 中的内容送到累加器 A 中，如 R0 中的内容为 44H，则执行该指令后，A 的内容也为 44H。

在 80C51 单片机中，寄存器寻址 Rn 按所选定的工作寄存器 R0～R7 进行操作，指令机器码的低 3 位的 8 种组合 000，001，…，110，111 分别对应所用的工作寄存器 R0，R1，…，R6，R7。如：MOV   A,Rn(n=0～7)，这 8 条指令对应的机器码分别为 E8H～EFH。

例如：MOV   A,R0 ;将 R0 工作寄存器中的数据送到累加器 A 中

【例 4.3】若(R0)=44H，执行 1000H:MOV   A,R0 后，(A)=44H，如图 4.3 所示。

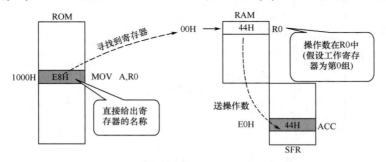

图 4.3   指令 MOV   A,R0 执行示意图

4.2.4 寄存器间接寻址

指令中给出寄存器的名称，以寄存器的内容为地址再取一次数，该数才是真正的操作数，这种寻址方式称为寄存器间接寻址。

在 80C51 单片机中，可以用作间接寻址的寄存器有工作寄存器 R0 和 R1，以及数据指针 DPTR。

寄存器间接寻址对应的空间为：

● 内部 RAM（采用@R0，@R1 或 SP）
● 外部 RAM（采用@R0，@R1 或@DPTR）

例如：MOV   A,@R1，若 R1 中的内容为 80H，内部 RAM 地址为 80H 单元中的内容为 2FH，则执行该指令后，内部 RAM 80H 单元的内容 2FH 被送到 A 中。

【例 4.4】若(R1)=44H，(44H)=2FH，执行 3000H: MOV   A,@R1 后，(A)=2FH，如图 4.4 所示。

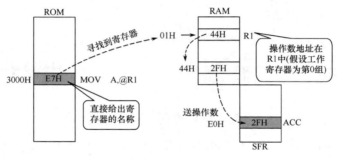

图 4.4   指令 MOV   A,@R1 执行示意图

4.2.5 变址寻址

以 DPTR 或 PC 为基址寄存器,累加器 A 为变址寄存器,把两者内容相加,结果作为操作数的地址,这种寻址方式称为变址寻址。这类指令只限于访问 ROM,常用于查表操作和指令跳转。例如:

    MOVC   A,@A+DPTR   ;((A)+(DPTR))_{ROM}→A
    MOVC   A,@A+PC   ;(PC)+1→PC,((A)+(PC))_{ROM}→A
    JMP   @A+DPTR   ;(A)+(DPTR)→PC

【例 4.5】若(A)=0FH,(DPTR)=2400H,执行 2000H:MOVC   A,@A+DPTR 后,结果为(240FH)_{外 ROM}→A,(A)= 88H,如图 4.5 所示。

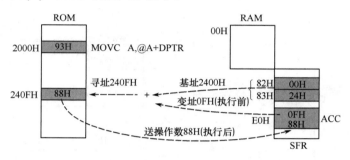

图 4.5   指令 MOV   A,@A+DPTR 执行示意图

4.2.6 相对寻址

相对寻址方式是以 PC 的内容作为基地址,加上指令中给定的偏移量,所得结果作为转移地址送 PC。偏移量是 8 位有符号数的补码,数值范围为−128～+127。以下一条指令的 PC 值为起点,转移访问范围为−128～+127。它用于访问 ROM,常出现在相对转移指令中。

例如,2050H:JZ   rel 是一条累加器 A 为零就转移的双字节指令,则执行该指令时的当前 PC 值即为 2052H,即当前 PC 值是对相对转移指令取指结束时的值。

偏移量 rel 是有符号的单字节数,以补码表示,其值的范围是−128～+127(00H～FFH),负数表示从当前地址向前转移,正数表示从当前地址向后转移。所以,相对转移指令满足条件后,转移的地址(目标地址)为:

$$目标地址=当前 PC 值+rel =指令存储地址+指令字节数+rel$$

【例 4.6】若 rel 为 75H,PSW.7 为 1,执行指令 1000H:JC   rel 后,程序将跳转到 1077H 单元取指令并执行,如图 4.6 所示。

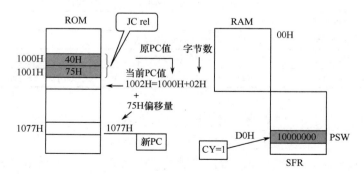

图 4.6   指令 JC   rel 执行示意图

4.2.7 位寻址

从本质上来说，位寻址是直接寻址方式的一种形式。它的寻址对象是可寻址位空间中的 1 位，而不是 1 字节。由于在使用上存在一些特殊性，故将其单独列出。

位操作指令中的位地址有 4 种表示方法：

① 直接地址，如 00H；

② 点操作符，如 20H.0，PSW.5；

③ 位名称，如 F0；

④ 经伪指令定义过的字符名称，如 USER BIT PSW.5。

【例 4.7】位地址 00H 内容为 1，执行 3000H: MOV C,00H 后，位地址 PSW.7 的内容为 1，如图 4.7 所示。

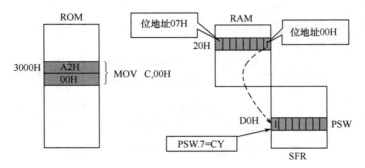

图 4.7 指令 MOV C,00H 执行示意图

以上 7 种寻址方式及相关的存储器空间见表 4.1。

表 4.1 寻址方式及相关的存储器空间

序号	寻址方式	寻址范围
1	寄存器寻址	R0～R7
		A、B、C（CY）、AB（双字节）、DPTR（双字节）、PC（双字节）
2	直接寻址	内部 RAM 低 128 字节
		特殊功能寄存器
		内部 RAM 位寻址区的 128 个位
		特殊功能寄存器中可寻址的位
3	寄存器间接寻址	内部 RAM[@R0，@R1，SP（仅 PUSH，POP）]
		内部 RAM 单元的低 4 位（@R0，@R1）
		外部 RAM 或 I/O 接口（@R0，@R1，@DPTR）
4	立即寻址	ROM（常数）
5	变址寻址	ROM（@A+PC，@A+DPTR）
6	相对寻址	ROM（PC 当前值的-128～127 字节）
7	位寻址	可寻址位（内部 RAM 20H～2FH 单元中的位和部分 SFR 位）

4.3 数据传送类指令

数据传送是单片机最基本的操作。数据传送的一般功能是将源操作数传送到指令所指定的目的操作数，指令执行后，源操作数不变。数据传送类指令一般不影响标志位。数据传送类指令共 29 条，可以分成两大类。一是采用 MOV 操作助记符，称为一般传送指令，共 16 条；二是采用非 MOV 操作助记符，称为特殊传送指令，共 13 条。

4.3.1 一般传送指令

一般传送指令的汇编指令格式为：

    MOV　<目的操作数>,<源操作数>

MOV 是传送指令的操作助记符。其功能是将源操作数传送到目的操作数，源操作数内容不变。该类指令的操作助记符、操作数、功能、字节数及执行时间（机器周期数），按目的操作数归类，在表 4.2 中列出。

表 4.2　一般数据传送指令（16 条）

操作助记符	目的	源	功能	字节数	机器周期数
MOV	A,	#data	data→A	2	1
		direct	(direct)→A	2	1
		@Ri	((Ri))$_{内RAM}$ → A	1	1
		Rn	(Rn)→A	1	1
	Rn,	#data	data→Rn	2	1
		direct	(direct)→Rn	2	2
		A	(A)→Rn	1	1
	direct,	#data	data→direct	3	2
		A	(A)→direct	2	1
		direct 1	(direct 1)→direct	3	2
		@Ri	((Ri))$_{内RAM}$→direct	2	2
		Rn	(Rn)→direct	2	2
	@Ri,	#data	data→(Ri)	2	1
		direct	(direct)→(Ri)	2	2
		A	(A)→(Ri)	1	1
	DPTR	#data16	data16→DPTR	3	2

1. 内部 8 位数据传送指令

内部 RAM 区是数据传送最活跃的区域，8 位内部数据传送指令共有 15 条，用于单片机内部 RAM 和寄存器之间的数据传送。有立即寻址、直接寻址、寄存器寻址及寄存器间接寻址等寻址方式。

（1）以 A 为目的操作数

$$\text{MOV}\quad\text{A,}\begin{cases}\text{Rn} & ;(\text{Rn})\rightarrow\text{A}\\ \text{direct} & ;(\text{direct})\rightarrow\text{A}\\ \text{@Ri} & ;((\text{Ri}))\rightarrow\text{A}\\ \text{\#data} & ;\text{data}\rightarrow\text{A}\end{cases}$$

由于大多数数据的处理都要通过累加器完成，因此以累加器 A 为目的操作数的指令使用得最为频繁。

【例 4.8】MOV　A,@R1　　　　;((R1))→A

若(R1)= 30H，(30H)= 35H，执行指令后，(A)= 35H。

（2）以 Rn 为目的操作数

$$\text{MOV} \quad \text{Rn,} \left\{ \begin{array}{ll} \text{A} & ;(\text{A}) \rightarrow \text{Rn} \\ \text{direct} & ;(\text{direct}) \rightarrow \text{Rn} \\ \#\text{data} & ;\text{data} \rightarrow \text{Rn} \end{array} \right.$$

【例4.9】执行指令 MOV R0,#00H 后，(R0)= 00H。

（3）以 direct 为目的操作数

$$\text{MOV} \quad \text{direct,} \left\{ \begin{array}{ll} \text{A} & ;(\text{A}) \rightarrow \text{direct} \\ \text{Rn} & ;(\text{Rn}) \rightarrow \text{direct} \\ \text{direct1} & ;(\text{direct1}) \rightarrow \text{direct} \\ @\text{Ri} & ;((\text{Ri})) \rightarrow \text{direct} \\ \#\text{data} & ;\text{data} \rightarrow \text{direct} \end{array} \right.$$

【例4.10】若(R0)=66H，(66H)=13H，执行指令 MOV 40H,@R0 后，(40H)=13H。

（4）以 @Ri 为目的操作数

$$\text{MOV} \quad @\text{Ri,} \left\{ \begin{array}{ll} \text{A} & ;(\text{A}) \rightarrow (\text{Ri}) \\ \text{direct} & ;(\text{direct}) \rightarrow (\text{Ri}) \\ \#\text{data} & ;\text{data} \rightarrow (\text{Ri}) \end{array} \right.$$

【例4.11】若(R0)=3AH，(A)=2BH，执行指令 MOV @R0,A 后，(3AH)=2BH。

2．16位数据传送指令

MOV DPTR,#data16 ;data16→DPTR

例如：执行指令 MOV DPTR,#2030H 后，(DPH)=20H，(DPL)=30H。

该指令是80C51单片机指令集中唯一的一条16位数据传送指令，其作用是将外部存储器某存储单元地址送到数据指针（DPTR）。这个存储单元地址可以是外部 RAM 地址，也可以是外部 ROM 地址，还可以是扩展的外部接口地址。如果地址传送到 DPTR 后用到 MOVC 指令，则所传送的一定是 ROM 地址；若用到 MOVX 指令，则所传送的一定是 RAM 地址或外部接口地址。

以上一般数据传送指令中，可以用4种目的字节为基础来构造4类指令，使用时请注意：

● 除 direct 外，源字节寻址与目的字节寻址方式是不相同的；

● Rn 寄存器寻址与寄存器间接寻址间不相互传送；

● 只有以累加器 A 作为目的操作数的指令，才可能影响奇偶标志 P。

4.3.2 特殊传送指令

特殊传送指令包括 ROM 查表、读/写外部 RAM、堆栈操作和交换指令，共13条，见表4.3。

表4.3 特殊传送指令（13条）

操作助记符	目的	源	功能	字节数	机器周期数
MOVC （ROM 查表）	A,	@A+DPTR	$((\text{A})+(\text{DPTR}))_{\text{ROM}} \rightarrow \text{A}$	1	2
		@A+PC	$((\text{A})+(\text{PC}))_{\text{ROM}} \rightarrow \text{A}$		
MOVX （读外部 RAM）	A,	@Ri	$((\text{Ri}))_{外 \text{RAM}} \rightarrow \text{A}$	1	2
		@DPTR	$((\text{DPTR}))_{外 \text{RAM}} \rightarrow \text{A}$		
MOVX （写外部 RAM）	@Ri, @DPTR,	A	$(\text{A}) \rightarrow ((\text{Ri}))_{外 \text{RAM}}$	1	2
			$(\text{A}) \rightarrow ((\text{DPTR}))_{外 \text{RAM}}$	1	2
PUSH	direct		$(\text{direct}) \rightarrow (\text{SP})$压栈	2	2
POP	direct		$((\text{SP})) \rightarrow \text{direct}$ 出栈	2	2
XCH （字节交换）	A,	Rn	$(\text{A}) \rightarrow \text{Rn,(Rn)} \rightarrow \text{A}$	1	1
		direct	$(\text{A}) \rightarrow \text{direct,(direct)} \rightarrow \text{A}$	2	
		@Ri	$((\text{Ri})) \rightarrow \text{A,(A)} \rightarrow (\text{Ri})$	1	

操作助记符	目的	源	功能	字节数	机器周期数
XCHD （半字节交换）	A,	@Ri	$((Ri))_{3-0} \rightarrow A_{3-0}$ $(A)_{3-0} \rightarrow (Ri)_{3-0}$	1	1
SWAP （自交换）	A		$(A_{7-4}) \rightarrow A_{3-0}$ $(A_{3-0}) \rightarrow A_{7-4}$	1	1

1. ROM 中常数读取指令

为了取出存放在 ROM 中的表格数据，80C51 单片机提供了两条查表指令，这两条指令的操作助记符为"MOVC"（move code），表示操作对象是 ROM。

      MOVC   A,@A+PC   ;$(PC)+1 \rightarrow PC$

                             ;$((A)+(PC))_{ROM} \rightarrow A$

      MOVC   A,@A+DPTR   ;$((A)+(DPTR))_{ROM} \rightarrow A$

指令 MOVC A,@A+PC 以 PC 为基址寄存器，A 为变址寄存器，A 中的 8 位无符号数与 PC 内容（该指令的下一条指令的起始地址）相加后得到一个 16 位 ROM 地址，然后将该地址单元的内容取出送累加器 A。

指令 MOVC A, @A+DPTR 以 DPTR 为基址寄存器，A 为变址寄存器，A 中的 8 位无符号数与 DPTR 内容相加后得到一个 16 位 ROM 地址，然后将该地址单元的内容取出送累加器 A。

【例 4.12】已知内存单元 20H 中有一个 0～9 范围内的数，用查表指令编写能查出该数平方值的程序。设平方表表头地址标号为 LAB。程序设计如下：

      MOV   A,20H

      MOV   DPTR,#LAB

      MOVC   A,@A+DPTR

      …

      LAB:DB   0,1,4,9,10H,19H…

若(20H)为 3，执行 MOVC A,@A+DPTR 指令后，查表得 9 并存于 A 中。

【例 4.13】2000H: MOV   A,#02H

            2002H: MOVC   A,@A+PC

由于 MOVC A,@A+PC 是单字节指令，下一条指令首地址为 2002H+1=2003H，执行 MOVC A,@A+PC 指令后，ROM 中 2005 单元内容将送到 A 中。

2. 外部 RAM 的读/写指令

使用 MOV 指令，内部 RAM 单元内容可以有多种灵活的数据传送方式，而外部 RAM 数据的传送只能与 A 进行，且必须使用操作助记符为 MOVX 的指令。

（1）读入累加器 A 的指令

      MOVX   A,@Ri   ;$((Ri))_{外RAM} \rightarrow A$

      MOVX   A,@DPTR   ;$((DPTR))_{外RAM} \rightarrow A$

MOVX A,@Ri 是使用 Ri 的间接寻址，只能传送外部 RAM 的 256 个单元的数据，指令执行时，由 Ri 中指定的低 8 位地址从 P0 口输出，若 RAM 的寻址需要高 8 位，则高 8 位地址由 P2 口提供。

MOVX A,@DPTR 是对整个 64KB 的 RAM 单元寻址。指令执行时，在 DPH 中的高 8 位地址由 P2 口输出，在 DPL 中的低 8 位地址由 P0 口分时输出。

【例 4.14】若(DPTR)=2000H，(2000H)_{外RAM}=99H，执行 MOVX A,@DPTR 后，(A)=99H。

（2）从累加器 A 输出数据的指令

    MOVX   @Ri,A   ;(A)→((Ri))$_{外RAM}$

    MOVX   @DPTR,A   ;(A)→((DPTR))$_{外RAM}$

    MOVX   @Ri,A 指令以 Ri 为间址寄存器，将 A 的内容写入外部 RAM 由 Ri 所指定的单元，寻址空间为 256 字节的外部 RAM。指令执行时，由 Ri 所指定的低 8 位地址由 P0 口输出。

    MOVX   @DPTR,A 指令以 16 位 DPTR 为间址寄存器，将 A 的内容写入外部 RAM DPTR 所指定的单元，寻址空间是整个 64KB 的外部 RAM。指令执行时，DPH 中的高 8 位地址从 P2 口输出，DPL 中的低 8 位地址从 P0 口分时输出。

【例 4.15】若(DPTR)=1000H，(1000H)$_{外RAM}$=22H，(A)=33H。

执行 MOVX   @DPTR,A 后，(A)=33H，(1000H)$_{外RAM}$=33H。

由于外部 RAM 数据的存取都要经过累加器 A，因此外部 RAM 单元之间的数据传送不能像内部 RAM 那样直接采用 MOV   direct,direct1 来完成，而必须设计多条指令来完成。

【例 4.16】将外部 RAM 1000H 单元中的内容送入外部 RAM 2000H 单元中。

    MOV   DPTR,#1000H

    MOVX   A,@DPTR

    MOV   DPTR,#2000H

    MOVX   @DPTR,A

3. 堆栈操作指令

堆栈操作是通过指令来完成的。将数据送入堆栈的过程称为压入（或压栈）操作，而从堆栈中取出数据的过程称为弹出（或出栈）操作。

（1）压栈指令

    PUSH   direct   ;(SP)+1→SP,(direct)→(SP)

压栈指令的功能是先将 SP 的内容加 1，然后将指令指定的直接寻址单元内容传送至栈顶单元。

【例 4.17】设(SP)=30H，(ACC)=20H，执行下述指令：

    PUSH   ACC   ;(SP)+1→SP,(ACC)→31H

结果为：(31H)=20H，(SP)=31H。

PUSH   ACC 是用直接寻址方式寻址的，ACC=E0H，与 PUSH   E0H 效果一样。若将 PUSH ACC 写成 PUSH   A，就是寄存器寻址方式，则汇编时会提示该指令编写出错了。

（2）出栈指令

    POP   direct   ;((SP))→direct,(SP)−1→SP

出栈指令的功能是将当前 SP 所指示的单元的内容传送到该指令指定的单元中，然后 SP 中的内容减 1。

【例 4.18】设(SP)=30H，(44H)=20H，(30H)=88H，执行 POP   44H 后，(44H)=88H，(SP)=2FH。

4. 数据交换指令

数据传送都是将源操作数传送到目的操作数，而源操作数不变，数据流是单方向的；数据交换则是双方向的，源操作数和目的操作数都会发生改变。

    XCH   A,Rn   ;(A)→Rn,(Rn)→A

    XCH   A,direct   ;(A)→direct,(direct)→A

    XCH   A,@Ri   ;((Ri))→A,(A)→(Ri)

    XCHD   A,@Ri   ;((Ri))$_{3\sim0}$→A$_{3\sim0}$,(A$_{3\sim0}$)→(Ri)$_{3\sim0}$

    SWAP   A   ;(A$_{7\sim4}$)→A$_{3\sim0}$,(A$_{3\sim0}$)→A$_{7\sim4}$

【例 4.19】若(R0)=20H，(A)=30H，执行指令 XCH   A,R0 后，(A)=20H，(R0)=30H。

若(R0)=20H，(A)=30H，(20H)=88H，执行指令 XCH　A,@R0 后，(A)=88H，(R0)=20H，(20H)=30H。

4.4　算术运算类指令

算术运算类指令共有 24 条，可分为加、减、乘、除和 BCD 码调整指令（见表 4.4），除加 1、减 1 指令外，算术运算类指令的执行结果都将影响 CY、AC、OV 标志。

表 4.4　算术运算类指令

操作助记符	目的	源	功能	字节数	机器周期数
ADD （不带进位加）	A,	Rn	$(A)+(Rn) \rightarrow A$	1	1
		direct	$(A)+(direct) \rightarrow A$	2	
		@Ri	$(A)+((Ri)) \rightarrow A$	1	
		#data	$(A)+(data) \rightarrow A$	2	
DA	A		BCD 码调整	1	1
ADDC （带进位加）	A,	Rn	$(A)+(Rn)+(CY) \rightarrow A$	1	1
		direct	$(A)+(direct)+(CY) \rightarrow A$	2	
		@Ri	$(A)+((Ri))+(CY) \rightarrow A$	1	
		#data	$(A)+(data)+(CY) \rightarrow A$	2	
INC	A		$(A)+1 \rightarrow A$	1	1
	Rn		$(Rn)+1 \rightarrow Rn$	1	
	direct		$(direct)+1 \rightarrow direct$	2	
	@Ri		$((Ri))+1 \rightarrow (Ri)$	1	
	DPTR		$(DPTR)+1 \rightarrow DPTR$	1	2
SUBB （带借位减）	A,	Rn	$(A)-(Rn)-(CY) \rightarrow A$	1	1
		direct	$(A)-(direct)-(CY) \rightarrow A$	2	
		@Ri	$(A)-((Ri))-(CY) \rightarrow A$	1	
		#data	$(A)-(data)-(CY) \rightarrow A$	2	
DEC	A		$(A)-1 \rightarrow A$	1	1
	Rn		$(Rn)-1 \rightarrow Rn$	1	
	direct		$(direct)-1 \rightarrow direct$	2	
	@Ri		$((Ri))-1 \rightarrow (Ri)$	1	
MUL	AB		$(A) \times (B) \rightarrow (B)(A)$	1	4
DIV	AB		$(A) \div (B) \rightarrow (A)_{商}\ (B)_{余数}$	1	4

4.4.1　不带进位加法指令及 BCD 码调整指令

```
ADD   A,Rn          ;(A)+(Rn)→A
ADD   A,direct      ;(A)+(direct)→A
ADD   A,@Ri         ;(A)+((Ri))→A
ADD   A,#data       ;(A)+ data→A
DA    A             ;BCD 码调整指令
```

前 4 条指令都是将累加器 A 中的值与源操作数所指内容相加，最终结果回送到 A 中。无论是哪一条加法指令，参加运算的都是两个 8 位二进制数。微型计算机做加法时，做的是纯正的二进制数相加，但对用户来说，这些 8 位二进制数可能是无符号数（0～255），也可能是有符号数的补码，还可能是 BCD 码。为此，微型计算机的设计者设计了若干个结果标志或调整指令供用户来使用，以便不同含义的二进制数通过这些加法指令来完成用户所需的加法操作。

（1）无符号数相加

例如，若 A=11010011，R1=11101000，执行指令 ADD　A,R1，其和为 110111011。若相加的结果超过 8 位，则 CY=1，否则 CY=0，对用户来说，CY=1 表明刚才的无符号数 8 位加法运算结果有进位。

（2）有符号数相加

例如，若 A=01110111(77H 或 119)，R1=00010010(12H 或 18)，执行指令 ADD　A,R1，其和为 10001001(-77H 或-119)。119+18=137，而 8 位二进制补码所能表示的十进制数范围为-128～127，明显 137 不能用 8 位二进制补码来表示，所以微型计算机中设计了 OV 标志，来告诉用户刚才的加法运算若为补码运算，其结果是否超出所能表示的范围，即是否溢出。对用户来说，OV=1，表明刚才的补码加法运算结果不可用。

运算是否溢出的判断方法是：

● 两个正数相加（符号位都为 0），其和为负数（符号位为 1），则 OV=1；

● 两个负数相加（符号位都为 1），若和为正数（符号位为 0），则 OV=1。

（3）BCD 码相加

例如，10011000（98H）若为无符号二进制数，则其真值为十进制数 152；若为有符号二进制补码，则其真值为十进制数-104；若为 8421BCD 码，则其真值就是十进制数 98。

BCD 码在做加法运算时，会碰到这样一个问题，如 98H+03H，结果为 9BH，而正确的 BCD 码结果应该是 101H，如何解决呢？

8421 BCD 码高 4 位与低 4 位之间是十进制数，而计算机在进行算术运算时，不管是什么码制，也不管是原码还是补码，都是按无符号二进制数来运算的，所以高 4 位与低 4 位之间是按十六进制来运算的。两个 BCD 码算术操作后，要想得到正确的 BCD 码，必须对运算结果进行十进制调整。调整规则有两条：

① 若两个 BCD 码相加结果大于 1001，则要加 0110 进行调整；

② 若两个 BCD 码相加结果在本位上并不大于 1001，但产生了进位，相当于计算结果大于 9，则也要加 0110 进行调整。

BCD 码调整指令是一条专用的指令，用来实现 8421 BCD 码加法结果的调整，此指令为

　　　DA　A

这条指令对累加器 A 参与的 BCD 码加法运算结果进行十进制调整，使累加器 A 中的内容调整为两位压缩型 BCD 码的数，同时 PSW 中的 CY 表示结果的百位值。

使用时必须注意，BCD 码调整指令只能跟在加法指令之后。

DA　A 调整步骤：若 A 中的低 4 位大于 9 或辅助进位标志 AC 为 1，则低 4 位加 6；同样，A 中的高 4 位大于 9 或进位标志 CY 为 1，则高 4 位加 6。

【例 4.20】98H+03H 后，A=9BH，CY=0，AC=0。

```
    1001 1000
+   0000 0011
───────────────
    1001 1011
```

则执行 DA　A 指令后，A 的低 4 位做加 6 调整，调整后高 4 位为 1010，故也需要进行调整：

```
            1001 1011
         +  0000 0110--------------低 4 位调整
            1010 0001
         +  0110 0000--------------高 4 位调整
            10000 0001
```

结果为 A=01H，CY=1，相当于十进制数 101。

所以实际应用中，可设计如下程序：

```
    MOV   A,#98H      ;(98H)BCD=98
    ADD   A,03H       ;(03H)BCD=3
    DA    A           ;(CY)=1,(A)=01,得到十进制数 101
```

在 80C51 单片机中没有十进制减法调整指令，因此要用适当的方法编写程序段来进行十进制减法运算的 BCD 码调整。

【例 4.21】若 A=49H，执行指令 ADD A,#6BH 后，标志位的结果是什么？

解 直接相加：

```
            01001001
         +  01101011
            10110100
```

由于两个正数相加结果为负数，表示出现了溢出，故 OV=1；同时可以看到进位标志 CY=0。

在相加过程中，由于第 3 位相加产生对第 4 位的进位，因此 AC=1。又因为相加后 A 中的 1 的数目为偶数，故 P=0。

所以，结果是：A=B4H（溢出），OV=1，CY=0，AC=1，P=0。

4.4.2 带进位加法指令

```
    ADDC   A,Rn        ;(A)+(Rn)+(CY)→A
    ADDC   A,direct    ;(A)+(direct)+(CY)→A
    ADDC   A,@Ri       ;(A)+((Ri))+(CY)→A
    ADDC   A,#data     ;(A)+(data)+(CY)→A
```

这 4 条指令是将累加器 A 中的值与源操作数及进位标志 CY 中的值相加,结果回送到 A 中,常用于多字节数的加法运算中。需要注意的是，这里的 CY 是指令开始执行时的进位标志值，而不是相加后产生的进位标志值。若 ADDC 执行前的 CY=0，则这 4 条指令的结果就和 ADD 加法指令一样。

4.4.3 加 1 指令

```
    INC   A          ;(A)+1→A
    INC   Rn         ;(Rn)+1→Rn
    INC   direct     ;(direct)+1→direct
    INC   @Ri        ;((Ri))+1→(Ri)
    INC   DPTR       ;(DPTR)+1→DPTR
```

将指令中所指出操作数的内容加 1，加法仍按无符号二进制数进行。

只有 INC A 影响奇偶标志 P，其余指令不影响标志位。值得注意的是，若原来的内容为 0FFH，则加 1 后将产生溢出，使操作数的内容变成 00H，但不影响 CY。

4.4.4　带借位减法指令

SUBB	A,Rn	;(A)−(Rn)−(CY)→A
SUBB	A,direct	;(A)−(direct)−(CY)→A
SUBB	A,@Ri	;(A)−((Ri))−(CY)→A
SUBB	A,#data	;(A)−data−(CY)→A

这 4 条指令是将累加器 A 的内容与源操作数及进位标志 CY 相减，结果回送到 A 中。

（1）无符号数相减：CY=1，表明 D7 位有借位，否则 CY=0，从用户角度来说，CY=1 表明(A)<(源操作数)。

（2）有符号数相减：若 OV=1，表明补码减法运算结果超出 8 位二进制数所能表示的范围，从用户角度来说，OV=1 表明刚才的补码减法运算结果不可用。

在判断是否溢出时，判断的规则为：

- 正数减正数或负数减负数都不可能溢出；
- 若一个正数减负数，差为负数，则 OV=1；
- 若一个负数减正数，差为正数，则 OV=1。

（3）若要进行不带进位的减法运算，只要将 CY 清 0 即可。

减法指令影响 CY、AC、OV 和 P 标志。

【例 4.22】若 A=56H，执行指令 SUBB A,#6AH 的结果是：

$$
\begin{array}{r}
0101\ 0110 \\
-\ \ 0110\ 1010 \\
\hline
1110\ 1100
\end{array}
$$

则 CY=1，AC=1，OV=0，P=1。

4.4.5　减 1 指令

DEC	A	;(A)−1→A
DEC	Rn	;(Rn)−1→Rn
DEC	direct	;(direct)−1→direct
DEC	@Ri	;((Ri))−1→(Ri)

将指令中所指出操作数的内容减 1 后再回送原单元。只有 DEC A 影响奇偶标志 P，其余指令不影响标志位。

4.4.6　乘、除法指令

1．乘法指令

　　MUL　AB　　　　;(A)×(B)→(B)(A)

这条指令为单字节 4 个机器周期的指令，完成单字节的乘法运算，相乘按无符号数进行，两个 8 位无符号数的相乘结果为 16 位无符号数，乘积的低 8 位存放于累加器 A 中，高 8 位存放于寄存器 B 中。如果乘积超过 0FFH，则溢出标志 OV 置 1，否则清 0。进位标志 CY 总是被清 0。奇偶标志 P 仍然按 A 中 1 的奇偶性来确定。

【例 4.23】若(A)=31H，(B)=20H，执行 MUL AB 后，(A)=20H，(B)=06H，OV=1，CY=0，P=1。

2．除法指令

　　DIV　AB　　　　;(A)÷(B) → (A)$_{商}$ (B)$_{余数}$

这条指令为单字节4个机器周期的指令，完成单字节的除法运算，相除按无符号数进行，两个8位无符号数相除的商存放于累加器A中，余数存放于寄存器B中。如果除数(B)=0，则溢出标志OV置1，否则清0。指令执行后，CY总是被清0，奇偶标志仍然按A中1的奇偶性来确定。

【例4.24】设(A)=0B9H，(B)=22H，执行指令 DIV　AB 后，结果为(A)=05H，(B)=0FH，OV=0，CY=0，P=0。

4.5　逻辑运算类指令

逻辑运算类指令共有24条，包括逻辑与、逻辑或、逻辑异或、清零、取反、移位等指令，见表4.5。

表 4.5　逻辑运算类指令

操作助记符	目的	源	功能	字节数	机器周期数
ANL （与）	A,	Rn	$(A)\wedge(Rn)\rightarrow A$	1	1
		direct	$(A)\wedge(direct)\rightarrow A$	2	
		@Ri	$(A)\wedge((Ri))\rightarrow A$	1	
		#data	$(A)\wedge data\rightarrow A$	2	
	direct,	A	$(direct)\wedge(A)\rightarrow direct$	2	1
		#data	$(direct)\wedge data\rightarrow direct$	3	2
ORL （或）	A,	Rn	$(A)\vee(Rn)\rightarrow A$	1	1
		direct	$(A)\vee(direct)\rightarrow A$	2	
		@Ri	$(A)\vee((Ri))\rightarrow A$	1	
		#data	$(A)\vee data\rightarrow A$	2	
	direct,	A	$(direct)\vee(A)\rightarrow direct$	2	1
		#data	$(direct)\vee data\rightarrow direct$	3	2
XRL （异或）	A,	Rn	$(A)\oplus(Rn)\rightarrow A$	1	1
		direct	$(A)\oplus(direct)\rightarrow A$	2	
		@Ri	$(A)\oplus((Ri))\rightarrow A$	1	
		#data	$(A)\oplus data\rightarrow A$	2	
	direct,	A	$(direct)\oplus(A)\rightarrow direct$	2	1
		#data	$(direct)\oplus data\rightarrow direct$	3	2
CLR			$0\rightarrow A$	1	1
CPL			$(\overline{A})\rightarrow A$		
RL	A		$(An+1)\leftarrow(An)，(A0)\leftarrow(A7)$		
RLC			$(An+1)\leftarrow(An)，$ $(CY)\leftarrow(A7)，(A0)\leftarrow(CY)$		
RR			$(An+1)\rightarrow(An)，(A0)\rightarrow(A7)$		
RRC			$(An+1)\rightarrow(An)，$ $(A0)\rightarrow(CY)，(CY)\rightarrow(A7)$		

4.5.1　逻辑与指令

逻辑与指令有以下6条：

　　ANL　A,Rn　　　　　　　;$(A)\wedge(Rn)\rightarrow A$

```
ANL    A,direct              ;(A)∧(direct)→A
ANL    A,@Ri                 ;(A)∧((Ri))→A
ANL    A,#data               ;(A)∧data→A
ANL    direct,A              ;(direct)∧(A)→direct
ANL    direct,#data          ;(direct)∧data→direct
```

逻辑与操作是两个操作数按位进行逻辑与运算，结果回送目的操作数。实用中常用逻辑与指令对目的操作数的某些位实现清 0（或称屏蔽）。

【例 4.25】(A)=D3H，执行指令 ANL   A,#0FH 后，(A)=03H，即将 A 中的高 4 位清 0（或称屏蔽了 A 中的高 4 位），而 A 中的低 4 位保持不变。

4.5.2　逻辑或指令

逻辑或指令有以下 6 条：

```
ORL    A,Rn                  ;(A)∨(Rn)→A
ORL    A,direct              ;(A)∨(direct)→A
ORL    A,@Ri                 ;(A)∨((Ri))→A
ORL    A,#data               ;(A)∨data→A
ORL    direct,A              ;(direct)∨(A)→direct
ORL    direct,#data          ;(direct)∨data→direct
```

逻辑或操作是两个操作数按位进行逻辑或运算，结果回送目的操作数。实用中常用逻辑或指令对目的操作数的某些位实现置 1。

【例 4.26】(A)=53H，执行指令 ORL   A,#80H 后，(A)=D3H，即将 A 中的最高位置 1，而 A 中的其他位保持不变。

4.5.3　逻辑异或指令

逻辑异或指令也有 6 条：

```
XRL    A,Rn                  ;(A)⊕(Rn)→A
XRL    A,direct              ;(A)⊕(direct)→A
XRL    A,@Ri                 ;(A)⊕((Ri))→A
XRL    A,#data               ;(A)⊕data→A
XRL    direct,A              ;(direct)⊕(A)→direct
XRL    direct,#data          ;(direct)⊕data→direct
```

逻辑异或操作是两个操作数按位进行逻辑异或运算，结果回送目的操作数。因为对于逻辑变量 A 来说，$A \oplus 0 = A$，$A \oplus 1 = \bar{A}$，所以实用中常用逻辑异或指令实现对目的操作数的某些位取反。

【例 4.27】(A)=56H，执行指令 XRL   A,#0F0H 后，(A)=A6H，即将 A 中的高 4 位取反，而 A 中的低 4 位保持不变。

4.5.4　清零及取反指令

清零及取反指令只有对累加器 A 才有。

```
CLR    A          ;0→A
CPL    A          ;(Ā)→A
```

80C51 单片机指令系统中没有求补指令。若要进行求补操作，则可按"求反加 1"来进行。

以上所有的逻辑运算指令，对 CY、AC 和 OV 标志都没有影响，只在涉及累加器 A 时，才会对奇偶标志 P 产生影响。

4.5.5 移位指令

移位指令只有 4 条, 且都是对累加器 A 进行的, 如图 4.8 所示。

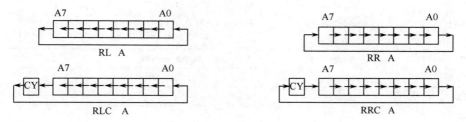

图 4.8 移位指令操作示意图

1. 循环左移

  RL A ;累加器 A 的内容向左环移 1 位,$(An+1)\leftarrow(An),(A0)\leftarrow(A7)$

2. 带进位的循环左移

  RLC A ;累加器 A 的内容带进位标志位向左环移 1 位,$(An+1)\leftarrow(An),(CY)\leftarrow(A7),(A0)\leftarrow(CY)$

3. 循环右移

  RR A ;累加器 A 的内容向右环移 1 位,$(An+1)\rightarrow(An),(A0)\rightarrow(A7)$

4. 带进位的循环右移

  RRC A ;累加器 A 的内容带进位标志位向右环移 1 位,$(An+1)\rightarrow(An),(A0)\rightarrow(CY),(CY)\rightarrow(A7)$

【例 4.28】设(A)=42H=66, 且 CY=0, 则:

执行指令 RL A 后, (A)=84H=132, 相当于(A)×2→A;

执行指令 RR A 后, (A)=21H=33, 相当于(A)÷2→A;

执行指令 RLC A 后, (A)=84H=132, 相当于(A)×2→A;

执行指令 RRC A 后, (A)=21H=33, 相当于(A)÷2→A。

这组指令的功能是:对累加器 A 的内容进行简单的逻辑操作。除带进位标志位的移位指令外, 其他都不影响 CY、AC、OV 等标志。

4.6 控制转移类指令

  通常情况下, 微型计算机是顺序执行程序的, 但在有些情况下需要改变程序的走向, 控制转移类指令就是可以改变程序运行走向的指令。80C51 单片机共有 16 条这样的指令, 包括无条件转移指令、条件转移指令及子程序调用和返回指令, 见表 4.6。

表 4.6 控制转移类指令

操作助记符	目的	源	功能	字节数	机器周期数
AJMP	addr11		$addr11\rightarrow PC_{10\sim0}$	2	2
LJMP	addr16		$addr16\rightarrow PC$	3	
SJMP	rel		$(PC)+2+rel\rightarrow PC$	2	
JMP	@A+DPTR		$(A)+(DPTR)\rightarrow PC$	1	
JZ	rel		$A=0,\ PC+2+rel\rightarrow PC$	2	2
JNZ	rel		$A\neq0,\ PC+2+rel\rightarrow PC$		

操作助记符	目的	源	功能	字节数	机器周期数
CJNE （比较不等）	A,#data,rel A,direct,rel Rn,#data,rel @Ri,#data,rel		目的≠源：(PC)+3+rel→PC 目的=源：(PC)+3→PC	3	2
DJNZ （减 1 不为 0）	Rn,rel		(Rn)-1≠0，(PC)+2+rel→PC	2	2
	direct,rel		(direct)-1≠0，(PC)+3+rel→PC	3	
ACALL	addr11		addr11→PC$_{10-0}$	2	2
LCALL	addr16		addr16→PC	3	
RET			(SP)→PC$_{15-8}$，(SP)-1→PC$_{7-0}$	1	2
RETI			(SP)→PC$_{15-8}$，(SP)-1→PC$_{7-0}$		

4.6.1 无条件转移指令

无条件转移指令是当执行到该条指令时，不需要任何条件，程序自动转移到该指令所指的目标地址去运行新的程序段。共有 4 条无条件转移指令。

1．短转移指令

AJMP   addr11   ;(PC)+2→PC,addr11→PC$_{10-0}$

addr11 是目标地址的低 11 位，在机器码中是 11 位二进制数。

该指令在运行时先将 PC+2 送给 PC，然后将 PC 的高 5 位作为新地址的高 5 位，目标地址的低 11 位作为新地址的低 11 位，这个新 PC 值就是目标地址，AJMP   addr11 执行完后，程序就到这个新 PC 所指的地方去运行。

由此可见，目标地址必须与 AJMP   addr11 下一条指令地址的高 5 位相同，即在同一个 2KB 区域的页面内。很明显，这是一条跳转范围为 2KB 内的无条件转移指令。

实用中一般写成 AJMP   [地址标号]，若跳转范围超过 2KB 范围，汇编会提示出错，这时需要修改程序。

【例 4.29】假设

2010H:AJMP   K11;

⋮

K11:MOV   DPTR,#3333H ;假设 K11=2592H

查表得该指令的机器码格式为

a$_{10}$a$_9$a$_8$ 00001 a$_7$a$_6$a$_5$a$_4$a$_3$a$_2$a$_1$a$_0$

其中，a$_{10}$～a$_0$ 为目标地址的低 11 位，本例中 2592H=0010 0101 1001 0010B，所以该机器码为 1010 0001 1001 0010B=A192H。

2．相对转移指令

SJMP   rel   ;(PC)+2→PC, (PC)+rel→PC

该指令执行时，首先 PC 加 2，然后把有符号偏移的补码 rel 加到 PC 上，得到目标地址。因此，转向的目标地址可以在 SJMP   rel 指令的前 126B 到后 129B 之间。

【例 4.30】程序中等待功能常由以下指令实现：

HERE: SJMP   HERE

或   SJMP $;"$"是本条指令机器码第一个字节所在的存储器地址

该条指令的机器码为 80H FEH 补码，FEH 的真值是–2，所以新的目标地址是(PC+2)–2，仍是本条 SJMP 指令第一个字节的地址。程序进入死循环，通常用它来让程序停下来，便于用户观察实验现象，常用于教学实验或程序调试等场合。

3．长转移指令

  LJMP addr16   ;addr16→PC

LJMP 指令执行后，程序无条件地转向 16 位目标地址（addr16）处执行，该指令可以使程序从当前地址转移到 64KB ROM 地址空间的任意地址。

4．分散转移指令

  JMP @A+DPTR   ;(A)+(DPTR)→PC

该指令将数据指针 DPTR 的内容与累加器 A 的内容进行无符号相加，其结果作为新的 PC 值即目标地址，可以实现 64KB 范围内的转移。

该指令的特点是根据累加器 A 的值得到不同的目的地址，从而实现程序的多分支转移，即分散转移。

【例 4.31】设累加器 A 中存放待处理命令的编号（0～n，n≤127），转移表首地址为 PGTB，则执行以下程序后，将根据 A 内命令编号值使程序转移到相应的处理程序入口。

```
         RL    A
         MOV   DPTR,#PGTB          ;转移表首地址→DPTR
         JMP   @A+DPTR
PGTB:    AJMP  PG0                 ;A=0 转向命令 0 处理入口
         AJMP  PG1                 ;A=1 转向命令 1 处理入口
         ┆
         AJMP  PGn                 ;A=n 转向命令 n 处理入口
```

4.6.2　条件转移指令

条件转移指令是指在满足指定的条件时就进行转移，否则程序继续执行本指令的下一条指令。条件转移指令都是相对转移指令。

1．判零转移指令

  JZ rel   ;若 A=0,则 PC+2+rel→PC(转移)
            若 A≠0,则 PC+2→PC(继续执行)
  JNZ rel   ;若 A≠0,则 PC+2+rel→PC(转移)
            若 A=0,则 PC+2→PC(继续执行)

在 80C51 单片机指令系统中没有零标志，这两条指令的功能是根据累加器 A 的内容为 0 和不为 0 进行检测并转移。指令执行时，对标志位无影响。

JZ rel 是当累加器 A 的内容为 0 时，程序转向指定的目标地址，否则顺序执行。

JNZ rel 则恰好反过来，是当累加器 A 的内容不为 0 时，程序转向指定的目标地址，否则顺序执行。

rel 为带符号的相对转移偏移量，所有指令中 rel 的计算方法如下：

$$源地址+字节数+rel=目标地址$$
$$rel =目标地址-源地址-字节数$$

源地址是转移指令的首地址，字节数是转移指令的字节数。

2．比较条件转移指令

比较条件转移指令是对两个操作数进行比较，然后根据比较的结果来决定是否转移到目标地址。若两个操作数相等，则不转移，程序继续执行；若两个操作数不相等，则转移。比较条件转移指令共有 4 条。

CJNE	A,#data,rel	;(A)≠ data,则(PC)+3+rel→PC(跳转)
		;(A)= data,则(PC)+3→PC(顺序执行)
CJNE	A,direct,rel	;(A)≠direct,则(PC)+3+rel→PC(跳转)
		;(A)= direct,则(PC)+3→PC(顺序执行)
CJNE	Rn,#data,rel	;(Rn)≠data,则(PC)+3+rel→PC(跳转)
		;(Rn)= data,则(PC)+3→PC(顺序执行)
CJNE	@Ri,#data,rel	;((Ri))≠data,则(PC)+3+rel→PC(跳转)
		;((Ri))= data,则(PC)+3→PC(顺序执行)

在操作助记符后面的第一项是目的操作数，第二项是源操作数，第三项是偏移量，它们执行时完成的功能都一样。

（目的操作数）≠（源操作数），则(PC)+3+rel→PC（跳转）；

（目的操作数）=（源操作数），则(PC)+3→PC（顺序执行）。

这 4 条指令执行时影响 CY，若目的操作数大于源操作数，则 CY=0，否则 CY=1，为后续的分支创造条件。

（目的操作数）>（源操作数），则 CY=0；

（目的操作数）<（源操作数），则 CY=1。

在 80C51 单片机指令系统中，没有单独的比较指令，但可以利用比较条件转移指令来弥补这一不足。

【例 4.32】根据 A 的内容，程序转移到不同的处理程序入口去执行。

```
        CJNE   A,#20H,NN
        EE:                         ;(A)=20H 时的处理程序入口
        ⋮
        NN:JC   SS                  ;(A)<20H 时程序转移到 SS
        LL:                         ;(A)>20H 时的处理程序入口
        ⋮
        SS:
```

3. 减 1 非零转移指令

DJNZ	Rn,rel	;(Rn)−1→Rn
		;若 Rn=0,则(PC)+2→PC(继续执行)
		;否则,(PC)+2+rel→PC(转移)
DJNZ	direct,rel	;(direct)−1→direct
		;若(direct)=0,则(PC)+3→PC(继续执行)
		;否则,(PC)+3+rel→PC(转移)

减 1 非零转移指令将第一个操作数的值减 1，并保存结果，然后判断这个值是否等于 0。如果等于 0，就往下执行；如果不等于 0，就转移到第二个操作数所指定的地方。

这组指令对构成循环程序十分有用，可以指定任何一个工作寄存器或者内部 RAM 单元为计数器。对计数器赋初值后，就可以利用上述指令，实现计数循环操作。

【例 4.33】

```
        MOV   23H,#05H
        CLR   A
LOOP:   ADD   A,23H
        DJNZ   23H,LOOP
```

```
        SJMP    $
```
上述程序段的执行过程是：5+4+3+2+1=15。将 23H 单元中的数连续相加，存至 A 中，每加一次，23H 单元中的数减 1，直至(23H)减到 0，共加(23H)次。

4.6.3 子程序调用和返回指令

在程序设计时，对经常使用的具有一定功能的程序段可以设计为子程序，在需要使用时可以调用它，这样可以使程序的结构更加清晰，同时减少重复指令所占的内存空间，实现程序的模块化设计。

在调用子程序时，80C51 单片机指令系统有专门的子程序调用指令。子程序调用时，必须要中断原有的指令执行顺序，转移到子程序的入口地址去执行子程序。在子程序执行完毕后，又要返回到原有程序中断的位置，继续往下执行。所以这个断点位置（地址）要保存起来，一般都放在堆栈中保存。我们把返回到原有程序继续执行的位置称为程序断点，也就是子程序调用指令的下一条指令的地址。

1．调用指令

80C51 单片机指令系统中有两条子程序调用指令：

ACALL addr11 ;(PC)+2→PC

;(SP)+1→SP,(PC$_{7\sim0}$)→(SP)(断点低 8 位压入堆栈)

;(SP)+1→SP,(PC$_{15\sim8}$)→(SP)(断点高 8 位压入堆栈)

;addr11→PC$_{10\sim0}$

LCALL addr16 ;(PC)+3→PC

;(SP)+1→SP,(PC$_{7\sim0}$)→(SP)(断点低 8 位压入堆栈)

;(SP)+1→SP,(PC$_{15\sim8}$)→(SP)(断点高 8 位压入堆栈)

;addr16→PC

ACALL addr11 是短调用指令，同样 addr11 是被调用子程序首地址的低 11 位，编程时常用标号来表示，同 AJMP 指令一样，被调用的子程序的起始地址必须与 ACALL 下面指令的第一个字节在同一个 2KB 区域的页面内。

LCALL addr16 是长调用指令，被调用的子程序可以在 64KB 范围内的任何位置。

【例 4.34】设(SP)=60H，标号 K11 的值为 8000H，标号 AAS 的值为 8200H，在执行指令：

K11：ACALL AAS

后，结果为(SP)=62H，(61H)=02H，(62H)=80H，(PC)=8200H。

2．返回指令

（1）子程序返回指令

RET ;((SP))→PC$_{15\sim8}$,(SP)−1→SP

;((SP))→PC$_{7\sim0}$,(SP)−1→SP

先把栈顶的一个数弹出赋给 PC 的高 8 位，然后调整栈顶位置，再把栈顶的一个数弹出赋给 PC 的低 8 位，再次调整栈顶位置。给 PC 赋值的顺序与子程序调用时将断点压栈的顺序恰好相反，但恰好实现断点的正确返回，这正是堆栈"先进后出"机制实现的功能之一。RET 应写在子程序的末尾，用以恢复断点，使程序返回主程序继续执行。

（2）中断返回指令

从中断服务子程序返回的指令，称为中断返回指令。

RETI ;((SP))→PC$_{15\sim8}$,(SP)−1→SP

;((SP))→PC$_{7\sim0}$,(SP)−1→SP

其基本功能与子程序返回指令 RET 相同，除此以外，它还要清除 80C51 单片机内部的中断优先级状态触发器，使得已申请的同级和较低级中断申请可以得到响应。

RETI 应设计在中断服务子程序的最后，用以恢复断点和清除中断优先级状态触发器。

4.7 布尔变量操作指令

布尔变量即开关量，是以位为基本单位来进行运算和操作的。80C51 单片机具有对位变量的处理能力，这一特殊的位处理能力使得单片机在工业控制系统中有着广泛的应用。布尔变量操作指令共有 17 条，见表 4.7。

表 4.7 布尔变量操作指令

操作助记符	目的	源	功能	字节数	机器周期数
MOV	C,bit		(bit)→CY	2	1
	bit, C		(CY)→bit	2	2
CLR	C		0→CY	1	1
	bit		0→bit	2	
SETB	C		1→CY	1	1
	bit		1→bit	2	
ANL	C,bit		(CY)∧(bit) →CY	2	2
	C,/bit		(CY)∧ / (bit) →CY		
ORL	C,bit		(CY)|(bit) →CY	2	2
	C,/bit		(CY)| / (bit) →CY		
CPL	C		/ (CY)→CY	1	1
	bit		/(bit)→bit	2	
JC		rel	(PC)+2+rel→PC	2	2
JNC			(PC)+2+rel→PC		
JB		bit,rel	(PC)+3+rel→PC	3	2
JBC			(PC)+3+rel→PC 且(bit)=0		
JNB			(PC)+3+rel→PC		

4.7.1 位传送指令

```
    MOV  C,bit              ;(bit)→CY
    MOV  bit,C              ;(CY)→bit
```
位传送指令只有 2 条，为便于书写，在指令中 CY 直接用 C 来表示。

【例 4.35】30H 位的内容传送到 20H 位。
```
    MOV  C,30H             ;(30H)→CY
    MOV  20H,C             ;(CY)→(20H)
```

4.7.2 位置位指令

位置位指令共有 4 条。
```
    CLR   C               ;0→CY
    CLR   bit             ;0→bit
    SETB  C               ;1→CY
```

```
SETB   bit                    ;1→bit
```
【例4.36】若(P1)=0101 1101B，执行指令：
```
CLR   P1.4
SETB   P1.7
```
后，结果为(P1)=1100 1101B。

4.7.3 位运算指令

位运算包括位的逻辑与、或、非3种。位运算指令都以位累加器C为一个操作数，另一个位地址内容作为第二个操作数，逻辑运算的结果仍送回C。

1．逻辑与
```
ANL   C,bit                   ;(CY)∧(bit) →CY
ANL   C,/bit                  ;(CY)∧/(bit) →CY
```
(bit)前的斜杠表示对(bit)内容取反，直接寻址位取反后用作源操作数，但不改变源操作数原来的值。

【例4.37】ANL   C,/P1.0 执行前 P1.0 为 0，C 为 1，则指令执行后，C 为 1，而 P1.0 仍为 0。

2．逻辑或
```
ORL   C,bit                   ;(CY)∨(bit) →CY
ORL   C,/bit                  ;(CY)∨/(bit) →CY
```
例如，若(P1)=0011 1100B，(CY)＝0。执行指令 ORL   C,P1.3 后，结果为：P1 内容不变，而(CY)＝1。

3．逻辑非
```
CPL   C                       ;/(CY)→CY
CPL   bit                     ;/(bit)→bit
```
这组指令对操作数所指出的位的内容进行取反。

80C51 单片机指令系统中没有位异或指令，位异或操作可用若干条位操作指令来实现。

4.7.4 位控制转移指令

位控制转移指令都是条件转移指令，以 CY 或者位地址 bit 的内容作为是否转移的条件。

1．以 CY 内容为条件的转移指令
```
JC   rel                      ;若(CY)=1,(PC)+2+rel→PC(转移)
                              ;(CY)=0,(PC)+2→PC(顺序执行)
JNC   rel                     ;若(CY)=0,(PC)+2+rel→PC(转移)
                              ;(CY)=1,(PC)+2→PC(顺序执行)
```
这两条指令的功能是对进位标志位 CY 进行检测，当(CY)=1（第一条指令）或(CY)=0（第二条指令）时，程序转向 PC 当前值与 rel 之和的目标地址去执行，否则程序将顺序执行。JC   rel 指令适用于"<"时跳转的判别，JNC   rel 指令适用于"≥"时跳转的判别。

例如，假设 a 已传送到累加器 A 中，b 存放在寄存器 B 中，当 a<b 时，跳转到 KL1。
```
CLR   C                       ;清进位标志 CY,以便使用带进位减法指令
SUBB   A,B                    ;(A)−(B)−CY→A
JC   KLl                      ;当 CY 为 1,即(A)<(B)也就是 a<b 时,跳转到 KL1
```

2．以位地址内容为条件的转移指令
```
JB   bit,rel                  ;若(bit)=1,(PC)+3+rel→PC(转移)
```

		;若(bit)=0,(PC)+3→PC(顺序执行)
JBC	bit,rel	;若(bit)=1,(PC)+3+rel→PC(转移)并且(bit)=0
		;若(bit)=0,(PC)+3→PC(顺序执行)
JNB	bit,rel	;若(bit)=0,(PC)+3+rel→PC(转移)
		;若(bit)=1,(PC)+3→PC(顺序执行)

这 3 条指令都是对指定位 bit 进行检测，当(bit)=1（第一和第二条指令）或(bit)=0（第三条指令），程序跳转执行，否则程序将顺序执行。对于第二条指令，当条件满足时（指定位为 1），还具有将该指定位清 0 的功能。

此外，还有一条空操作指令

NOP   ;(PC)+1→PC

执行空操作指令时，CPU 不进行任何操作，而只消耗这条指令执行所需要的一个机器周期的时间。因此，这条指令可用于产生短时间的延迟、调整等情况。

以上介绍了 80C51 单片机指令系统，理解和掌握 80C51 单片机指令系统，是能否很好地使用单片机的一个重要前提。

思考题与习题

4.1　寻址方式是什么？

4.2　80C51 单片机指令系统有哪几种寻址方式？

4.3　访问特殊功能寄存器 SFR 可以采用哪些寻址方式？

4.4　访问 RAM 可以采用哪些寻址方式？访问外部 RAM 有哪些指令？

4.5　访问外部 ROM 可以采用哪些寻址方式？访问外部 ROM 有哪些指令？

4.6　试写出完成以下每种操作的指令：

（1）将 R0 的内容传送到内部 RAM 20H；

（2）将 R1 的内容传送到 R0；

（3）内部 RAM 10H 的内容传送到外部 RAM 1000H；

（4）外部 RAM 1000H 的内容传送到 R5；

（5）外部 ROM 1000H 的内容传送到 R5；

（6）外部 RAM 2000H 的内容传送到外部 RAM 2001H。

4.7　设内部 RAM (30H)=60H, (60H)=10H, (10H)=20H, (R1)=22H, (P1)=0AH，以下程序执行后，(30H)=__, (60H)= __, (10H)= __, (A)= __, (B)= __, (P2)= __, 每条指令的机器码为多少？

```
MOV   R0,＃30H
MOV   A,@R0
MOV   R1,A
MOV   B,@R1
MOV   @R1,P1
MOV   P2,P1
MOV   10H,＃90H
```

4.8　设外部 RAM (2030H)=0FH，以下指令执行后，(DPTR)= __, (30H)= __, (2030H)= __, (A)= __, 每条指令的机器码为多少？

```
MOV   DPTR,＃2030H
MOVX  A,@DPTR
MOV   30H,A
```

```
MOV    A,#3FH
MOVX   @DPTR,A
```

4.9   编写指令实现下列位操作：

（1）使累加器的最高 2 位清零；

（2）屏蔽（清零）20H 的高 4 位；

（3）将 E0H 的低 4 位取反，高 4 位不变；

（4）将 P0 口的低 2 位置 1；

（5）将 10H 的内容取补后存放到 20H。

4.10   在外部 ROM 中，从 1020H 单元开始依次存放 0～9 的平方值：0、1、4、9、…、81，要求依据累加器 A 中的值（0～9）来查找所对应的平方值，试设计程序。

4.11   设(R0)=20H，(20H)=40H，(A)=58H，则：

执行 XCH   A,@R0 后，(A)= __，(20H)= __

执行 XCHD A,@R0 后，(A) = __，(20H) = __

4.12   试编写程序，完成两个 16 位数的减法：(30H)(31H)−(10H)(11H)→(30H)(31H)。

4.13   试编写程序，将 R0 中的低 4 位数与 R1 中的高 4 位数合并成一个 8 位数，并将其存放在 R0 中。

4.14   设计双字节无符号数加法程序，实现(R0 R1)+(R2 R3)→(R4 R5)，R0、R2、R4 存放 16 位数的高字节，R1、R3、R5 存放 16 位数的低字节，假设其和不超过 16 位。

4.15   设计双字节无符号数相减程序，实现(R0 R1)−(R2 R3)→(R4 R5)，R0、R2、R4 存放 16 位数的高字节，R1、R3、R5 存放 16 位数的低字节。

4.16   设两个 BCD 码存放在外部 RAM 的 2000H 和内部 RAM 的 20H，设计程序实现两个 BCD 码相加，其结果的十位和个位送到外部 RAM 的 2000H，结果的百位值送 F0 位。

4.17   设变量 X 存放在内部 10H 单元中，函数 Y 存放在内部 20H 单元。编写程序实现如下函数功能：

$$Y= \begin{cases} 80H & X>0 \\ 50 & X=0 \\ FFH & X<0 \end{cases}$$

4.18   利用位逻辑指令，模拟图 4.9 所示硬件逻辑电路功能，试编写程序实现。

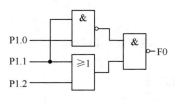

图 4.9   题 4.18 图

4.19   若(CY)=0，(P1)=10110111B，试指出执行下列程序段后 CY、P1 口内容的变化情况。

```
       MOV   P1.2,C
       MOV   C,P1.4
       JBC   P1.7,SS
       ORL   C,P1.6
SS:    CPL   P1.3
       ANL   C,/P1.3
       MOV   P1.0,C
```

第5章 80C51单片机的汇编语言程序设计

一个完整的单片机应用系统是合理的硬件与完善的软件的有机组合，二者缺一不可。所谓的软件设计就是指程序的设计。程序实际上是一系列计算机指令的有序集合。我们把利用计算机的指令系统来合理地编写出解决某个问题的程序的过程，称为程序设计。

目前，80C51 单片机的程序设计主要采用两种语言：一种是汇编语言，另一种是高级语言（如 C51）。汇编语言生成的目标程序占存储空间少、运行速度快，具有效率高、实时性强的优点，适合于编写短小高速的程序。高级语言对系统的功能描述与实现比用汇编语言简单，程序的阅读、修改和移植比较方便，适合于编写复杂些的程序。

汇编语言是面向机器的，对单片机的硬件资源操作直接，尽管对编程人员的硬件知识要求比较高，但对于掌握单片机的硬件结构非常有益。

5.1 程序编制的方法和技巧

5.1.1 汇编语言的语句种类及指令格式

1．汇编语言的语句种类

汇编语言语句有 3 种基本类型：指令语句、伪指令语句和宏指令语句。

指令语句：每一条指令语句都在汇编时产生一个目标代码，对应着机器的一种操作。

伪指令语句：是一种说明语句，主要是为汇编程序服务的，在汇编时没有目标代码与此对应，没有对应的机器操作。

宏指令语句：用以代替汇编语言源程序中重复使用的程序段而设置的一种语句，由汇编程序在汇编时产生相应的目标代码。

2．汇编语言的语句格式

指令语句的格式：

  [标号:] 操作码(助记符)　[操作数](参数)　[;注释]

伪指令语句格式：

  [标号:] 定义符　[参数]　[;注释]

（1）标号

标号是语句地址的标志符号，用于引导对该语句的非顺序访问。有关标号的规定为：

① 由 1～8 个 ASCII 字符组成，第一个字符必须是非数字字符，其余字符可以是字母、数字或其他特定字符；

② 不能使用已经定义了的符号作为标号，如指令助记符、寄存器符号名称等；

③ 后边必须跟英文冒号。

（2）操作码

操作码用于规定语句执行的操作。它是汇编语句中唯一不能空缺的部分，由指令助记符表示。

（3）操作数

操作数用于给指令的操作提供数据或地址。在一条汇编语句中，操作数可能是空缺的，也可能包括一项，还可能包括两项或三项。各操作数间以逗号分隔。操作数字段的内容可能包括以下几种情况：

① 工作寄存器名；

② 特殊功能寄存器名；

③ 标号名；

③ 常数；

④ 符号"$"，表示程序计数器（PC）的当前值；

⑥ 表达式。

（4）注释

注释用来说明语句的功能、性质及执行结果，可以增加程序的可读性，有助于编程人员的阅读和维护。注释字段必须以分号";"开头，长度不限，当一行书写不下时，可以换行接着书写，但换行时应注意要在开头使用分号";"。

（5）数据的表示形式

数据可以有以下几种表示形式。

① 二进制数，末尾以字母 B 标识。如：1000 1111B。

② 十进制数，末尾以字母 D 标识或将字母 D 省略。如：88D，66。

③ 十六进制数，末尾以字母 H 标识。如：78H，0A8H（但应注意的是，十六进制数以字母 A～F 开头时，应在其前面加上数字"0"）。

④ ASCII 码，以单引号括起来标识。如：'AB'，'1245'。

5.1.2　常用的伪指令

伪指令是汇编程序能够识别并对汇编过程进行某种控制的汇编命令。它不是单片机执行的指令，因此没有对应的可执行目标代码，汇编后产生的目标程序中不会再出现伪指令。下面介绍常用的伪指令。

（1）起始地址设定伪指令 ORG

格式：ORG　表达式

功能：说明下面紧接的程序段或数据段存放的起始地址，表达式通常为十六进制地址。

```
        ORG     1000H
 MAIN:   MOV     DPTR,#3000H
        ...
```

此时规定该段程序的机器码从地址 1000H 单元开始存放。

在每一个汇编语言源程序的开始，都要设置一条 ORG 伪指令来指定该程序在存储器中存放的起始位置。若省略 ORG 伪指令，则该程序段从 0000H 单元开始存放。在一个源程序中，可以多次使用 ORG 伪指令，规定不同程序段或数据段存放的起始地址，但要求地址值由小到大依序排列，也不允许空间重叠。

（2）汇编结束伪指令 END

格式：END

功能：结束汇编。汇编程序遇到 END 伪指令后即结束汇编。处于 END 之后的程序，汇编程序将不处理。

（3）字节数据定义伪指令 DB

格式：[标号:] DB　字节数据表

功能：从标号指定的地址开始，在 ROM 中定义字节数据。该伪指令将字节数据表中的数据按照从左到右的顺序依次存放在指定的存储单元中。一个数据占一个存储单元。通常用于定义数据表格，程序中使用查表指令将数据取出。例如：

```
            ORG    1000H
MAIN:  MOV    DPTR,#TAB        ;取出数据表的起始地址,即数据 00H 的地址
       MOV    A,#01H
       MOVC   A,@A+DPTR        ;把数据表起始地址加 1 后,对应数据送到累加器 A 中
TAB:   DB     01H,02H,03H,04H,05H
       END
```

（4）字数据定义伪指令 DW

格式：[标号:] DW　字常数表

DW 伪指令用于定义一个字（16 位二进制数），其功能是从标号指定的地址单元开始，在 ROM 中定义字数据。16 位二进制数的存放次序为：高 8 位存放在低地址单元，低 8 位存放在高地址单元（大端模式）。例如：

```
            ORG    1000H
TAB: DW     1234H,19
```

汇编结果为：(1000H)=12H，(1001H)= 34H

(1002H)=00H，(1003H)=13H

（5）定义常值为符号名伪指令 EQU

格式：符号名　EQU　常值表达式

功能：将表达式的常值或特定的某个汇编符号定义为一个指定的符号名，以方便修改和阅读程序，汇编器在汇编过程中会把源程序中每个出现该符号的位置均用 EQU 定义的数据或汇编符号来取代。EQU 伪指令中的字符名必须先赋值后才能使用，故该语句通常放在源程序的开头。例如：

```
       ORG    1000H
CH1    EQU    50H
CH2    EQU    R3
MOV    A,CH1          ;(50H)→A,相当于 MOV   A,50H
MOV    A,CH2          ;R3→A,相当于 MOV   A,R3
END
```

（6）位地址符号定义伪指令 BIT

格式：符号名　BIT　位地址表达式

功能：将位地址赋给指定的符号名。其中，位地址表达式可以是绝对地址，也可以是符号地址。例如：

```
    X1    BIT   P1.0
```

将 P1.0 的位地址赋给符号名 X1，在其后的编程中就可以用 X1 来代替 P1.0。

5.1.3　源程序的编辑和汇编

1．源程序的编辑

源程序的编辑就是利用计算机上的各种文本编辑软件编写汇编语言源程序，编辑好的源程序应以"．ASM"扩展名存盘，以备汇编程序调用。

2．源程序的汇编

将汇编语言源程序转换为单片机能执行的目标程序的过程称为汇编。常用的方法有两种。

① 手工汇编：通过人工方式查指令编码表，逐条翻译，然后把得到的机器码程序输入单片机系统中进行调试。

② 机器汇编：在计算机上使用交叉汇编程序将汇编语言源程序转换为机器码形式的目标程序，生成的目标程序由计算机传送到单片机系统。

源程序经过机器汇编后，形成两个主要文件：一是列表文件（.LST），另一个是目标代码文件（.OBJ）。

5.2 汇编语言基本程序结构

5.2.1 顺序程序

顺序程序是指计算机按指令在 ROM 中存放的先后次序来顺序执行的程序。它是无分支结构、无循环结构，也不调用子程序。

顺序程序虽然简单明了，但程序所占的空间较大。因此，顺序程序设计的好坏将涉及整个程序的效率。一个好的顺序程序，应尽可能占用空间少，执行速度快。

【例 5.1】对外部 RAM 1000H、1001H 单元中的数据作"与"运算，并把结果放到内部 30H 单元中。

流程图如图 5.1 所示，程序如下：

```
            ORG   0000H
            LJMP  MAIN
            ORG   0050H
MAIN:MOV    DPTR,#1000H      ;设置指针初值
       MOVX  A,@DPTR         ;取 1000H 单元中的数据
       MOV   R0,A            ;保存到 R0 中
       INC   DPTR            ;指针加 1
       MOVX  A,@DPTR         ;取 1001H 单元中的数据
       ANL   A,R0            ;两个数据相与
       MOV   30H,A           ;把结果存到 30H 单元中
       SJMP  $
       END
```

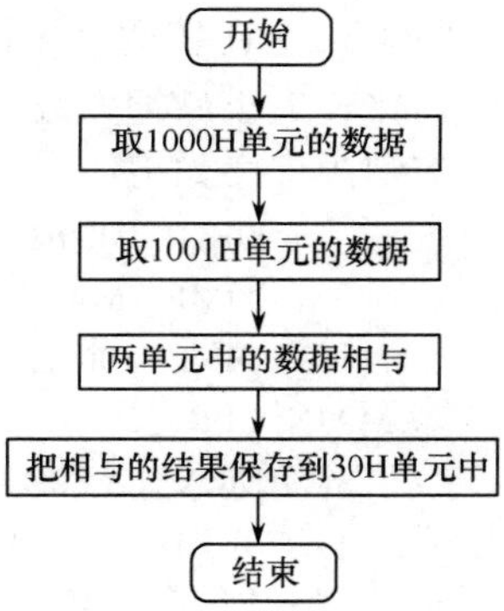

图 5.1 顺序程序设计流程图

本书第 6 章将要介绍 C51 语言，但为方便读者学习 C51 语言，从本章开始有些例题在给出汇编源程序的同时，还给出 C51 源程序，供读者参考。

C51 源程序如下：

```c
#include<reg51.h>
#include<absacc.h>
void main()
{
    char a,b,c;
    a = XBYTE[0x1000];
    b = XBYTE[0x1001];
    c = a && b;
    DBYTE[0x30] = c;
    while(1);
}
```

5.2.2 分支程序

在实际应用中，很多应用程序需要含有判断、比较环节，根据不同的条件执行不同的操作，

在程序设计时应借助框图来明确程序的走向，为每个选择分支编写一段单独的程序，并为分支起个有意义的名字，这样编程思路会很清晰，大大提高编程的效率。

从形式上可以把分支程序分为单分支、双分支和多分支几种情况，如图 5.2 所示。

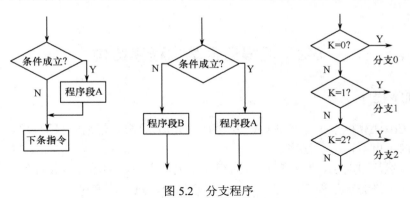

图 5.2　分支程序

1．单分支程序

当程序的判断是二选一时，称为单分支程序。

【例 5.2】比较两个无符号数大小，设两个无符号数分别存放在内部 RAM 的 30H 和 31H 单元中，比较大小后把大数存到 32H 单元中。

汇编源程序如下：

```
        ORG   0000H
        LJMP  MAIN
        ORG   1000H
 MAIN:  CLR   C          ;保证前面的操作不会对后面结果有影响
        MOV   A,30H      ;取 30H 单元中的数据到累加器 A 中
        SUBB  A,31H      ;30H 单元中的数减去 31H 单元中的数,两数大小比较
        JC    DATA2      ;条件判断
        MOV   32H,30H    ;30H 单元中的数大
 WAIT:  SJMP  $
 DATA2: MOV   32H,31H    ;31H 单元中的数大
        SJMP  WAIT
        END
```

流程图如图 5.3 所示。

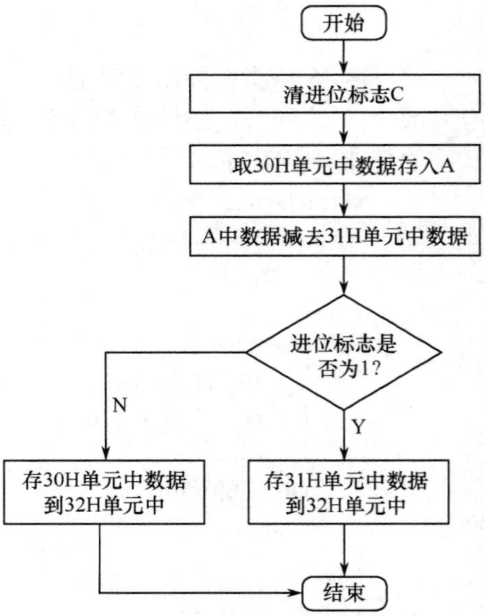

C51 源程序如下：

```
#include<reg51.h>
#include<absacc.h>
void main()
  {
      unsigned char a,b;
      a = DBYTE[0x30];
      b = DBYTE[0x31];
      if(a>b)    DBYTE[0x32] = a;
      else if(b>a)    DBYTE[0x32] = b;
      while(1);
  }
```

图 5.3　单分支程序流程图

2．多分支程序

当程序的条件判断有两个或者两个以上时，称为多分支程序。多分支程序一般用散转指令和比较指令实现。

【例 5.3】利用散转指令编写程序，根据 30H 单元中变量 X 的内容转入相应的分支。$X=0$ 时，执行 $Y=0+0$；$X=1$ 时，执行 $Y=1+1$；$X=2$ 时，执行 $Y=2+2$。并将结果存入 31H 单元中。

流程图如图 5.4 所示，程序如下：

```
              ORG    0000H
              LJMP   MAIN
              ORG    1000H
MAIN:         MOV    A,30H
              MOV    DPTR,#TAB    ;散转程序入口地址
              RL     A            ;每个入口地址均为2字节
              JMP    @A+DPTR
WAIT:         SJMP   $
TAB:          AJMP   X0
              AJMP   X1
              AJMP   X2
X0:           MOV    A,#0
              RL     A
              MOV    31H,A
              LJMP   WAIT
X1:           MOV    A,#1
              RL     A
              MOV    31H,A
              LJMP   WAIT
X2:           MOV    A,#2
              RL     A
              MOV    31H,A
              LJMP   WAIT
              END
```

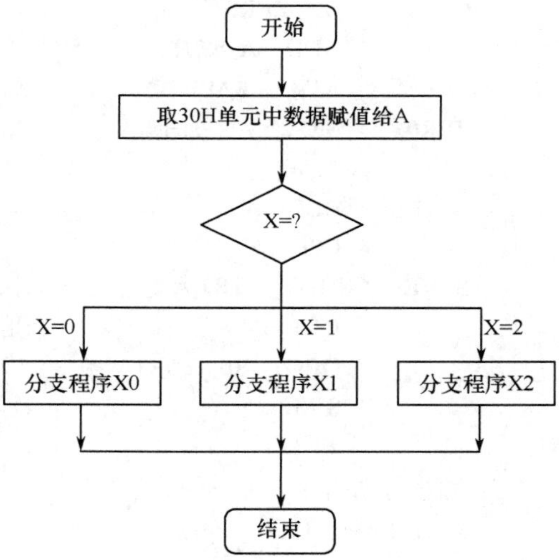

图 5.4 多分支程序流程图

C51 源程序如下：

```c
#include<reg51.h>
#include<absacc.h>
void main()
{
    char X,Y;
    X = DBYTE[0x30];
    switch(X)
    {
        case 0: Y = 0+0; break;
        case 1: Y = 1+1; break;
        case 2: Y = 2+2; break;
    }
    DBYTE[0x31] = Y;
```

```
            while(1);
       }
```

【例 5.4】有一数据块从内部 RAM 30H 单元开始存入，设数据块长度为 10 个单元。根据下式：

$$Y = \begin{cases} X+2 & X>0 \\ 100 & X=0 \\ |X| & X<0 \end{cases}$$

求出 Y 值，并将 Y 值放回原处。

参考程序如下：

```
               ORG    0000H
               MOV    R0,#10
               MOV    R1,#30H
START：        MOV    A,@R1              ;取数
               JB     ACC.7,NEG         ;若为负数,转 NEG
               JZ     ZER0              ;若为零,转 ZER0
               ADD    A,#02H            ;若为正数,求 X+2
               AJMP   SAVE              ;转到 SAVE,保存数据
ZER0：         MOV    A,# 64H           ;数据为零,Y=100
               AJMP   SAVE              ;转到 SAVE,保存数据
NEG：          DEC    A                 ;求|X|(减 1 后取反)
               CPL    A
SAVE：         MOV    @R1,A             ;保存数据
               INC    R1                ;地址指针指向下一个地址
               DJNZ   R0,START          ;数据未处理完,继续处理
               SJMP   $                 ;暂停
               END
```

C51 源程序如下：

```
#include<reg51.h>
void main()
{
    char i,X,*Y;
    Y = 0x30;
    for(i=0;i<10;i++)
      {
        X = *Y;
        if(X>0) *Y = X+2;
        if(X==0) *Y = 100;
        if(X<0) *Y = 0-X;
        Y++;
      }
     while(1);
}
```

5.2.3 循环程序

在实际设计中，常常会遇到功能相同、需要多次重复执行的某段程序，用循环程序的方法来解

决就比较合适。循环程序有助于节省程序空间，使程序更加紧凑，提高程序的质量，但并不能节约 CPU 的执行时间。

循环程序一般由 4 部分组成。

① 循环初始化，即设置循环过程中有关工作单元的初始值，如清工作单元，置循环次数、地址指针和给某些变量赋初值等。

② 循环体，循环体是循环结构的主体，完成主要的计算或者操作任务，是重复执行的程序段。

③ 循环控制，这一部分主要是完成循环条件的设定，修改循环变量、数据指针及地址指针等循环变量，并检测循环条件是否仍满足，判断是否结束循环。

④ 循环结束，该部分主要是完成循环结束后的处理工作，如对结果进行分析、处理、保存。

循环程序有先执行后判断和先判断后执行两种基本结构，如图 5.5 所示。

循环程序又分单循环程序和多重循环程序，下面举例说明。

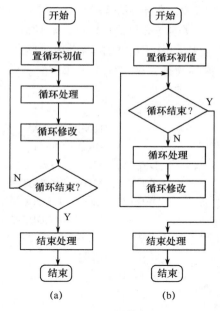

图 5.5　循环程序结构图

1. 单循环程序

【例 5.5】编写程序，实现内部 RAM 30H 单元开始的 20 个单元全部清 0。

程序如下：

```
        ORG   0000H
        LJMP  MAIN
        ORG   1000H
MAIN:   MOV   R1,#30H      ;地址指针赋初值
        MOV   R3,#20       ;循环次数
LOOP:   MOV   @R1,#0       ;相应地址单元清 0
        INC   R1           ;地址指针加 1
        DJNZ  R3,LOOP      ;判断循环是否结束
        SJMP  $
        END
```

C51 源程序如下：

```
#include<reg51.h>
void main()
{
    char i,*P;
    P = 0x30;
    for(i=0;i<20;i++)
    {
        *P = 0;
        P++;
    }
    while(1);
}
```

2．多重循环程序

【例 5.6】编写程序，利用软件实现 100ms 的延时。假设使用 12MHz 晶振，一个机器周期为 1μs，利用 DJNZ 指令构成循环，执行一条 DJNZ 指令需要两个机器周期，即 2μs，适当设置循环次数，便可实现所需延时。

程序如下：

```
            ORG    0000H
            LJMP   DELAY
            ORG    1000H
DELAY:      MOV    R7,#250          ;外循环次数
DELAY1:     MOV    R6,#200          ;内循环次数
DELAY2:     DJNZ   R6,DELAY2        ;内循环时间 200×2μs = 400μs
            DJNZ   R7,DELAY1        ;外循环时间 0.4ms×250 = 100ms
            SJMP   $
            END
```

C51 源程序如下：

```
#include<reg51.h>
void main()
{
    unsigned char i,j;
    for(i=0;i<250;i++)
    {
        for(j=0;j<200;j++);
    }
    while(1);
}
```

注意：本程序的精确延时还要算上其他一些指令周期，精确延时时间为：2+1+250×(1+400+2)=100753μs=100.753ms。另外，用软件实现延时，不允许有中断，否则将严重影响定时的准确性。

5.2.4　子程序及其调用

1．子程序的调用

在设计中，有些运算和操作是要多次重复执行的，如数制转换、数值计算等。如果每次用到同一功能的程序都要重新写一遍，不仅使程序烦琐冗长，而且浪费编程时间和存储空间。因此，对于一些常用的程序段，按一定的结构编写成固定程序段，这样的程序段称为子程序，当需要时，可以调用子程序，而不必重新编写每条指令。

主程序只要执行指令 ACALL 和 LCALL，就可以使程序转到子程序去执行相应操作。子程序执行完后，用 RET 指令返回主程序继续执行。一个子程序在其运行过程中，还可以调用其他子程序，这称为子程序的嵌套。80C51 单片机指令系统对子程序嵌套的层数没有限制，但是会受到堆栈深度的限制。

子程序调用有以下几个优点：

① 避免了对相同程序段的重复编写；

② 简化程序的逻辑结构，便于阅读、查错，同时也便于子程序调试；

③ 节省存储空间。

子程序编写和调用过程时要注意以下几点。

① 应给子程序命名。子程序的第一条指令应加标号作为子程序名，子程序调用指令通过此标号对子程序进行调用。

② 子程序的结尾必须为子程序返回指令 RET。

③ 子程序嵌套时应考虑堆栈的深度。

④ 参数传递，能正确传递入口参数和出口参数。

⑤ 现场保护和恢复。

在子程序执行过程中，常常要用到单片机的一些通用单元，如工作寄存器R0～R7、累加器A、数据指针 DPTR 及有关标志和状态等。而这些单元中的内容在调用结束后的主程序中仍要用到，因此对那些主程序和子程序中都要用到的寄存器，在转移之前应将其内容压入堆栈进行保护，称为现场保护。在执行完子程序、返回继续执行主程序前，被保护的数据出栈，恢复其原内容，称为现场恢复。

以下对子程序调用时要注意的两点进行举例介绍：一是现场保护和恢复；二是参数传递。

（1）现场保护和恢复

现场保护和恢复的方法有以下两种：

① 在主程序中实现；

② 在子程序中实现。

在主程序中实现示例如下：

```
    PUSH   PSW                 ;保护现场
    PUSH   ACC
    PUSH   B
    MOV    PSW,#10H            ;换当前工作寄存器组

    LCALL  addr15              ;子程序调用
    POP    B                   ;恢复现场
    POP    ACC
    POP    PSW
    …
```

其特点是结构灵活。

在子程序中实现示例如下：

```
    SUB1：PUSH  PSW            ;保护现场
          PUSH  ACC
          PUSH  B
          …
          MOV   PSW,#10H       ;换当前工作寄存器组
          …
          POP   B             ;恢复现场
          POP   ACC
          POP   PSW
          RET
```

其特点是程序规范、清晰。

注意：无论哪种方法，现场保护与恢复的顺序要对应。

（2）参数传递

在调用子程序时，主程序应通过某种方式把子程序的入口参数传给子程序，当子程序执行

完毕后，又需要通过某种方式把子程序的出口参数传给主程序。在 80C51 单片机中，传递参数的方法有 3 种。

① 利用累加器或工作寄存器。在这种方式中，要把预传递的参数存放在累加器 A 或工作寄存器 R0～R7 中。

【例 5.7】编写程序，实现 $c=a^2+b^2$。设 a、b 均小于 10，a、b、c 分别存于内部 RAM 的 30H、31H、32H 单元中。主程序如下：

```
        ORG    0000H
        LJMP   MAIN
        ORG    0100H
MAIN:   MOV    SP,#3FH      ;设置堆栈指针
        MOV    A,30H        ;取 a 值
        ACALL  SQR          ;调用子函数
        MOV    R1,A         ;a² 值暂存 R1 中
        MOV    A,31H        ;取 b 值
        ACALL  SQR          ;调用子函数
        ADD    A,R1         ;a²+b²
        MOV    32H,A        ;结果存到 32H
        SJMP   $
```

子程序：

```
SQR: MOV    DPTR,#TAB      ;查表
     MOVC   A,@A+DPTR
     RET
TAB: DB     0,1,4,9,16,25,36,49,64,81
     END
```

C51 源程序如下：

```
#include<reg51.h>
#define uchar unsigned char
uchar sqr(uchar x,uchar y)
{
    uchar z;
    z=x*x+y*y;
    return(z);
}
void main()
{
uchar *a,*b,*c;
a=0x30;
b=0x31;
c=0x32;
*c=sqr(*a,*b);
while(1);
}
```

② 利用存储器。当传送的数据量比较大时，可以利用存储器实现参数的传递。在这种方式中，事先要建立一个参数表，用指针指示参数表所在的位置。当参数表建立在内部 RAM 时，用 R0 或 R1 作为参数表的指针。当参数表建立在外部 RAM 时，用 DPTR 作为参数表的指针。

【例5.8】将 R0 和 R1 指向的内部 RAM 中两个 3 字节无符号整数相加，结果送到由 R0 指向的内部 RAM 中。入口时，R0 和 R1 分别指向加数和被加数的低位字节；出口时，R0 指向结果的高字节。低字节在高地址，高字节在低地址。

实现程序：

```
NADD:   MOV   R7,#3            ;三字节加法
        CLR   C
NADD1:  MOV   A,@R0            ;取加数低字节
        ADDC  A,@R1            ;被加数低字节加 A
        MOV   @R0,A
        DEC   R0
        DEC   R1
        DJNZ  R7,NADD1
        INC   R0
        RET
```

③利用堆栈。在调用子程序前，用 PUSH 指令将子程序中所需数据压入堆栈，执行子程序时，再用 POP 指令从堆栈中弹出数据。

【例5.9】把内部 RAM 20H 单元中的 1 字节十六进制数转换为 2 位 ASCII 码，存放在 31H 和 32H 单元中。

分析：十六进制数 0～9 的 ASCII 码为 30H～39H，即十六进制数（0～9）=ASCII 码-30H；十六进制数 A～F 的 ASCII 码为 41H～46H，即十六进制数（A～F）=ASCII-37H。根据此对应关系，编写如下程序：

```
;主程序:
        ORG   0000H
        LJMP  MAIN
        ORG   0090H
MAIN:MOV  SP,#5FH             ;设置堆栈指针
        PUSH  20H
        LCALL SBU             ;调用子程序
        POP   31H
        MOV   A,20H
        SWAP  A
        PUSH  ACC
        LCALL SBU
        POP   32H
        SJMP  $
;子程序:
SBU: DEC   SP
        DEC   SP
        POP   ACC
        ANL   A,#0FH
        MOV   DPTR,#TAB
        MOVC  A,@A+DPTR
        PUSH  ACC
        INC   SP
```

```
                INC   SP
                RET
        TAB:  DB    030H,031H,032H,033H,034H,035H,036H,037H
                DB    038H,039H,041H,042H,043H,044H,045H,046H
                END
```

C51 源程序如下：

```
#define Number      (*(volatile unsigned char*)0x20)      //待转换数据
#define Result1     (*(volatile unsigned char*)0x31)      //转换结果 1
#define Result2     (*(volatile unsigned char*)0x32)      //转换结果 2
int main(void)
    {
        unsigned char temp=0;   //高 4 位转换
        temp = (Number & 0xF0)>>4;
        if(temp<0x0A)
          {
                Result2 = temp + 0x30;
                  }
              else {
                Result2 = temp + 0x37;
                  }
                                  //低 4 位转换
        temp=(Number & 0x0F);
        if(temp<0x0A)
          {
          Result1 = temp + 0x30;
          }else{
          Result1 = temp + 0x37;
        }
        return 0;
    }
```

一般说来：

● 当相互传送的数据较少时，采用寄存器传送方式可以获得较快的传送速度；

● 当相互传送的数据较多时，宜采用存储器或堆栈方式传送；

● 如果是子程序嵌套，最好采用堆栈方式。

5.3　常用程序举例

5.3.1　算术运算程序

80C51 单片机指令系统提供的是字节运算指令，因此在处理多字节数的加、减运算时，要合理地运用进位（借位）标志。

【例 5.10】多字节无符号数的加法。

设两个 L 字节的无符号数分别存放在内部 RAM 30H 和 40H 开始的单元中，相加后的结果要求存放在 40H 数据区。

```
;3 字节无符号数相加
        ORG    0000H
        LJMP   MAIN
        ORG    1000H
MAIN:   MOV    R0,#30H
        MOV    R1,#40H
        MOV    R7,#3               ;相加的字节数
        CLR    C
LOOP:   MOV    A,@R0
        ADDC   A,@R1               ;求和
        MOV    @R1,A               ;保存结果
        INC    R0                  ;修改指针
        INC    R1
        DJNZ   R7, LOOP
        SJMP   $
        END
```

C51 源程序如下：

```
#define NumStartAdd1 (volatile unsigned *)0x30    //定义数据初始地址
#define NumStartAdd2 (volatile unsigned *)0x40    //定义数据初始地址

int main(void)
{
unsigned char *num1;        //数据 1 指针变量
unsigned char *num2;        //数据 2 指针变量
char carry = 0;             //进位变量
char N=3;                   //相加的字节数，这里假设为 3 字节
num1 = NumStartAdd1;        //初始化数据指针
num2 = NumStartAdd2;
for(;N>0;N--)               //循环操作
{
    *num2 = (carry + *num1 + *num2)% 0x100;       //保存结果
    if((*num1 + *num2)>0xFF)                       //判断进位
    {
        carry = 1;
    }else{
        carry = 0;
    }
    num1++;
    num2++;
}
return 0;
}
```

【例 5.11】多字节无符号数的减法。

设两个 N 字节的无符号数分别存放在内部 RAM 中以 DATA1 和 DATA2 开始的单元中，相减后的结果要求存放在 DATA2 数据区。

```
            MOV    R0,#DATA1
            MOV    R1,#DATA2
            MOV    R7,#N                ;置字节数
            CLR    C
     LOOP：MOV    A,@R0
            SUBB   A,@R1                ;求差
            MOV    @R1,A                ;存结果
            INC    R0                   ;修改指针
            INC    R1
            DJNZ   R7,LOOP
            SJMP   $
            END
```

5.3.2 代码转换

1. 十六进制数与 ASCII 码之间的转换

十六进制数与 ASCII 码的对应关系如表 5.1 所示。当十六进制数在 0～9 之间时，其对应的 ASCII 码为该十六进制数加 30H；当十六进制数在 A～F 之间时，其对应的 ASCII 码为该十六进制数加 37H。

表 5.1 十六进制数与 ASCII 码的对应关系

十六进制数	ASCII 码	十六进制数	ASCII 码	十六进制数	ASCII 码	十六进制数	ASCII 码
0	30H	4	34H	8	38H	C	43H
1	31H	5	35H	9	39H	D	44H
2	32H	6	36H	A	41H	E	45H
3	33H	7	37H	B	42H	F	46H

【例 5.12】将 1 位十六进制数转换成相应的 ASCII 码。

设十六进制数存放在 R0 中，转换后的 ASCII 码存放于 R2 中。实现程序如下：

```
   HASC：MOV    A,R0                 ;取 4 位二进制数
          ANL    A,#0FH               ;屏蔽掉高 4 位
          PUSH   ACC                  ;4 位二进制数入栈
          CLR    C                    ;清进(借)位位
          SUBB   A,#0AH               ;用借位位的状态判断该数在 0～9 还是 A～F 之间
          POP    ACC                  ;弹出原 4 位二进制数
          JC     LOOP                 ;借位位为 1,跳转至 LOOP
          ADD    A,#07H               ;借位位为 0,该数在 A～F 之间,加 37H
   LOOP：ADD    A,#30H               ;该数在 0～9 之间,加 30H
          MOV    R2,A                 ;ASCII 码存于 R2 中
          RET
```

C51 源程序如下：

```
   int main(void)
   {
   unsigned char source;
   unsigned char result;
   if((source & 0x0F)>=0x0A)
```

```
                result = (source & 0x0F) + 0x37;
        else
                result = (source & 0x0F) + 0x30;
        return 0;
    }
```

【例 5.13】将多位十六进制数转换成 ASCII 码。

设地址指针 R0 指向十六进制数的低位，R2 中存放字节数，转换后地址指针 R0 指向十六进制数的高位。R1 指向要存放的 ASCII 码的高位地址。实现程序如下：

```
HTASC:  MOV    A,@R0              ;取低 4 位二进制数
        ANL    A,#0FH
        ADD    A,#15             ;偏移量修正
        MOVC   A,@A+PC           ;查表
        MOV    @R1,A             ;存 ASCII 码
        INC    R1
        MOV    A,@R0             ;取十六进制数高 4 位
        SWAP   A
        ANL    A,#0FH
        ADD    A,#06H            ;偏移值修正
        MOVC   A,@A+PC
        MOV    @R1,A
        INC    R0                ;指向下一单元
        INC    R1
        DJNZ   R2,HTASC          ;字节数存于 R2
        RET
ASCTAB： DB   30H,31H,32H,33H,34H,35H,36H,37H
        DB   38H,39H,41H,42H,43H,44H,45H,46H
```

2．BCD 码与二进制数之间的转换

在计算机中，十进制数要用 BCD 码来表示。通常，用 4 位二进制数表示 1 位 BCD 码，用 1 字节表示 2 位 BCD 码（称为压缩型 BCD 码）。

【例 5.14】双字节二进制数转换成 BCD 码。

设(R2R3)为双字节二进制数，(R4R5R6)为转换完的压缩型 BCD 码。

十进制数 B 与一个 8 位的二进制数的关系可以表示为：只要依十进制运算法则，将 b_i（i＝7，6，…，1，0）按权相加，就可以得到对应的十进制数 B（逐次得到：$b_7 \times 2^0$；$b_7 \times 2^1 + b_6 \times 2^0$；$b_7 \times 2^2 + b_6 \times 2^1 + b_5 \times 2^0$；…）。

参考程序在"程序附件"中，请登录华信教育资源网 www.hxedu.com.cn 下载。

5.3.3　I/O 操作

例如，编制一个 LED 循环闪烁程序。如图 5.6 所示，设 80C51 单片机的 P1 口作为输出口，经驱动电路 74LS240（8 反相三态缓冲驱动器）接 8 个发光二极管（LED）。当输出为"0"时，LED 点亮；当输出为"1"时 LED 熄灭。编程实现：每个 LED 闪烁点亮 5 次，再转移到下一个 LED 闪烁点亮 5 次，一直循环下去（DELAYY1S 为延时 1s 子程序）。

```
        ORG    0000H
        LJMP   MAIN
```

```
          ORG   0100H
MAIN:  CLR  C
          MOV  A,#0FEH            ;为 LED 赋值，低位先亮
FLASH: MOV  R2,#5               ;闪烁次数
LOOP:  MOV  P1,A                ;LED 亮
          LCALL  DELAYY1S        ;延时 1s
          MOV  P1,#0FFH          ;LED 灭
          LCALL  DELAYY1S        ;延时 1s
          DJNZ  R2,LOOP          ;闪烁 5 次
          RLC  A                 ;左移一位
          SJMP  FLASH            ;不断循环
          END
```

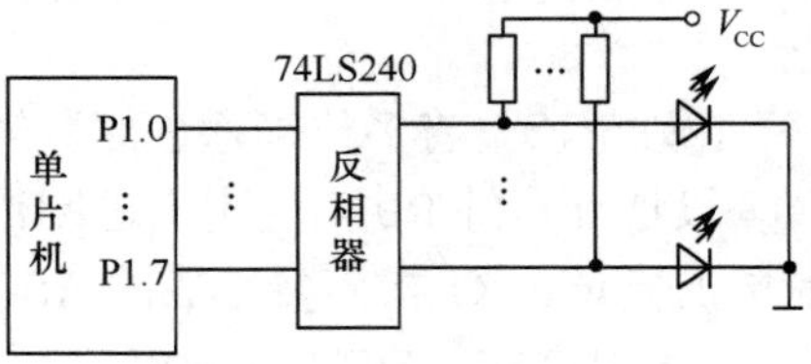

图 5.6　LED 循环闪烁电路图

C51 源程序如下：

```c
#include<reg51.h>
#include<intrins.h>
void DELAY1S()        //@12MHz
{
unsigned char i, j, k;
_nop_();
i = 8;
j = 152;
k = 136;
do
{
    do
    {
        while (--k);
    } while (--j);
} while (--i);
}

void main()
{
unsigned char led=0x0fe;
while(1)
{
    char i;
    for(i=0;i<5;i++)
    {
        P1= led;
        DELAY1S();
        P1=0X0ff;
        DELAY1S();
    }
    led = _crol_(led,1);
}
}
```

5.4　简单 I/O 设备的并行口直接驱动示例

【例5.15】数码管数据端与 P0 口正序连接如图 5.7 所示。编写程序，实现以下功能：上电后数码管显示"P"，按下任何键后，显示从"0"开始每隔 1s 加 1，加至"F"后，数码管显示"P"，进入等待按键状态。

实现程序如下：

```
            TEMP  EQU  30H
            ORG   0000H
            JMP   START
            ORG   0100H
    START:  MOV   SP,#5FH
            MOV   P0,#8CH          ;显示"P"
            MOV   P3,#0FFH
    NOKEY:  MOV   A,P3
            CPL   A
            JZ    NOKEY            ;无键按下
            MOV   TEMP,P3          ;有键按下
            LCALL D10ms
            MOV   A,P3
            CJNE  A,TEMP,NOKEY     ;去抖
            MOV   R7,#16
            MOV   R2,#0
    LOOP:   MOV   A,R2
            MOV   DPTR,#CODE_P0
            MOVC  A,@A+DPTR
            MOV   P0,A
            INC   R2
            SETB  RS0              ;切换组
            LCALL D_1S
            CLR   RS0
            DJNZ  R7,LOOP
            JMP   START
```

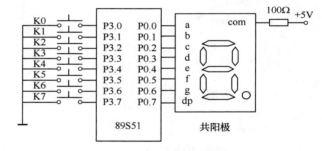

图 5.7　数码管数据端正序连接图

```
D_1S: MOV R3,#50     ;延时 1s
del0:  MOV R4,#99
del1:  MOV R5,#100
       DJNZ R5,$
       DJNZ R4,del1
       DJNZ R3,del0
       RET

D10ms：MOV R4,#20    ;延时 10ms
DELAY1:MOV R5,#250
```

```
DELAY2:DJNZ R5,DELAY2
        DJNZ R4,DELAY1
        RET
```

```
CODE_P0:  DB    0C0H,0F9H,0A4H,0B0H，99H,92H,82H,0F8H
          DB    80H,90H,88H,83H,0C6H,0A1H,86H,8EH
```
有时为方便走线而采用逆序连接，如图 5.8 所示，显示段码要进行调整为：
```
        CODE_P2:DB    03H,9FH,25H,0DH,99H,49H,40H,1FH
                DB    01H,09H,11H,0C1H,63H,85H,61H,71H
```
C51 源程序如下：
```
#include<reg51.h>
// P.0.1.2.3.4.5.6.7.8.9.A.b.C.d.E.F
unsigned char code
table[]={ 0x8c,0xc0,0xf9,0xa4,0xb0,0x99,0x92,0x82,0xf8,0x80,0x90,0x88,0x83,0xc6,0xa1,0x86,0x8e};

void delay_1ms(unsigned int i)
{
unsigned char j;
while(i--)
        for(j=0;j<120;j++);

}
```

图 5.8　数码管数据端逆序连接图

```
void main()
{
while(1){
        unsigned char i=0;
        P1=table[0];
        while(P3==0XFF);
        delay_1ms(10);
        if(P3!=0XFF)
        {
                for(i=1;i<=16;i++)
                {
                        P1=table[i];
                        delay_1ms(1000);
                }
                P1=table[0];
                i=0;
        }
    }
  }
```

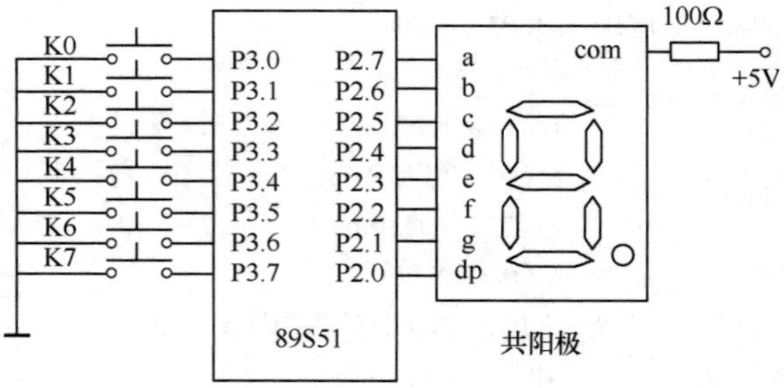

Keil C51 软件仿真执行界面如图 5.9 所示，Proteus 软件仿真如图 5.10 所示。

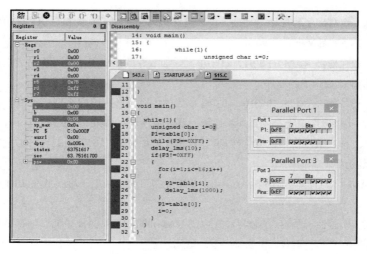

图 5.9　Keil C51 仿真执行界面

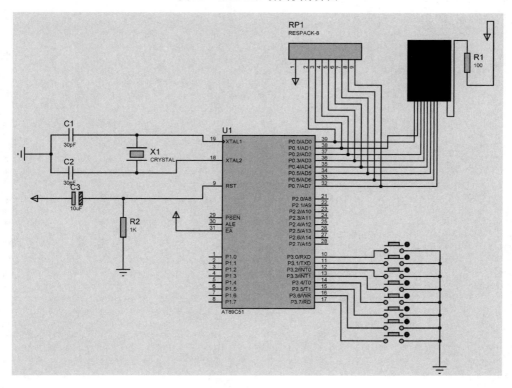

图 5.10　Proteus 软件仿真

思考题与习题

5.1　80C51 单片机汇编语言有何特点？

5.2　利用 80C51 单片机汇编语言进行程序设计的步骤如何？

5.3　常用的汇编语言程序有哪几种？特点如何？

5.4　子程序调用时，参数的传递方法有哪几种？

5.5　什么是伪指令？常用的伪指令功能如何？

5.6　设计汇编语言源程序，把外部 RAM 的 2000～20FFH 单元清 0，并进行软件仿真。

5.7　编写并调试一个排序子程序，其功能为用冒泡法将内部 RAM 中从 50H 开始的 10 个单字节无符号正整数，按从小到大的次序重新排列。

5.8　设被加数存放在内部 RAM 的 20H、21H 单元，加数存放在 22H、23H 单元，若要求和存放在 24H、25H 单元中，试编写 16 位数相加的程序。

5.9　编写程序，把外部 RAM 的 1000H～1030H 单元的内容传送到内部 RAM 的 30H～60H 单元中。

5.10　编写程序，实现双字节无符号数加法运算，要求(R1R0)+(R7R6)→(61H60H)。

5.11　用 R0 和 R1 作为数据指针，R0 指向第一个加数，并兼作"和"的指针，R1 指向另一个加数，字节存放到 R2 中用作计数初值。

5.12　在内部 RAM 的 21H 单元开始存放一组单字节无符号数，数据长度存放在 30H 中，要求找出最大数并存入 BIG 单元。

5.13　求双字节补码程序：设双字节数存放在内部 RAM 的 30H 和 31H 单元（高字节在低地址），将其取补后存入 40H（存放高字节）和 41H（存放低字节）单元。

5.14　编程统计累加器 A 中"1"的个数。

5.15　编程实现 1+2+3+…+100＝?

第6章　80C51 单片机的 C 语言程序设计

6.1　单片机 C 语言概述

单片机可以使用高级语言进行开发，其中主要是以C51语言为主。C51有其特定的程序结构，并且还需要有对应的编译器才能将其编译成可执行文件。

6.1.1　C51 的程序结构

C51 属于高级语言，它的程序结构与标准 C 语言基本相同，其结构特点如下。

① 函数是 C51 程序的基本单位。标准的 C51 程序通常是多个函数的集合，在这个集合中，有且只有一个 main 函数（主函数）。不论 main 函数在整个程序中所处的位置如何，C51 程序总是从 main 函数开始执行的。

② C51 程序书写格式自由，一行内可以写几个语句。

③ 分号是 C51 语句的重要组成部分，每个语句和数据定义（函数除外）的最后必须有一个分号。

④ C51 本身没有输入/输出语句。标准的输入和输出是由 scanf 和 printf 等函数来完成的。对于用户定义的输出，比如直接以输出接口读取键盘输入或驱动 LED，则需要自行编制输出函数。

⑤ 可以用/*……*/对 C51 程序中的任何部分进行注释。

6.1.2　C51 编译器介绍

单片机不能直接执行 C51 程序，执行前必须经过编译器生成相应的可执行代码。目前开发的编译器种类繁多，并非所有的 C51 编译器都产生高效代码，下面就各公司的编译器做简要介绍，以便于大家选择。

American Automation 编译器：该编译器通过#asm 和 endasm 预处理选择支持汇编语言,此编译器的编译速度较慢。

IAR 编译器：IAR 编译器和 ANSI C 兼容，但需要一个较复杂的链接程序才能运行。

Keil 编译器：Keil 编译器的效率很高，支持浮点数和长整型数、重入和递归。目前 Keil 编译器已被完全集成到 Keil μVision5 的集成开发环境中，该集成开发环境已经将编译器、汇编器、实时操作系统、项目管理器和调试器融为一体，支持所有 80C51 单片机的衍生产品，也支持所有兼容的仿真器，同时支持第三方开发工具。因此，Keil μVision5 无疑是 80C51 单片机开发用户的最佳选择。

6.1.3　C51 语言和汇编语言的关系

C51 是一种在 MCS-51 单片机上使用的 C 语言。C51 具有很强的语言表达能力和运算能力，而且可移植性好，在单片机上用 C51 编写程序，可以有效提高编程者的工作效率。但是 C51 需要编译器进行编译，目标程序的冗余度较严重，且编译器的编译效率差别较大，这对存储资源有限的系统有较大的影响。

虽然汇编语言的移植性和编程效率不及 C51，然而汇编语言也有自身的优势：汇编语言精练，代码冗余度低，所以代码短，执行速度快；与硬件联系紧密，优秀的编程者能使 CPU 运行在最佳状态，同时能帮助初学者了解 CPU 的硬件结构。

基于 C51 语言和汇编语言的不同特点，现实中的很多系统都是用 C51 语言和汇编语言联合编写的。为了提高编程效率，大多数程序都会采用 C51 编写，但是对时钟系统和时序要求很严格的底层驱动来说，使用汇编语言是唯一的选择。

6.2　C51 的数据类型及存储类型

6.2.1　C51 的数据类型

数据是具有一定格式的数字或数值，是计算机操作的对象。数据操作会因数据类型不同而有较大的差异，其差异主要体现在取值范围、存储位置和存储空间大小等方面。C51 提供的数据类型见表 6.1。

表 6.1　C51 的数据类型

数据类型		长度	取值范围
字符型	unsigned char	8	0～255
	signed char	8	−128～127
整型	unsigned int	16	0～65535
	signed int	16	−32768～32767
长整型	unsigned long	32	0～4294967295
	signed long	32	−2147483648～2147483647
浮点型	float	32	±1.18e-38～±3.40e38
位型	bit	1	0 或 1
	sbit	1	0 或 1
SFR	sfr	8	0～255
	sfr16	16	0～65535

C51 的数据类型和标准 C 语言有较大的相似性，考虑到读者对 C 语言比较熟悉，下面主要介绍 C51 和标准 C 语言的区别。

① C 语言的基本数据类型有 char、int、short、long、float、double 等 6 种类型，而 C51 不支持复杂的双精度浮点运算（double）。

② C51 中 float 与标准 C 语言一样符合 IEEE-754 标准，但 float 的使用和运算，需要调用数学库"math.h"函数的支持。

③ 布尔处理器是 80C51 单片机的特色。位类型（bit）可以定义一个位变量，由 C51 编译器在 80C51 内部 RAM 20H～2FH 的 128 个位地址中分配一个位地址。但位类型不能定义指针和数组。

④ 特殊功能寄存器（sfr 和 sfr16）：sfr 可以对 80C51 单片机的特殊功能寄存器进行定义，sfr 型数据占 1 字节，取值范围为 0～255。sfr16 为 16 位特殊功能寄存器，80C51 单片机的 16 位特殊功能寄存器（如 DPTR）可以用 sfr16 来定义，sfr16 型数据占 2 字节，取值范围为 0～65535。

⑤ 在 C51 编译器提供的头文件 reg51.h 中已经把所有的特殊功能寄存器进行了定义，可以直接用 include 命令使其包括在程序中，在使用时，所有的 sfr 的名称都必须大写。

⑥ 可寻址位类型（sbit）：利用 sbit 可以对 80C51 单片机的内部 RAM 的位寻址空间及特殊功能寄存器的可寻址位进行定义。例如，sbit flag = P1^0；表示将 P1.0 这条 I/O 口线定义为 flag。

⑦ 数据类型的转换。不同类型的数据是可以相互转换的，可以通过赋值转换或者强制转换。赋值转换次序为：bit→char→int→long→float，如果反向赋值，结果则丢弃高位。

6.2.2 C51 数据的存储类型

C51 是面向 MCS-51 单片机的程序语言，因此任何数据都必须以一定的方式存储在不同的位置。数据分为常量和变量两种形式。常量可以用一个标志符号来代表；变量由变量名和变量值组成，每个变量占据一定的存储空间用以存放变量的值。80C51 单片机的存储空间比较复杂，因此，数据的存放也同样复杂，详见表 6.2。

表 6.2　C51 的存储类型

存储器类型	长度	存储位置	说　　明
data	8	内部 RAM	直接寻址：00～7FH，速度最快
bdata	8		位寻址：20H～2FH
idada	8		间接寻址：00～FFH，MOV　@Ri 访问
pdata	8	外部 RAM	分页间接寻址：00～FFH，MOVX　@Ri 指令访问
xdata	16		间接寻址：0000～FFFFH，MOVX　@DPTR 访问
code	16	ROM	间接寻址：0000～FFFFH，MOVC　@A+DPTR 访问

C51 对变量定义时，既可以定义数据类型，还可以定义存储类型。其格式为：

　　数据类型　[存储类型]　变量名

例如：

char	data	name_var;	/*字符变量 name_var 存储在内部直接寻址 RAM 区*/
float	idata	x;	/*浮点型变量 x 存储在内部间接寻址 RAM 区*/
bit	bdata	flags;	/*位变量 flags 存储在内部 RAM 位寻址区*/

存储类型为可选项，如果不做存储类型的定义，系统将选择默认存储模式，默认类型由编译指令控制。存储模式与默认存储类型见表 6.3。

表 6.3　存储模式与默认存储类型

存储模式	默认存储类型	特点说明
SMALL	data（小模式）	存储于内部 RAM，速度快
COMPACT	pdata（紧凑模式）	存储于外部分页 RAM
LARGE	xdata（大模式）	存储于外部 64KB 的 RAM，速度慢

例如，若声明 char v，在 SMALL 模式下，v 被定位在 data 区；在使用 COMPACT 模式下，则 v 被定位在 pdata 区；在使用 LARGE 模式下，v 被定位在 xdata 区。

6.2.3 80C51 单片机特殊功能寄存器的 C51 定义

1. 特殊功能寄存器的声明

80C51 单片机内部有 21 个特殊功能寄存器（SFR），它们分散在内部 RAM 区的高 128 字节中，字节地址范围为 80H～0FFH，对 SFR 的操作，只能用直接寻址方式。

为了能直接访问这些特殊功能寄存器，C51 提供了一种独特的定义方法，这种定义方法与标准 C 语言不兼容，只适用于对 80C51 单片机进行编程。其定义语法如下：

    sfr   name＝adress

其中，"sfr"为保留关键字，其后面必须跟一个特殊功能寄存器名称，该名称由编程者自主编写，但要符合 C 语言命名标准，且要符合大众化标准，以便于记忆和程序交流。通常都是将所有特殊功能寄存器的 C51 定义放入一个头文件中，以便于程序移植。

"＝"后面的地址必须是常数，不允许为运算表达式，其常数值范围必须在特殊功能寄存器地址范围 0x80～0xFF 之间。

例如：

    sfr   SCON=0x90;   /*串行口控制寄存器地址 90H*/
    sfr16 T2=0xCC;   /*80C52 的 T2L 地址为 0xCC,T2H 地址为 0xCD*/

2. 特殊功能寄存器位的声明

特殊功能寄存器位的定义利用关键字 sbit 进行说明，与 sfr 定义一样，用关键字"sbit"定义某些特殊功能寄存器位时能接受任何符号名称，这种地址分配有 3 种方式。

① sbit 位变量=特殊功能寄存器名^位（0～7 有效）。例如：

    sfr PSW=0xD0;   /*定义 PSW 寄存器地址为 0xD0*/
    sbit OV=PSW^2;   /*定义 OV 位为 PSW.2 地址为 0xD2*/

② sbit 位变量名=字节地址^位（0～7）。例如：

    sbit OV=0xD0^2;   /*OV 位地址为 0xD2*/

这种方法以一个整型常数作为基地址，该值必须在 0x80～0xFF 之间，并能被 8 整除。

③ sbit 位变量名=位地址。这种方法将位的绝对地址赋给变量，地址必须位于 0x80～0xFF之间。例如：

    sbit OV=0XD2;

6.3　C51 的运算符和表达式

运算符就是完成某种特定运算的符号，按运算符在表达式中与运算对象的数量可分为单目运算符、双目运算符和三目运算符。单目就是指需要有一个运算对象，双目就是要求有两个运算对象。表达式则是由运算及运算对象所组成的具有特定含义的式子。

6.3.1　赋值运算符

"＝"的功能是给变量赋值，称为赋值运算符。它的作用就是将数据赋给变量。使用"＝"的赋值语句格式为：

    变量=表达式;

例如：

    a=0xFFH;   //将常数十六进制数 0xFFH 赋给变量 a
    b=c=33;   //同时将 33 赋给变量 b,c
    d=e;   //将变量 e 的值赋给变量 d
    f=a+b;   //将变量 a+b 的值赋给变量 f

由上面的例子可以知道，赋值语句的意义就是先计算出"＝"右边的表达式的值，然后将得到的值赋给左边的变量。而且右边的表达式可以是一个赋值表达式。

注意：初学者容易将赋值符号"＝"与后面的关系运算符"＝＝"（相等）混淆。

6.3.2 算术运算符

对于 a+b、a/b 这样的表达式大家都很熟悉，其中"+"和"/"就是 C 语言中的算术运算符。C51 中的算术运算符有如下几个：

  + 加或取正值运算符   − 减或取负值运算符

  * 乘运算符   / 除运算符   % 取余运算符

以上运算符中只有取正值和取负值运算符是单目运算符，其他则都是双目运算符。

算术表达式的形式：表达式1 算术运算符 表达式2

算术运算符的优先级：先乘、除、模，后加、减，括号最优先。

算术运算符的结合性：算术运算符的结合性规定为自左至右方向，又称为"左结合性"。即当一个运算对象两侧的算术运算符优先级别相同时，运算对象先与左面的运算符结合。

例如：

a+b*(10-a)：将 10-a 的结果与 b 相乘，再和 a 相加。

a+b-c：b 两边是"+"和"−"运算符，因为优先级别相同，按左结合性，先执行 a+b，再与 c 相减。

注意：除法运算符和一般的算术运算规则有所不同，如果是两浮点数相除，其结果为浮点数，如 10.0/20.0 所得值为 0.5，而两个整数相除时，所得值就是整数，如 7/3 的值为 2。

6.3.3 关系运算符

C51 中有 6 种关系运算符：

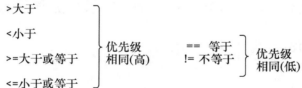

当两个表达式用关系运算符连接起来时就构成了关系表达式,关系运算符的运算结果只有 0 和 1 两种，也就是逻辑的"真"与"假"。关系表达式通常用来判别某个条件是否满足，当指定的条件满足时结果为 1（真），不满足时结果为 0（假）。

关系运算符的优先级：＞、＜、＞＝、＜＝具有相同的优先级，＝＝、！＝也具有相同的优先级，但是前 4 个的优先级要高于后两个。

例如，若 a=4，b=3，c=2，则：

a>b 的值为"真"，表达式值为 1；

b+c<a 的值为"假"，表达式值为 0；

f=a>b>c，由于关系运算符的结合性为左结合，故 a>b 值为 1。而 1>c 值为 0，故 f 值为 0。

6.3.4 逻辑运算符

逻辑运算符用于求表达式的逻辑值，逻辑运算结果只有真与假两种。C51 提供 3 种逻辑运算符。

&&：逻辑与(AND) ||：逻辑或(OR) !：逻辑非(NOT)

逻辑与和逻辑或是双目运算符，而逻辑非是单目运算符。

逻辑运算符的优先级：逻辑非最高，逻辑与次之，逻辑或最低。

C51 的逻辑运算符、算术运算符、关系运算符和赋值运算符之间优先级的次序如图 6.1 所示。其中，!运算符优先级最高，算术运算符次之，关系运算符再次之，&&和 ‖ 运算符再次之，最低为赋值运算符。

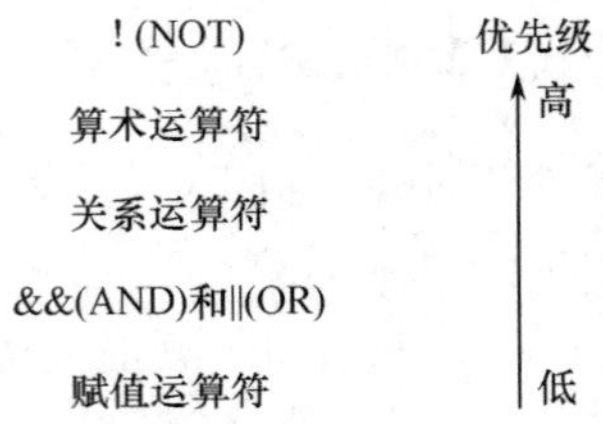

!(NOT)	优先级
算术运算符	高 ↑
关系运算符	
&&(AND)和‖(OR)	
赋值运算符	低

图 6.1 常用运算符的优先级

例如，a=1，b=2，c=3，d=4，m=0，n=0，则：

m=a>b：因为 a>b 为假(0)，即 m=0。

m=c<d：因为 c<d 为真(1)，即 m=1。

m==c<d：因为==运算符的优先级比<运算符的低，所以先判断 c<d 为真(1)，而 m 等于 0，两者不相等，故表达式的值为假(0)。

(m==a>b)&&(n==c>d)：因为 a>b 为假(0)，即 m==0 为真(1)，故需继续向右执行，又因为 c>d 为假(0)，即 n==0 为真(1)，两者相与结果为真(1)，故表达式值为 1。

6.3.5　位运算符

汇编语言对位的处理能力是很强的，但是 C51 也能对运算对象进行按位操作，从而使 C51 也具有对硬件直接进行操作的能力。位运算符的作用是按位对变量进行运算，但是并不改变参与运算的变量的值。C51 中共有 6 种位运算符：

&（按位与）　|（按位或）　^（按位异或）　~（按位取反）　<<（位左移）　>>（位右移）

位运算一般的表达形式为：

变量 1 位运算符 变量 2

位运算符的优先级：从高到低依次是~→<<→>>→&→^→|。

除按位取反运算符外，以上位运算符都是双目运算符，位运算符对象只能是整型或字符型数据，不能为实型数据。

例如，a=0xff，b=0x01，则

c=a & b：c=0x01。

c=a | b：c=0xff。

c=a^b：c=0xfe。

c=~a：c=0x00。

c=a>>b：c=0x7f。

6.3.6　其他运算符

1. 条件运算符

C51 中有一个三目运算符，它就是条件运算符"?"。条件运算符要求有 3 个运算对象，它可以把 3 个表达式连接构成一个条件表达式。条件表达式的一般形式如下：

逻辑表达式? 表达式 1: 表达式 2;

条件运算符的作用就是根据逻辑表达式的值选择使用表达式的值。当逻辑表达式的值为真（1）时，整个表达式的值为表达式 1 的值；当逻辑表达式的值为假（0）时，整个表达式的值为表达式 2 的值。

例如，要求将 a 和 b 两数中的较小的值放入 min 变量中，下列两个程序效果相同。

程序 1：

```
if (a<b)
min = a;
```

```
else
    min = b;
```
程序 2：
```
min =(a<b)?a:b;
```
很明显，两个程序的结果是一样的，程序 2 比程序 1 的代码却少很多，编译的效率也相对要高，但可读性相对较差。

2．指针和地址运算符

指针类型是一种存放指向另一个数据的地址的变量类型。指针是 C 语言中一个十分重要的概念，也是学习 C 语言的一个难点。关于指针将在后续章节中详细讲解，下面先介绍 C51 中提供的两个专门用于指针和地址的运算符：

  * (取内容) & (取地址)

取内容和取地址的一般形式分别为：

  变量 = *指针变量

  指针变量 = &目标变量

取内容运算是将指针变量所指向的目标变量的值赋给左边的变量；取地址运算是将目标变量的地址赋给左边的指针变量。要注意的是，指针变量中只能存放地址（也就是指针类型的数据），一般情况下，不要将非指针类型的数据赋值给一个指针变量。

3．sizeof 运算符

sizeof 是用来求数据类型、变量或表达式的字节数的一个运算符，但它并不像"="之类运算符那样在程序执行后才能计算出结果，它直接在编译时产生结果。它的语法如下：

  sizeof (表达式)

例如：
```
printf("char 是多少字节？ 字节\n",sizeof(char));
printf("long 是多少字节？ 字节\n",sizeof(long));
```
结果是：

  char 是多少字节? 1 字节

  long 是多少字节? 4 字节

4．自增减运算符

自增减运算符的作用是使变量值自动加 1 或减 1。自增减运算有 4 种形式：

++i，--i (在使用 i 之前，先使 i 加(减)1)

i++，i-- (在使用 i 之后，再使 i 加(减)1)

例如，若 i 原来为 5，则：

  j=++i, j 为 6，i 也为 6

  j=i++, j 为 5，i 为 6

5．复合赋值运算符

复合赋值运算符就是在赋值运算符"="的前面加上其他运算符。以下是 C51 中常用的复合赋值运算符：

+= 加法赋值	>>= 右移位赋值	-= 减法赋值	&= 逻辑与赋值
*= 乘法赋值	‖= 逻辑或赋值	/= 除法赋值	^= 逻辑异或赋值
%= 取模赋值	!= 逻辑非赋值	<<= 左移位赋值	

复合运算的一般形式为：

  变量 复合赋值运算符表达式

其含义就是变量与表达式先进行运算符所要求的运算，再把运算结果赋值给参与运算的变量。其实，这是 C51 中一种简化程序的方法，凡是二目运算都可以用复合赋值运算符简化表达。例如：

  a+=56 等价于 a=a+56

  y/=x+9 等价于 y=y/(x+9)

  a*=b   等价于 a=a*b

显然，采用复合赋值运算符会降低程序的可读性，但这样可以使程序代码简单化，并能提高编译的效率。对于初学 C51 的读者，在编程时最好根据自己的理解力和习惯来使用程序表达的方式。

6. 强制类型转换运算符

强制类型转换运算符的作用就是将表达式或者变量的类型强制转换成为所要求的类型。C51 中有两种数据类型转换方式：一种是隐式转换，另一种是显式转换。例如：

```
void main(void)
{unsigned char a;
unsigned int b;
b=100*4;
a=b;
while(1);
}
```

由 b=100*4 可以得知 b=0x190，然而 a 的值为 0x90，也就是 b 的低 8 位。因为 b 是 int 型数据，a 是 char 型数据，只能存储 8 位，所以在将 b 赋值给 a 时执行了数据类型的隐式转换。在对程序进行编译时隐式转换是由编译器自动处理的，隐式转换有以下规则。

① 因为 char 类型数据不能参与运算，所以先将所有的 char 类型数据转换成 int 类型数据，然后依据另一个数据的类型进行相应的转换。

② 当不同类型的两个操作数进行运算时，转换类型以提高运算精度为原则。

当 int 型数据和 float 型数据进行运算时，将 int 型数据转换成 float 型数据再进行运算，结果为 float 型数据；当 char 型数据和 int 型数据进行运算时，将 char 型数据转换成 int 型数据，然后进行计算，结果为 int 型数据。

③ 如果强制类型转换运算符连接的两个数据是对变量的赋值，则仅将赋值符号右边的表达式类型转换成赋值符号左边的类型。

C51 中只有 char、int、long 及 float 这几种基本的数据类型可以被隐式转换，其他的数据类型只能用显式转换。

显式转换运算符的表达形式为：

  (类型) 表达式

例如：

```
main()
{
unsigned char a;
unsigned long b;
a=5;
b=((unsigned long)a)*10000;
}
```

上述程序中，首先把 a 转换成可以存储 5×10000 的数据类型，得到的结果才会正确。用显式转换来处理不同类型数据间的运算和赋值是十分方便的，特别对指针变量赋值很有用。

6.4 C51 流程控制语句

C51 程序通常有顺序结构、选择结构和循环结构 3 种类型。考虑到顺序结构比较简单，在此不做介绍，下面分别介绍选择结构和循环结构常用的条件语句、循环语句和开关语句。

6.4.1 条件语句

条件语句由关键字 if 构成，通常 if 后面为判断条件，其一般形式为：

```
if(表达式)
    {语句 1;}
else
    {语句 2;}
```

如果表达式的值为非 0（True），则执行语句 1，执行完语句 1 后跳过语句 2 开始继续向下执行；如果表达式的值为 0（False），则跳过语句 1 而执行语句 2。表达式可以为关系表达式和逻辑表达式的结合式。条件语句流程图如图 6.2 所示。

特殊说明：

① 条件语句中，"else {语句 2;}"部分为可选项。

② 如果语句 1 或语句 2 有多于一条语句要执行，必须使用"{}"把所有语句包括在其中。

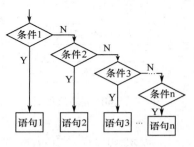

图 6.2 条件语句流程图

③ 条件语句可以嵌套，嵌套时 else 语句与最近的一个 if 语句匹配，同时为了提高程序的可读性，通常要求利用缩进方式将层次感写出来。

④ 可用阶梯式 if-else-if 结构。阶梯式结构的一般形式为：

if(表达式 1)	语句 1;
else if(表达式 2)	语句 2;
else if(表达式 3)	语句 3;
⋮	⋮
else	语句 n;

这种结构是从上到下逐个对条件进行判断，一旦发现条件满足，就执行与它有关的语句，并跳过其他剩余阶梯；若没有一个条件满足，则执行最后一个 else 语句 n。

6.4.2 循环语句

C51 中实现循环的方式主要有 for、while 和 do-while 这 3 种基本语句。

1. for 循环

for 循环是开界的，它的一般形式为：

```
for(<初始化>; <条件表达式>; <更新表达式>)  语句;
```

初始化一般是一个赋值语句，它用来给循环控制变量赋初值；条件表达式是一个关系表达式，它决定什么时候退出循环；更新表达式说明循环控制变量每循环一次后按什么方式变化，若更新后条件表达式为假（False），则退出循环。其流程图如图 6.3 所示。例如：

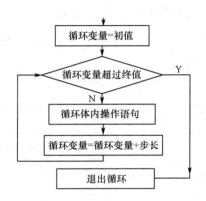

图 6.3 for 循环流程图

```
        for(i=1; i<=10; i++)
            {语句 n; }
```

上例中先给 i 赋初值 1，判断 i 是否小于或等于 10，若条件为真则执行语句，之后 i 增加 1，再重新判断，直到条件为假（i>10）时结束循环。

注意：

① for 循环中语句可以为语句体，但要用"{}"将参加循环的语句括起来；

② for 循环中的初始化、条件表达式和更新表达式都是选择项，可默认，但分号";"不能默认；

③ for 循环可以多层嵌套。

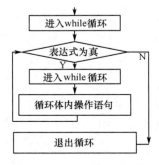

图 6.4　while 循环流程图

2．while 循环

while 循环的一般形式为：

    while(条件)   语句；

若 while 循环条件为真，则执行语句，为假则循环结束。与 for 循环一样，while 循环总是在循环的开始检验条件，如果一开始条件就不满足，则意味着循环语句可能一次也不执行就退出。其流程图如图 6.4 所示。

注意：

① 在 while 循环体内允许空语句；

② 可以有多层循环嵌套；

③ 语句可以是语句体，此时必须用"{}"括起来；

④ 当条件恒为真时，则程序进入一个死循环，单片机系统中经常利用这一特性实现前后台系统的调用。

3．do-while 循环

do-while 循环的一般格式为：

    do
            语句；
    while(条件)；

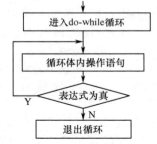

图 6.5　do-while 循环流程图

该循环与 while 循环的不同在于，它先执行循环体中的语句，然后判断条件是否为真，如果为真，则继续循环，如果为假，则终止循环。因此，do-while 循环至少要执行一次循环语句。其流程图如图 6.5 所示。

6.4.3　开关语句

在编写程序时，经常会碰到按不同情况多路分转的问题，这时可用开关语句。开关语句格式为：

```
        switch(变量)
        {
        case 常量 1:
            语句 1;
            break;
        case 常量 2:
            语句 2;
            break;
```

```
          ⋮
     case 常量 n;
          语句 n;
          break;
     default:
          语句 n+1;
          break;
     }
```

执行 switch 开关语句时，将变量逐个与 case 后的常量进行比较，若与其中一个相等，则执行该常量下的语句，若不与任何一个常量相等，则执行 default 后面的语句。其流程图如图 6.6 所示。

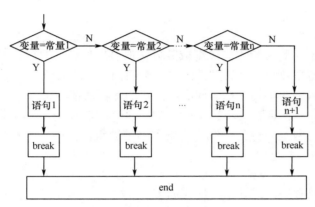

图 6.6　switch 语句流程图

注意：

① switch 开关语句中变量可以是数值，也可以是字符；

② 可以省略一些 case 和 default；

③ 每个 case 或 default 后的语句可以是语句体，同样要使用"{}"括起来。

6.4.4　break、continue 和 goto 语句

1．break 语句

break 语句可以跳出循环而执行循环后面的语句，通常与循环语句和开关语句配合使用。

当 break 语句用于 switch 开关语句中时，可使程序跳出 switch 而执行 switch 以后的语句；如果没有 break 语句，程序则将成为一个死循环而无法退出。

当 break 语句用于 for、do-while、while 循环语句中时，可使程序终止循环而执行循环后面的语句。通常 break 语句总是与 if 语句连在一起，即满足条件时便跳出循环。

2．continue 语句

continue 语句的作用是跳过本次循环中剩余的语句而强行执行下一次循环。这是与 break 语句的最大差别。continue 语句通常只用在 for、while、do-while 循环语句中，常与 if 条件语句一起使用，用来加速循环。

3．goto 语句

goto 语句是一种无条件转移语句。goto 语句的使用格式为：

    goto 标号:

其中，标号是一个有效的标识符，这个标识符加上一个"："一起出现在函数内某处，执行 goto

语句后，程序将跳转到该标号处并执行其后的语句。另外，标号必须与 goto 语句同处于一个函数中，但可以不在一个循环层中。在编程时，要尽量少用 goto 语句，因为它将使程序层次不清，但在多层嵌套退出时，用 goto 语句则比较合理。

6.5　C51 的构造数据类型

字符型（char）、整型（int）和浮点型（float）等属于基本数据类型，除此之外，C51 还提供了一些扩展的数据类型，统称为构造数据类型。数组、指针、结构体、枚举都是常见的构造数据类型。

6.5.1　数组

1．数组的定义

数组是一组具有固定数目和相同类型成分分量的有序集合，其成分分量的类型为该数组的基本类型。常用的有整型数组、字符型数组等。数组的各元素必须是同一类型的变量。

数组是用同一个名字的不同下标访问的，数组的下标放在方括号中，是从 0 开始的一组有序整数。例如数组 b[i]，当 i=0，1，2，…，n 时，b[0]，b[1]，…，b[n] 分别是数组 b 的元素。依据数组的下标个数，数组可分为一维、二维和多维数组，其中一维和二维数组是常用的数组形式。

（1）一维数组

一维数组的下标只有一个，其定义格式如下：

类型说明 [存储器类型] 数组名[整型] [={初始值}]

例如：

char a[6]={"shiwei"};　 /*字符数组 a[0]='s', …,a[5]='i'*/

int idata b[5]={0,1,2,3,4}; /*字符数组 b 存储于内部 RAM,且 b[0]=0,…,b[4]=4 */

（2）二维数组

二维数组的下标只有两个，其定义格式如下：

类型说明 [存储器类型] 数组名[整型][整型] [={初始值}]

二维数组的存取顺序是按行存取的，即先依次存取第 1 行元素的所有列，再存储第 2 行，依次类推。

例如：

int a[2][2]={1,2,3,4}/*整型数组 a 有 4 个元素,且 a[0][0]=1, a[0][1]=2, a[1][0]=3, a[1][1]=4*/

二维数组的初始化有多种形式，下面的初始化结果是等效的：

int a[2][2]={{1,2},{3,4}};

int a[2][2]={1,2,3,4};

2．数组的应用

在实际应用中，经常希望微控制器能对大量的数据进行高精度的数学运算，而在单片机控制系统中，人们更愿意采用查表的方式予以实现，因为表格查找速度快，所用代码少。而在查表的过程中就需要运用数组。

【例6.1】设单片机的 P0 口引脚和数码管的代码段相连，P1.0 引脚和数码管的公共段相连（共阴极），电路连接如图 6.7 所示。请在数码管上依次显示 0～9 个数字，显示时间间隔为 1s，试利用数组编写程序。

#include<reg51.h>

```
#define uint unsigned int
int code table[]={0x3f,0x06,0x5b,0x4f,0x66,0x6d,0x7d,0x07,0x7f,0x6f};
void delay(uint xms)
{
    uint i,j;
    for(i=xms;i>0;i--)                      //i=xms，即延时约 xms
        for(j=110;j>0;j--);
}
void main()
{   uint i;
    for(i=0; i<=9; i++)                     /*数组的访问下标从 0 开始*/
    {
    P1=0xff;                    /*消隐*/
    P0=table[i];                /*段译码*/
    P1=0xfe;                    /*使能*/
    delay(1000);                /*延时 1s*/
    }
}
```

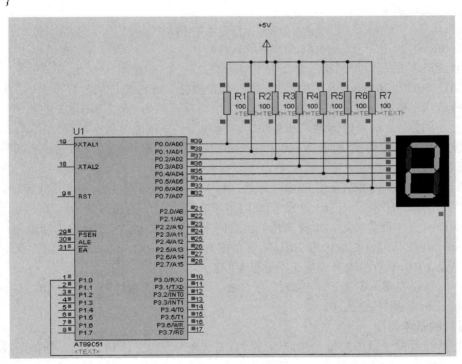

图 6.7　电路连接及仿真效果图

6.5.2　指针

指针是 C51 中的一个重要概念，使用指针可以有效表示和使用复杂的数据结构。指针就是指变量或数据所在的存储区的地址，它为变量的访问提供了一种特殊的方式。

1．指针的基本概念

为了了解指针的基本概念，必须了解数据在内存中是如何存储和读取的。如果程序中定义了一个变量，C51 编译器在编译时就给这个变量在内存中分配相应的存储空间。变量有变量名和变量值两个概念，其中变量名是数据的标号，变量值则是数据的内容。

内存单元也有两个概念，一个是内存单元的地址，另一个是内存单元的内容。前者是内存对该单元的编号，它表示在内存中的位置。后者指的是在该内存单元中存放的数据。

在变量与内存单元的对应关系中，变量的变量名与内存单元的地址相对应，变量的变量值与内存单元的内容相对应。

假设程序中定义了两个整型变量 a 和 b，它们的值分别为 2、3，而 C51 编译器将地址为 1000 和 1001 的两字节内存单元分配给了变量 a，将地址为 1002 和 1003 的两字节内存单元分配给了变量 b，则变量 a 和 b 的地址为 1000 和 1002，其指针对应关系如图 6.8 所示。在内存中变量名 a、b 是不存在的，对变量值的存取是通过地址进行的。存取的方式有两种。

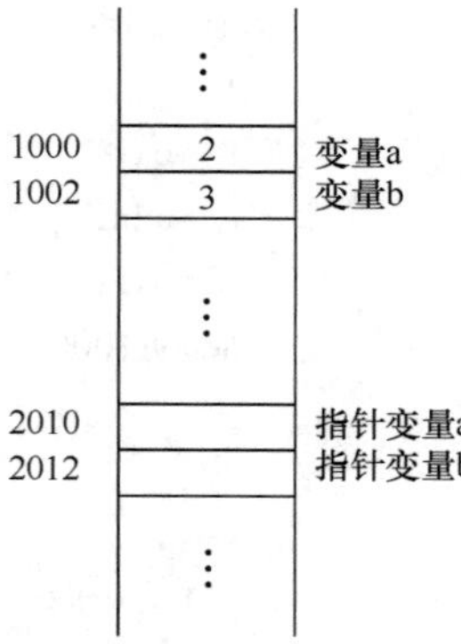

一种是直接访问方式。例如，x=a，其执行过程是这样的：根据变量名与内存单元地址的对应关系，找到变量 a 在内存中的位置，即地址 1000，然后由地址 1000 开始的两字节中取出 2 并赋给 x。

第二种是间接访问方式。例如：

```
char data *bp ;          /*定义指针变量 bp */
bp=&b;                   /*将 b 的地址赋给指针变量 bp*/
X=*bp;                   /*将 b 的内容 3 送给 X*/
```

图 6.8　指针变量

要读取变量 b 的值，可以将变量 b 的地址放在另一个内存单元中（如放在 2012、2013 中），访问时，先找到存放变量 b 的地址的内存单元的地址（2012、2013），然后从中取出变量 b 的地址（1002），最后从地址为 1002 和 1003 的两字节内存单元中取出变量 b 的值 3。这种访问方式就是间接访问方式。该读取过程中就使用了指针。

为了使用指针进行间接访问，必须弄清关于指针的两个基本概念，即变量的指针和指向变量的指针变量。

变量的指针：变量的指针就是变量的地址。对于上面提到的变量 a 而言，其指针就是 1000。

指向变量的指针变量：若有一个变量专门用来存放另一个变量的地址（指针），则该变量称为指向变量的指针变量（简称指针变量）。上例中提到的地址为 2010 的内存单元，如果定义一个变量 ap，并使其定位在地址为 2010 的这个内存单元上，则 ap 就是一个指针变量。因为 ap 中（地址单元 2010 中）存放着变量 a 的地址 1000。

上例中可以说变量 a 的指针（地址）为 1000，不能说 a 的指针变量是 1000。变量 a 的指针变量应是 ap，ap 的指针是 2010。

2. 指针的基本类型

变量的指针就是变量的地址，用取地址运算符"&"取得。语句 ap=&a 能把所取得的 a 指针（地址）存放在 ap 指针变量中，ap 的值就变为 1000H。可见，指针变量的内容是另一个变量的地址。指针定义的一般格式如下：

数据类型［指向对象的存储器类型］*［指针存储器类型］变量名;

（1）一般指针类型

当指向对象的存储类型默认时，指针变量为一般指针类型。一般指针占用 3 字节，第一个字节存放指针的存储类型编码，第二、三个字节分别存放指针的高位和低位的地址。存储类型编码见表 6.4。

表 6.4　一般指针的存储类型编码表

存储类型	data/bdata/idata	xdata	pdata	code
编码	0x00	0x01	0xfe	0xff

例如：

char * xdata pi

指针 pi 本身存于 xdata 空间，它指向 char 型数据，任何区域的对象都可以赋值给它，第一字节为 0x01，其余字节为地址。

由于指针变量的指向对象没有确定存储位置，因此在编译时不能确定对象的存储位置，只能在程序运行时才能确定，故程序运行速度比较慢。但由于一般指针可以存储任何变量而不必考虑变量在单片机的存储位置，因此在单片机编程时绝大多数的指针都可采用一般指针形式。

（2）基于存储器的指针类型

当指向对象的存储器类型默认时，指针变量为基于存储器的指针类型。由于不必为指针选择存储器，指针的长度可以为 1 字节（idata，data，pdata）或 2 字节（code，xdata）。例如：

char data * xdata pi;

指针 pi 本身存于 xdata 空间，它指向 char 型数据，且只能将 data 区域的对象赋值给 pi，pi 只占用 1 字节。

char xdata * pi;

指针 pi 本身存于任意空间，它指向 char 型数据，但只能将 xdata 区域的对象赋值给它，pi 占用 2 字节。

明确定义指针对象的存储类型可以高效访问对象，还能节省存储器的开销，这在严格要求程序体积的项目中很有用处，但只能将符合定义条件的变量赋值给它，兼容性较差，初学者要慎用。

3．指针的应用

指针变量中只能存放指针型数据（地址），不能将非指针型数据赋值给一个指针变量。如果有一个变量 a，则可以利用&a 表示变量 a 的地址。如果执行 P=&a; 语句，则表示将 a 的地址赋给了指针变量 P，即 P 指向了变量 a。为了获取指针所指向的内容，可利用指针运算符"*"来实现。例如：

```
char data *P;          /*定义指针变量 P 为 char 类型,且指向 data 存储器*/
P=&a;                  /*将 a 的地址赋给指针变量 P,a 的地址为内部 RAM 区*/
X=*P;                  /*将 a 的地址的内容送给 X*/
```

6.5.3　结构体

结构体是 C 语言的特点之一，它可将 char、int、float 等简单数据类型按层次产生各种构造数据类型。这些组合在一起的数据是互相关联的，这种按固定模式聚集在一起而构成的数据就是结构体。例如：

```
#include <reg51.h>
struct
{
    float amplitude;
    int frequency;
    int offset;
}waveform; /*结构体定义*/
```

```
main()
{
    int a[sizeof(waveform)];
    unsigned char *ptr=&waveform;
    unsigned char i;
    waveform.amplitude=1; /*结构体赋值*/
    waveform.frequency=2; /*结构体赋值*/
    waveform.offset=3; /*结构体赋值*/
    for(i=0;i<sizeof(waveform);i++)
    a[i]=*(ptr+i); /*将结构体的值分别存储到数组 a 中*/
}
```

显然，结构体数据利用指针和数组就可以将数据读出来，当然也可以将这些数据保存到对应的存储区中。

结构体的定义和使用主要有以下几点：

① 将有共同属性的一组变量放在一个结构体里，既可方便理解和规范编程，也有利于程序的移植和维护；

② 用结构体可以分配一个连续内存，方便与指针结合起来使用；

③ 同一结构体中不同分量不能同名。

6.5.4 枚举

枚举是一个被命名的整型常数的集合，枚举在日常生活中很常见。例如，表示星期的 SUNDAY、MONDAY、TUESDAY、WEDNESDAY、THURSDAY、FRIDAY、SATURDAY，就是一个典型的枚举类型。枚举的说明与结构体相似，其形式为：

```
enum 枚举名{
标识符[=整型常数],
标识符[=整型常数],
标识符[=整型常数],
}枚举变量;
```

如果枚举没有初始化，即"=整型常数"部分默认，则从第一个标识符开始，顺次赋给标识符 0、1、2，但当枚举中的某个成员赋值后，其后的成员按依次加 1 的规则确定其值。例如：

```
enum string
{x1,x2,x3=50,x4};
```

则 x1=0，x2=1，x3=50，x4=51。

注意：

① 枚举中每个成员间用逗号隔离，不是分号，且最后一个逗号可省略；

② 初始化时可以赋负数，以后的标识符仍依次加 1；

③ 枚举变量只能取枚举说明结构中的某个标识符常量。

6.6　C51 函数

C51 和标准 C 语言一样，也是由很多模块化函数构成的。一般功能较多的程序会在编程时把每项单独的功能分成数个子程序模块来实现，每个子程序都能用函数调用来实现。因此，一些常用的函数常做成函数库以供编程时直接调用，从而提高编程工作的效率。当然，main( )也是一个函数，只不过比较特殊，编译时以它作为程序的开始段。

C51 函数分为两大类，一类是库函数，另一类是用户自定义函数。库函数是 C51 在库文件中已定义的函数，其函数说明在相关的头文件中。对于这类函数，用户在编程时，只要用#include 预处理指令将头文件包含在用户文件中，就可直接调用。用户自定义函数是用户自己定义和调用的一类函数。

一个函数在程序中可以有 3 种形态：函数定义、函数调用和函数说明。函数定义和函数调用不分先后，但若调用的函数在定义之前，则在调用前必须先进行函数说明。函数说明是一个没有函数体的函数定义，而函数调用则要求有函数名和实际参数表。

例如：

```
#include <reg51.h>//使用 include 预处理指令将所需库函数包含进来
unsigned int z;//变量定义
int max(x,y);//函数说明
unsigned int a=2;
unsigned int b=3;
main()
{
        while(1)
        {
                z=max(a,b);//函数调用
        }
}
int max(x,y) //函数定义
{
        if(x>y)
                return x;
        else
                return y;
}
```

6.6.1 C51 函数定义

虽然 C 语言的编译器会自带标准的常用函数库，这些函数在使用时无须定义（但要说明）就可以直接调用，但是标准的函数不足以满足使用者的特殊要求，因此，C51 允许使用者根据自身需要编写特定功能的函数。函数定义的形式如下：

```
函数返回值类型  函数名(形式参数)
 {
函数体
 }
```

函数返回值其实就是一个变量，只要按变量类型来定义函数类型就行。函数返回值的类型一定要和函数类型一致，否则会造成错误。如果函数不需要返回值，应用关键字"void"明确表示。

函数名的定义在遵循 C 语言变量命名规则的同时，不能在同一程序中定义同名的函数。

形式参数是指调用函数时要传入函数体内参与运算的变量，它可以有多个或没有，没有形式参数时括号内为空，但括号不能少。

函数体中包含局部变量的定义和程序语句，若函数要返回运算值，则要使用 return 语句进行返回。

在函数体{}中可以没有任何语句的函数，称为空函数。在一个程序项目中，通常编写一些空函数，在以后的修改和升级中能方便地利用这些空函数来进行功能扩展。

例如：

```
int max(x,y) //函数定义
    {
    if(x>y)
        return x;
    else
        return y;
    }
```

该函数的名称为 max，函数返回值类型为 int，x 和 y 是函数的形式参数。

6.6.2　C51 函数调用

函数定义好以后，要被其他函数调用了才能被执行。C 语言函数是能相互调用的，但在调用函数前，必须对函数的类型进行说明，就算是标准库函数也不例外。函数调用是指一个函数体中引用另一个已定义的函数来实现所需要的功能，函数体称为主调用函数，函数体中所引用的函数称为被调用函数。一个函数体中能调用数个其他函数，这些被调用的函数同样也能调用其他函数，甚至嵌套调用。调用函数的一般形式如下：

函数名 (实际参数表);

函数名就是被调用的函数名。若被调用函数有参数，则主调函数必须把被调函数所需的参数传递给被调函数的参数，即实际参数。实际参数向形式参数的传递是单向的，且实际参数的类型、位置应与形式参数一一对应，否则就会产生错误。

```
main()
    {
    while(1)
        {
        z=max(a,b);//函数调用
        }
    }
```

max 函数调用时，a 和 b 为实际参数，其实际参数和形式参数的对应关系为：a=>x，b=>y。

6.6.3　混合编程简介

编译器能对 C51 源程序进行高效率的编译，并生成高效简洁的代码，在绝大多数场合采用 C51 编程即可完成预期的目的。但有时为了编程直观或处理某些特殊地址，还须采用汇编语言编程。而在另一些场合，出于某种目的，汇编语言程序也可调用 C51 程序。在这种混合编程中，首先要了解 C51 函数名和汇编函数名之间的转换规律，其次要明白函数间参数的传递原则，否则函数调用过程中就可能出错。

1. C51 函数名的转换

在 Keil C51 中，编译器对 C51 程序中的函数会自动进行转换，转换规则见表 6.5。

表 6.5　混合编程函数转换规则

C51 函数名称	转换后的函数名称	说　明
void func1(void)	func1	无参数传递的函数
void func2(int)	_func2	通过寄存器传递参数的函数
void func3(char)reentrant	_?func3	可重入函数，固定存储位置传递参数的函数

2. C51 函数名和段属性的命名规则

利用函数调用进行混合编程时，需对 Keil 编译器的编译过程做些了解。Keil 编译器的编译过程是：首先将项目中的源文件编译为目标代码（.obj 文件），然在通过连接器产生最终可执行的.hex 文件。其中，目标代码将其中的代码、数据、常量放在不同的"段"中，保存程序的段称为"代码段"，保存数据的段称为"数据段"，目标代码经过连接器按照"段"的要求转换为程序和数据地址固定的可执行文件。"段"按定位属性分为"可重定位段"和"绝对段"。

可重定位段：程序和数据在其分别所对应的存储单元（闪存和 RAM）中的存储地址是浮动的、可重定义的、相对可变的。

绝对段：其地址在连接前就已确定不变，连接器据此为它分配地址。

段的命名格式随存储器模式的不同而有所变化，其命名规则见表 6.6。

表 6.6　段命名规则

段内容	段类型	段名
程序代码	CODE	?PR?函数名?模块名
变量	DATA	?DT?函数名?模块名（SMALL 模式）
	PDATA	?PD?函数名?模块名（COMPACT 模式）
	XDATA	?XD?函数名?模块名（LARGE 模式）
BIT 型变量	BIT	?BI?函数名?模块名

3. C51 函数参数传递和返回

在 C51 函数和汇编函数相互调用时，经常要进行参数传递，常用的参数传递方式有寄存器传递和固定存储器位置传递两种方式。

寄存器参数传递：指参数通过工作寄存器 R1～R7 来传递，这种形式可产生高效的代码。利用 80C51 单片机的工作寄存器最多可传递 3 个参数，具体见表 6.7。

表 6.7　寄存器参数传递对应的寄存器

传递参数	char、1 字节指针	int、2 字节指针	long、float	一般指针
参数 1	R7	R6、R7	R4～R7	R1、R2、R3
参数 2	R5	R4、R5	R4～R7	R1、R2、R3
参数 3	R3	R2、R3	无	R1、R2、R3

固定存储位置参数传递：当无寄存器可用或采用了编译控制指令"NOREGPARMS"时，参数的传递将发生在固定的存储器区域，该存储器区域称为参数传递段，其地址空间取决于编译时所选择的存储器模式。在 SMALL 模式下，参数传递在内部 RAM 中完成；在 COMPACT 和 LARGE 模式下，参数传递在外部 RAM 中完成。

例如：

Fun1(int a) // a 是第一个参数，在 R6、R7 中传递

Fun2(int b,int c,int *d) // b 在 R6、R7 中传递，c 在 R4、R5 中传递，*d 则在 R1、R2、R3 中传递

采用混合编程，有时还要进行参数返回，在函数或子程序返回时，返回值依据返回数据的类型不同有较大的差别，具体规则见表 6.8。

表 6.8　混合编程返回值规则

返回类型	所用寄存器	返回类型	所用寄存器
bit	累加器 C	char，1 字节指针	R7
long	R4～R7	int，2 字节指针	R6、R7
float	R4～R7	一般指针	R1～R3

6.6.4　混合编程形式

混合编程主要有 C51 内嵌汇编代码和 C51 调用汇编函数两种形式。

1．C51 内嵌汇编代码

Keil 是应用非常普遍的编译软件，下面以实际操作为例进行说明。要实现在 C51 函数中直接嵌入汇编代码，需要注意以下几个方面。

① 将要嵌入的汇编代码以如下方式加入：

```
#pragma ASM
;Assembler Code Here
#pragma ENDASM
```

② 在 Project 窗口中右击包含汇编代码的 C 文件，选择"Options for…"选项，然后单击"Generate Assembler SRC File"和"Assemble SRC File"选项，使选择框由灰色变成黑色。

③ 根据选择的编译模式，把 Keil\C51\Lib\ 路径下相应的库文件加入工程中，若未添加此库文件，则会提示"UNRESOLVED EXTERNAL SYMBOL"警告。具体库文件和编译模式的选择见表 6.9。

表 6.9　库文件和编译模式的选择

库文件	编译模式
C51S.LIB	没有浮点运算的 SMALL 模式
C51C.LIB	没有浮点运算的 COMPACT 模式
C51L.LIB	没有浮点运算的 LARGE 模式
C51FPS.LIB	带浮点运算的 SMALL 模式
C51FPC.LIB	带浮点运算的 COMPACT 模式
C51FPL.LIB	带浮点运算的 LARGE 模式

通过以上三步设置，即可编译生成目标代码。例如：

```
# include <reg51.h>
void main(void)
{
P2=1;
#pragma asm
      MOV   R7,#10
DEL:  MOV   R6,#20
      DJNZ  R6,$
      DJNZ  R7,DEL
#pragma endasm
P2=0;
}
```

注意：

① 在汇编语言中可以加标签以执行跳转指令，但标签不要与编译器产生的其他标签相同；

② 在遵循了 C51 参数的调用规则后，当要传递 char 型参数时，编译器会将其编译成通过 R7 传递，此时若在汇编语言中直接调用 R7，则会出现定义的变量（形式参数）未调用警告。

2．C51 调用汇编函数

采用 C51 调用汇编函数时，被调用的汇编函数的名字、段名、参数读取方式和返回值的设置都要按照相应的规则进行，否则将无法完成调用。同时，注意以下 3 个方面的设置：

① 在 C 程序中用 extern 语句声明即将调用的汇编函数；

② 在汇编函数中用 PUBLIC 语句将被调用的汇编函数声明为公共函数；

③ 段属性的说明。

6.6.5　C51 库函数

C51 的强大功能及其高效率的重要体现之一在于其丰富的可直接调用的库函数，多使用库函数能使程序代码简单、结构清晰，并易于调试和维护。标准库函数按功能不同写在各种头文件中，常用的头文件见表 6.10。使用时，只要在程序最前面用#include 预处理指令予以说明相应的头文件即可。比如，printf 函数就放在 stdio.h 头文件中，如果在程序中要使用 printf 函数，则在程序开始时一定要添加#include <stdio.h>语句。

表 6.10　C51 常用头文件

头文件名	说　　明	头文件名	说　　明
reg51.h	MCS-51 单片机的特殊功能寄存器	math.h	数学程序
reg52.h	MCS-52 单片机的特殊功能寄存器	absacc.h	允许直接访问 80C51 不同存储区的宏定义
stdio.h	标准输入和输出程序	string.h	字符串操作程序、缓冲区操作程序

6.7　C51 中断编程实例

80C51 单片机有外部中断 0 和 1、定时/计数器 T0 和 T1 中断、串行口中断这 5 个中断源。为了了解每个中断源的状态并实现对其控制，C51 为中断系统设置了若干个特殊功能寄存器（SFR），绝大部分 SFR 都可以实现位控制。

中断函数编程的完整形式如下：

　　　void 函数名(参数)[编译模式] [重入] [interrupt n] [using m]

编译模式为 SMALL、COMPACT 或 LARGE，用来指定参数和变量的存储空间。

重入：用于定义可重入函数。

interrupt n：用于定义中断函数，其中 interrupt 是关键字，n 为中断号，取值范围为 0～31。

using m：用于确定中断服务函数所使用的工作寄存器组，其中 using 是关键字，m 的取值范围为 0～3，用以选择单片机使用的工作寄存器组，如果不用 using 指定，则默认使用工作寄存器 0 组。

中断函数是 C51 的应用特色，在实际中经常使用。在编写 C51 中断函数时，需要注意如下问题：

① 中断函数没有返回值，因此它必须是一个 void 类型的函数；

② 中断函数不允许利用形式参数进行数据传递，只能利用寄存器实现；

③ 不允许直接调用中断函数；

④ 中断函数对压栈和出栈的处理由编译器完成，无须人工管理；

⑤ using m 的使用，必须确保工作寄存器组的正确切换；

⑥ 进入中断函数时，SFR 中的 A、B、DPH、DPL 和 PSW 都需要入栈；

⑦ 中断函数退出前，所有的寄存器内容要出栈；

⑧ 中断函数由 80C51 的特定中断返回指令"RETI"终止。

【例 6.2】设单片机的晶振频率为 12MHz，要求在 P0.3 引脚上输出周期为 2ms 的方波。

解　周期为 2ms 的方波要求定时的间隔为 1ms，定时时间到，则 P0.3 取反。定时器计数频率=晶振频率/12=1MHz，计数周期=1/计数频率=1μs。1ms=1000μs，故计数器要计数 1000 次。考虑到计数器工作时是向上计数的，因此必须给定时器赋初值为 65536-1000。用定时器 T0 的方式 1 编程，采用中断方式。

```
# include <reg51.h>
sbit LED=P0^3;
void time0(void) interrupt 1 using 1 /*定义 T/C 中断函数*/
```

```
    {   LED＝! LED;    /* P0.3 取反* /
        TH0＝((65536-1000)/256); /*装载计数初值*/
        TL0＝((65536-1000)%256);
    }
    void main(void)
    {
        TMOD=0x01;    /*设置定时器 T0 的工作方式 1*/
        TH0＝((65536-1000) / 256); /*装载计数初值*/
        TL0＝((65536-1000)%256);
        EA=1; /*开启总中断*/
        ET0=1;/*开启中断*/
        TR0=1;/*启动定时*/
        while (1);  / *死循环等待中断* /
    }
```

6.8　C51 实例

6.8.1　C51 仿真实例

下面以例 6.3 为载体讲述 Keil C51 仿真的具体过程。

【例 6.3】设单片机的晶振频率为12MHz，要求采用延时的方式在 P0.3 引脚上输出周期为 1s 的方波。

（1）参照 1.5 节的步骤，建立 Keil 项目工程，生成可执行的二进制代码。

参考程序源代码：

```
    # include <reg51.h>
    sbit LED=P0^3;
    void delay(t)
        {   int i,j;
            for(i=0;i<t;i++)
            for(j=0;j<100;j++);
        }

    void main(void)
        {
            while (1)
                {
                delay(200);
                LED=!LED;
                }
        }
```

（2）利用 Proteus 8 Professional 建立硬件仿真电路，运行得到仿真结果，如图 6.9 所示。

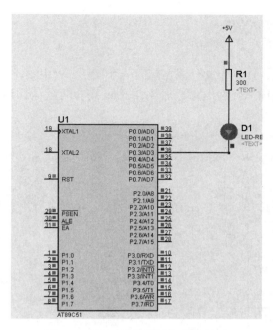

图 6.9 例 6.3 硬件电路仿真效果图

6.8.2 混合编程实例

本实例采用 C51 调用汇编函数的形式，C51 程序存放在 main.c 文件中，被调用的汇编函数存放在 delay.a51 文件中。被调用的汇编函数名称为 DELAY100，这是一个带参数的延时程序，参数是 char 型，因此通过 R7 传递。

（1）在 Keil µVision5 中建立一个项目工程，项目名称为 sw。

（2）建立带参数汇编程序 delay.a51。

```
/*********************delay.a51***************************/
?PR?DELAY100 SEGMENT CODE;      //在程序存储区中定义段
PUBLIC _DELAY100;              //声明函数(带参数传递,故函数形式为_DELAY100)
RSEG ?PR?DELAY100;             //函数可被连接器置在任何地方
_DELAY100:    MOV   R3,#200
DE2:          MOV   R4,#126
DE3:          DJNZ  R4,DE3
              DJNZ  R3,DE2
              DJNZ  R7,_DELAY100
              RET
              END
```

（3）建立 C51 程序文件 main.c。

```
/*********************main.c***************************/
#include <reg51.h>
extern void delay100();
extern    DELAY100(a); //声明外部函数,以便在 C51 中直接调用
unsigned char a=20;
sbit LED=P0^3;
void main()
    {
        while(1)
            {  LED=~LED;
```

```
                    DELAY100(a);
                }
        }
```

（4）将 main.c、delay.a51 两个文件添加到同一个项目工程中编译，生成 sw.hex 可执行代码。

（5）利用 Proteus8.1 构建硬件电路，加载 sw.hex 可执行代码，运行即可得到仿真效果图，如图 6.10 所示。

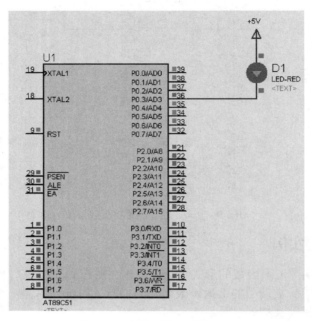

图 6.10　硬件电路仿真效果图

思考题与习题

6.1　C51 支持的数据结构和存储器类型有哪些？

6.2　设 x＝4，y＝8，说明下列各题运算后 x、y、z 的值分别是多少？

（1）z＝(++x)*(--y)；　　　　　　（2）z＝(++x)+(y--)

（3）z＝(x++)*(--y)；　　　　　　（4）z＝(x++)+(y--)

6.3　C51 中断函数是如何定义的？各个选项有何意义？

6.4　C51 程序的参数传递有哪些方式？特点是什么？

6.5　一般指针与基于存储器的指针有何区别？

6.6　设 a=3，b=4，c=5，写出下列关系表达式或逻辑表达式的结果。

（1）a+b>c && b==c　　　　　　（2）a||b+c&&b-c

（3）!(a>b) && !c|| 1　　　　　　（4）!(a+b)+c-1&&b+c/2

6.7　用分支结构编程实现：输入"1"时显示"a"，输入"2"时显示"b"，输入"3"时显示"c"，输入"4"时显示"d"，输入"5"时结束。

6.8　输入 3 个无符号数据，要求按由大到小的顺序输出。

6.9　用循环结构编程实现输出 1～10 的平方和。

6.10　用单片机内部定时/计数器来产生矩形波，设单片机的晶振频率为12MHz，要求在P1.0 引脚上输出频率为 1kHz 的矩形波，试编程实现。

6.11　设 f_{osc}=12MHz，用延时程序在 P0 口上输出频率为 1Hz 的流水灯，试编程实现，并给出 Proteus 硬件仿真结果。

第7章 80C51单片机的中断系统及定时/计数器

中断系统是微处理器的重要功能部件。有了中断系统,便可以使微处理器具备对外部的异步事件进行处理的能力。当微处理器的 CPU 正在执行程序的过程中,如果外部硬件或内部组件有紧急的请求(如通信、断电、发生重大故障等),中断系统就可以将当前的程序暂停,优先处理这些中断请求。这种处理方式对整个系统的稳定性、健壮性至关重要,同时也能大大提高微处理器的效率,使得系统的应用更加灵活。

定时、计数是控制系统中的两项重要功能。在实际的控制系统中,经常需要对某些信号进行定时扫描和定时监测,或者需要定时输出某些控制信号。80C51 单片机中的定时/计数器就可以实现这两项功能,且实现的方式常常又是中断方式,因此我们把中断系统和定时/计数器放在一章介绍。

7.1 中断概述

1. 中断的概念

中断是指单片机在执行程序的过程中,当出现异常情况或特殊请求时,单片机停止当前程序的运行,转向对这些异常情况或特殊请求进行处理,当处理结束后,再返回原程序的间断处继续执行原程序,这一现象称为中断。

中断是单片机实时处理内部或外部事件的一种内部机制。

中断执行过程示意图可由图 7.1 表示。图中,原来正常执行的程序称为主程序;用来处理突发事件或故障的程序称为中断服务子程序;导致中断产生的原因称为中断源;主程序被中断源打断,转去执行中断服务子程序的位置称为断点。

中断是现实世界的一种反映,例如,某人正在看书,另外一个人叫他,此时他放下书,去和另外一个人谈话,等谈话完毕后再回来看书,这个过程就可以看成是一个中断处理过程:执行主程序(看书)——中断(呼叫,谈话)——中断返回(继续看书)。

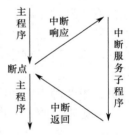

图 7.1 中断执行过程图

2. 中断的作用

中断不只是 80C51 单片机所特有的,目前基本上所有的微处理器均具备完善的中断系统。合理地使用中断系统,可以极大地提高单片机的工作效率和实时性。其主要作用体现在以下两个方面。

(1)对外部信号的实时处理

在基于单片机的应用系统中,单片机作为整个系统的控制和处理中心,它和外设的信息交换非常频繁,这种信息交换一般采用两种方式,一种是查询方式,另一种为中断方式。例如,当拨动一个开关,一个 LED 熄灭,如果采用查询方式,单片机就必须时时刻刻查询开关的状态,而不能执行其他任务,这将大大降低单片机的执行效率。如果采用中断方式,单片机就可以执行其他任务,当开关状态改变、产生一个中断时,才转去中断服务子程序把 LED 熄灭。这种中断方式,可以满足大部分的实时控制场合。

（2）故障处理

在单片机系统运行过程中，会有很多无法预测的故障或错误产生，如掉电、计算溢出等。当产生掉电故障时，单片机会立即执行相应的中断处理，保护重要的系统参数，以便后续的系统恢复。当发生错误时，也会有相应的中断处理子程序运行，自动修改算法参数并发出警告。这些都采用的是中断方式。

3．中断源的分类

在实际系统中，中断源的种类繁多，不同微处理器也有不同的中断源，从中断执行的角度来看，可以分成两类。

（1）微处理器预先考虑的中断

这类中断是我们常见的一类中断，几乎所有的微处理器都预先定义了这类中断。如除数为零中断、溢出中断、掉电中断、集成的接口电路中断。此类中断发生后，硬件可以快速找到相应的中断服务子程序去执行相应的处理。不同的微处理器对这类中断的选择是不一样的。

（2）微处理器没有预先考虑而需要扩展的中断

这类中断通常与具体的实际应用有关，微处理器不可能在设计之初时就将所有可能的中断都考虑进去。同时，微处理器的中断资源也是有限的，当中断资源不够用时，就需要扩展不同的中断。如：某系统同时需要外部定时器中断和键盘中断，这些中断由外设向微处理器发出中断请求，这时就需要通过扩展电路来实现。

7.2 中断处理过程

1．简单中断的处理过程

当有中断产生时，微处理器在执行完当前指令后，如果允许响应中断的条件满足，微处理器就会转向中断服务子程序，中断系统会自动保存断点，当执行完中断服务子程序后，再返回断点处继续执行原程序。为了更好地了解中断执行过程，我们把中断的处理过程分成以下几个步骤。

（1）中断源识别和中断入口地址查找

当微处理器收到中断请求并允许响应时，首先要做的就是识别中断源，判断是哪个中断源发出的中断请求，然后根据中断源找到相应的中断入口地址。如何找到中断入口地址，不同的微处理器有不同的处理方法，如在 80X86 系列微处理器中，中断源的识别和中断入口地址查找是按中断源的类别分别处理的，过程较为复杂，但 80C51 单片机的这个过程被大大简化了，80C51 单片机只有 5 个中断源，这 5 个中断源的中断程序入口地址是固定的。

（2）断点保护

在找到中断程序的入口地址后，微处理器就会暂停主程序的执行，转去执行中断服务子程序。为了在执行完中断服务子程序后能够返回原程序处继续执行，需要记忆断点的位置。断点就是中断返回后将要执行的指令的地址，保护断点就是保护断点地址。中断发生时，CPU 自动把这个地址值压入堆栈，当执行完中断服务子程序后，通过 RETI 指令，再把这个地址值从堆栈中弹出送给 CPU，从而实现中断返回。

（3）执行中断服务子程序

中断服务子程序是中断的主体，其具体内容由用户编程决定。不同的中断在不同的应用场合下，中断服务子程序的内容不同。

中断发生后，主程序执行时产生的很多计算的中间结果都是使用内部寄存器来保存的，主程序和中断服务子程序很可能会用到同一个寄存器，比如最常用到的累加器 ACC，在转去执行中断服务子程序时，ACC 中的值为 38H，而在中断服务子程序中，在中断返回时，累加器 ACC 中的值为 56H，那么返回主程序后，就会导致主程序运行出错。因此在中断服务子程序的开始，需要把这些公用寄存器的内容进行保护，这就是保护现场。保护现场和保护断点十分类似，所不同的是，保护断点是硬件自动完成的，而保护现场则需要用户编程来实现。其中，保护现场除利用堆栈来进行保护外，还有一种比较有效的方法就是切换工作寄存器组。我们已经知道 80C51 单片机有 4 个工作寄存器组，当中断发生后，在执行中断服务子程序之前，可以先切换到与主程序不同的工作寄存器组，在执行完中断服务子程序后，再切换回主程序使用的工作寄存器组。

（4）中断返回

执行完中断服务子程序后，返回断点处继续执行主程序。在 80C51 单片机中，就是执行 RETI 指令，这时，前面保护的断点就会从堆栈中弹出，送入程序计数器（PC）中，继续主程序的执行。

2. 复杂中断的处理过程

在实际的应用系统中，往往有多个中断源同时向微处理器申请中断，也有可能中断产生时，微处理器正在执行的就是某个其他中断服务子程序。那么，这些情况下 CPU 该如何处理呢？

（1）中断优先级

当多个中断源同时提出中断请求时，微处理器先处理哪个中断请求？为此提出了中断优先级的概念，给每个中断源赋予不同的优先级，在同一时刻，有多个中断请求时，中断系统按照中断源优先级的高低逐次响应，即优先级高的中断优先处理，处理完毕后，再处理优先级低的中断。

（2）中断嵌套

如果微处理器正在处理一个中断，这时又有一个中断产生了，那么，微处理器是否响应新的中断？这时有两种处理方法。

一种方法是微处理器不响应新的中断，这种中断管理机制比较简单。在中断在执行过程中，不响应其他任何新的中断请求。这种方法可以保证中断处理的及时性。但是这种机制有时会导致比较严重的后果，比如一些重要的中断（如断电）得不到及时处理，造成硬件损坏。

另一种处理方法是微处理器响应新的中断，这时就会出现中断嵌套。如图 7.2 所示，主程序先被一个中断打断，转去执行中断服务子程序 1，在中断服务子程序 1 执行的过程中，又产生了一个新的中断，然后当前中断被新的中断给打断，转去执行中断服务子程序 2。执行完中断服务子程序 2 后，返回继续执行中断服务子程序 1，中断服务子程序 1 执行完后，再返回主程序。

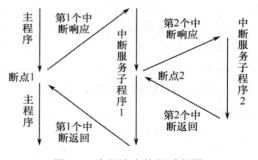

图 7.2　中断嵌套执行过程图

中断嵌套提高了微处理器的处理能力，理论上，中断嵌套的层数可以很多，但是嵌套层数太多，由于每次嵌套都需要保护断点与现场，从而导致堆栈生长得太大，这对资源有限的单片机会造成较大的负担；另外，也会导致最早响应的中断服务子程序可能要等待很久，才能执行完本身的中断任务，这明显降低了中断处理的及时性。因此在微机系统中，允许嵌套层数最好要根据系统的实时性和资源来综合考虑。在 80C51 单片机中，允许的最大嵌套层数为 2。

7.3 80C51 单片机的中断系统及其控制

1. 80C51 单片机的中断系统结构及中断源

在 80C51 单片机中，共有 5 个中断源，即外部中断 0 和外部中断 1、定时/计数器 T0 中断和定时/计数器 T1 中断、串行口中断（RX、TX）。其中断系统结构如图 7.3 所示。

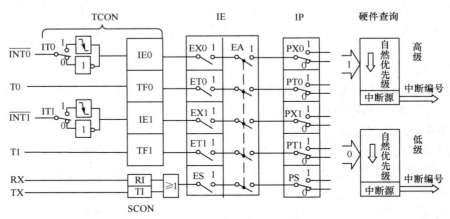

图 7.3　80C51 中断系统结构

从图 7.3 可以看出，80C51 单片机的中断系统是由相应的寄存器所控制的，并不是一有中断，80C51 单片机就会响应这个中断请求。

图 7.3 从左往右看，可以发现外部中断 0 和外部中断 1 比较特殊，控制位 IT0 和 IT1 控制外部中断的触发方式，当这两个控制位取 1 时，表示是下降沿触发方式，为 0 时，是低电平触发方式。每个中断源都有相应的中断请求标志位（IE0、TF0、IE1、TF1、RI、TI）与其对应，其中串行通信的发送和接收分别对应有两个中断请求标志位（TI 和 RI），但是它们公用一个中断号，即 CPU 识别为一个中断源，具体区分二者需要用软件查询这两个中断标志位。再往右看，可以发现每个中断源都有相应的中断子开关（EX0、ET0、EX1、ET1、ES），只有这个控制位为 1 时，对应的开关才闭合，除子开关外，还有一个总开关 EA（全局中断使能控制位），当 EA=0，不管有无中断，也不管前面的子开关是否闭合，都不可能产生中断，只有相应的子开关和总开关都闭合时，才有可能产生中断。优先权选择开关（PX0、PT0、PX1、PT1、PS）用于确定每个中断源的优先级。从图 7.3 可以看出，我们操作 80C51 单片机的中断系统，实际上也就是操作 80C51 单片机内部的特殊功能寄存器。因此，下面详细介绍 80C51 单片机与中断系统相关的特殊功能寄存器。

2. 中断请求标志

80C51 单片机共有 6 个中断请求标志位，分布在 TCON 和 SCON 寄存器中。其中，外部中断和定时/计数器中断由 TCON 控制，串行口中断则由 SCON 来控制。单片机复位后，所有的中断请求标志位清 0，表示没有中断请求；为 1 时，表示有相应的中断请求。

（1）TCON 中的中断标志

TCON 的地址是 88H，可按位寻址，格式如下：

位地址	8FH	8EH	8DH	8CH	8BH	8AH	89H	88H
位名称	TF1	TR1	TF0	TR0	IE1	IT1	IE0	IT0

TF1：定时/计数器 T1 中断请求标志位。当计数器计数溢出时，在中断被响应后，转向相应

的中断服务子程序，由硬件自动置 TF1=0，在查询方式下由软件清 0。

TF0：定时/计数器 T0 中断请求标志位，操作与 TF1 相同。

IE1：外部中断 1 中断请求标志位。在外部中断设为下降沿触发时，$\overline{INT1}$ 引脚的下降沿置该位为 1，中断被响应后，该位由硬件自动清 0；在外部中断设为低电平触发时，当 $\overline{INT1}$ 为低电平（0）时，IE1 置 1，此时，撤销中断的办法只有把外部输入的低电平变为高电平。

IT1：外部中断 1 触发方式选择位。当 IT1=1，$\overline{INT1}$ 引脚为下降沿触发方式；IT1=0，$\overline{INT1}$ 引脚为低电平触发方式。有些单片机如 STC 系列单片机，可以设置外部中断的触发方式为上升沿、下降沿均能有效触发。

IE0：外部中断 0 中断请求标志位。操作与 IE1 相同。

IT0：外部中断 0 触发方式选择位。功能与 IT1 相同。

（2）SCON 中的中断标志

SCON 的地址是 98H，可按位寻址，具体格式如下：

位地址	9FH	9EH	9DH	9CH	9BH	9AH	99H	98H
位名称	—	—	—	—	—	—	TI	RI

TI：串行口发送数据中断请求标志位。

RI：串行口接收数据中断请求标志位。

图 7.3 中，TI 和 RI 两个中断申请标志位通过或门后输出，只要有一个为 1，就可以向 CPU 申请中断，其中断入口地址是相同的，被认为是一个中断源。因此当发生串行口中断时，我们并不能马上判断是发送引起的中断，还是接收引起的中断，这时必须通过软件查询两个标志位哪个为 1，来确定是发送还是接收中断，然后用软件清除相应的中断请求标志位。

3．中断允许控制

从图 7.3 可以看出，每个中断源都有一个独立的中断子开关，之后还有一个全局的中断总开关。这些开关分别由各个中断源的中断使能控制位和全局中断使能控制位来控制。只有这些中断使能控制位为 1 时，相应的子开关和总开关才会闭合，相应的中断请求才能传送到 CPU。这些中断使能控制位分布在特殊功能寄存器 IE 中。

IE 的地址为 A8H，可按位寻址，具体格式如下：

位地址	AFH	AEH	ADH	ACH	ABH	AAH	A9H	A8H
位名称	EA	—	—	ES	ET1	EX1	ET0	EX0

EA：全局中断使能控制位。EA=1，单片机允许各个中断，此时还需要由其他中断使能位来确定各个中断的允许或禁止；EA=0，单片机禁止所有中断，不响应任何中断请求。

ES：串行口中断使能控制位。ES=1，允许响应串行口发送中断和接收中断；ES=0，禁止响应串行口发送中断和接收中断。

ET1：定时/计数器 T1 中断使能控制位。ET1=1，允许响应定时/计数器 T1 中断；ET1=0，禁止响应定时/计数器 T1 中断。

EX1：外部中断 1 使能控制位。EX1=1，允许响应外部中断 1；EX1=0，禁止响应外部中断 1。

ET0：定时/计数器 T0 中断使能控制位。功能与 ET1 相同。

EX0：外部中断 0 使能控制位。功能与 EX1 相同。

4．中断优先权管理和中断嵌套原则

80C51 单片机支持两级中断优先级，允许用户设置每个中断源为高级或低级中断。由中断优先级标志位来设置。对应位为 1，则设置为高优先级中断；为 0，则设置为低优先级中断。这些设置位分布在特殊功能寄存器 IP 中。

其中断裁决的原则是：高级中断和低级中断同时申请中断时，优先响应高级中断；当同级有多个中断同时发生时，则有中断优先权排队问题，这时由中断系统硬件确定的自然优先级顺序来处理，参见表 7.1。

80C51 单片机的中断嵌套原则是：高级中断可以打断低级中断，低级中断不能打断高级中断，同级中断不能打断同级中断。

IP 的地址是 B8H，可按位寻址，具体格式如下：

表 7.1　80C51 单片机中断自然优先级和入口地址

中断源	中断服务子程序入口地址	中断标志	自然优先级顺序
外部中断 0	0003H	IE0	高
定时/计数器 T0 中断	000BH	TF0	↓
外部中断 1	0013H	IE1	
定时/计数器 T1 中断	001BH	TF1	低
串行口中断	0023H	RI 或 TI	

位地址	BFH	BEH	BDH	BCH	BBH	BAH	B9H	B8H
位名称	—	—	—	PS	PT1	PX1	PT0	PX0

PS：串行口中断优先级设置位。PS=1，串行口中断设为高级中断；PS=0，串行口中断设为低级中断。

PT1：定时/计数器 T1 中断优先级设置位。PT1=1，定时/计数器 T1 中断设为高级中断；PT1=0，定时/计数器 T1 中断设为低级中断。

PX1：外部中断 1 优先级设置位。PX1=1，外部中断 1 设为高级中断；PX1=0，外部中断 1 设为低级中断。

PT0：定时/计数器 T0 中断优先级设置位。PT0=1，定时/计数器 T0 中断设为高级中断；PT0=0，定时/计数器 T0 中断设为低级中断。

PX0：外部中断 0 优先级设置位。PX0=1，外部中断 0 设为高级中断；PX0=0，外部中断 0 设为低级中断。

5．中断响应的条件

当中断源发出中断请求信号时，单片机并不总能对该中断进行响应。一般来说，单片机能响应中断应注意以下几个方面。

① 全局中断使能控制位 EA=1。

② 某个中断源对应的中断使能控制位有效，即设置相应的中断允许子开关（EX0，ET0，EX1，ET1，ES）为 1。

③ 如果程序正在执行读/写寄存器 IE 和 IP 指令，则执行完该指令后，需要再执行一条其他指令才可以响应中断。

④ 如果程序正在执行返回指令，则执行完该指令后，需要再执行一条其他指令才可以响应中断，这个特性常用来实现硬件单步执行。

⑤ 任何正在执行的指令在未完成前，中断请求都不会响应。

⑥ 考虑中断优先级或者中断嵌套时带来的延时。

6．中断服务子程序的执行

当前面所有的中断响应条件都满足时，CPU 在当前指令执行完后的下一个机器周期内，由硬件自动执行一条 LCALL 指令，跳转到相应的中断服务子程序入口地址去执行中断服务子程序。在 80C51 单片机中，中断服务子程序的入口地址是固定的，具体见表 7.1。

从表 7.1 中可以发现，两个相邻的中断入口地址很接近，只有 8 字节，根本放置不了几个代码。在实际应用中，一般将一个跳转指令（LJMP，AJMP）放置在入口地址处，从而跳转到其他程序空间去执行较长的中断服务子程序。

例如，外部中断 0：

```
ORG    0003H
LJMP   INT_EX0
```

7．中断服务子程序的编写

当 80C51 单片机响应中断请求，跳转到相应的中断服务子程序时，除断点保护由硬件自动完成外，保护现场、恢复现场、中断返回都需要用户自己编程，中断服务子程序的具体内容要根据具体的应用目的来决定。除以上这些外，还要考虑是否允许中断嵌套，在中断服务子程序中设置 EA=1，则打开中断，允许中断嵌套；设置 EA=0，则关闭中断，不允许中断嵌套。还需注意的是，在保护现场和恢复现场指令的执行过程中，如果出现中断，则会导致程序混乱，因此保护现场和恢复现场过程中需要关闭总中断。

在编写中断服务子程序的代码时，要尽量减少任务量，让中断服务子程序能够快速执行完毕，以保证实时性。例如，定时/计数器中断时，为了保证定时时间的精确性，我们往往只在定时/计数器中断服务子程序中编写重装初值的代码，而其他一些相关操作都放在主程序执行，这样能最大限度地保证定时时间的精确度。

中断服务子程序的一般结构举例如下：

```
ORG    0000H
AJMP   MAIN            ;跳转主程序
ORG    0003H           ;外部中断 0 入口地址 0003H
AJMP   INT_EX0         ;不同的中断源,使用不一样的语句标号
…
ORG    0030H           ;地址由用户自己设定
INT_EX0:               ;此例中,外部中断 0 子程序从地址 0030H 开始
CLR    EA              ;保护现场之前,关中断,防止保护现场时又有中断产生
PUSH   PSW             ;保护状态寄存器 PSW,压入堆栈
PUSH   ACC             ;保护累加器,压入堆栈
PUSH   …               ;保护中断服务子程序中其他使用到的寄存器
SETB   EA              ;保护现场完成后,开中断
                       ;此处也可不写,表示不允许中断嵌套
…                      ;中断服务子程序的主体,由用户编写
CLR    EA              ;恢复现场之前,关中断
                       ;若前面没有开中断,则此句可不写
POP    …               ;恢复现场
POP    ACC             ;恢复 ACC 中的值,弹出堆栈
POP    PSW             ;恢复 PSW 中的值,弹出堆栈
SETB   EA              ;中断完成后,开中断
RETI                   ;中断返回,断点接续,中断服务子程序结束
MAIN:                  ;主程序
…
```

8．中断撤销

中断撤销的主要目的是：保证对于一次中断请求信号只执行一次中断响应。CPU 响应中断后，需要及时将中断请求标志位清除，否则将引起一个中断信号触发多次中断响应。中断撤销一般分为硬件自动处理和软件清除中断。

硬件自动处理：对于外部中断 0、外部中断 1、定时/计数器 T0 和 T1 中断来说，在 CPU 响

应中断后，将自动清除该中断请求标志位，无须软件处理。

软件清除中断：对于串行口中断，当 CPU 响应中断后，硬件不会自动清除中断标志位 TI 或 RI，因此需要在中断服务子程序中用软件来人工清除。

需要注意的是，对于外部中断，一般推荐采用下降沿触发方式，而不采用低电平触发方式。因为低电平触发时，触发电平有可能在很长一段时间内都会保持，这样很容易引发再次触发。

而当外部中断必须使用低电平触发时，中断请求标志位只与外部输入信号有关，当中断请求标志位置 1 后，既不能由硬件自动清除，也不能由软件清除。这时要撤销中断，必须把引起中断请求的低电平拉高变为高电平。一种比较简单的做法是：在外部中断输入引脚和外部中断源之间接一个具有异步置 1 功能的 D 触发器，具体连接电路如图 7.4 所示。该触发器的输入引脚 D 接地，输出引脚 Q 接 $\overline{\text{INT0}}$（P3.3）引脚，SET（异步置位）引脚接 P3.7 引脚，外部中断源的中断输入接到时钟 CLK 引脚上。我们知道，当外部中断源的输入引脚有一个上升沿时，触发器会采集输入引脚 D 上的电平，此时，由于 D 引脚接地，恒为 0，因此 Q 引脚输出低电平，此时，外部中断 0 产生中断。当处理完这个中断后，使 P3.7 引脚输出一个高电平到触发器的 SET 引脚，置位触发器，使得 Q 变为 1，也就是撤销中断。当中断撤销后，为了保证能继续响应新的中断请求，再使 P3.7 引脚输出 0。

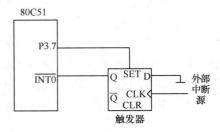

图 7.4　外部中断申请的撤销电路

在外部中断 0 子程序的结尾部分加入如下代码即可：

```
SETB    P3.7        ;置 Q 引脚为高电平,清除中断申请
CLR     P3.7        ;撤除异步置位信号,保证能响应新的中断
```

9. 中断响应时间

从中断源发出中断请求到微处理器执行该中断服务子程序的这一段时间，称为中断响应时间。

在一些特殊应用中，需要对中断响应时间作出尽量精确的估计，以实现对整个系统的运行有精确的时间估计，这在一些严格要求系统运行时间的应用中十分必要。下面根据在处理中断过程中可能遇到的各种情况来讨论中断响应时间。

从中断源申请中断到微处理器接收到中断，共需要 1 个机器周期。当微处理器接收到中断请求后，在下一个机器周期是否跳转到中断服务子程序入口地址，还受到以下方面的影响。

① 当前机器周期内，微处理器是不是正在执行指令的最后一个机器周期，如果不是，则还需要等到当前指令执行完成。例如，正在执行除法指令的第一个机器周期，则需要等待的机器周期数是 3 个机器周期（乘除法指令是 4 周期指令）。

② 若当前正在执行 RETI 指令或其他读/写与中断有关的寄存器 IE、IP 的指令，则需要在执行完该指令后，再执行一条指令，然后转入中断服务子程序。

当上述情况没有遇到或者已经完成等待后，会由硬件自动执行一个长跳转 LCALL 指令（2 周期指令），跳转到相应的中断服务子程序入口地址，开始执行由用户编写的中断服务子程序。

综上所述，我们可以估计出，从中断申请到执行第一条中断服务子程序的最短时间是 3 个机器周期（优先权扫描 1 个周期，LCALL 指令 2 个周期）。最长的响应时间为 8 个机器周期，除必需的 3 个机器周期外，考虑最坏的情况，比如执行 RETI 的第一个机器周期，那么还需 1 个机器周期去等待 RETI 指令完成，同时，执行完 RETI 指令后还必须再执行一个指令，这个指令最长是一个 4 周期指令，那么总共还需要额外等待 5 个机器周期，加上必需的 3 个机器周期，可以估算出最长的等待时间为 8 个机器周期。所以中断响应时间为 3～8 个机器周期，可以参看

图 7.5。当然，还有一种情况是，目前正在执行同级或者更高级别的中断服务子程序，则需要等到中断执行完毕，那么等待的时间将更长。

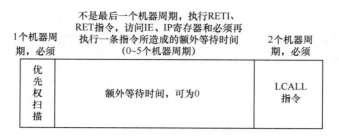

图 7.5　中断响应时间分析

10. 中断系统的初始化

在具体的应用中，需要对可能用到的中断进行一些初始设置，具体来说就是在主程序中对中断系统进行初始化。初始化的内容包括打开全局中断使能位、打开使用到的中断源的中断使能位、根据具体需求设置各中断源的优先权等级等。初始化在不同的应用中有不同的设置，一般性的原则是用到哪个中断，就设置该中断相关的控制寄存器。没有用到的不去设置，防止意外产生。

例如，某单片机系统需要使用到外部中断 1（下降沿触发方式）、定时/计数器 T0 中断、串行口中断，其他中断关闭不用，串行口中断具有最高优先级。则其初始化代码如下：

```
SETB   IT1        ;设置外部中断 1 下降沿触发
SETB   EX1        ;开外部中断 1 使能子开关
SETB   ET0        ;开定时/计数器 T0 使能子开关
SETB   ES         ;开串行口中断使能子开关
SETB   PS         ;设置串行口中断为高优先级,其余中断重启时默认为低优先级,可以不设置
SETB   EA         ;开总中断
```

7.4　80C51 单片机中断源的扩展

80C51 单片机只有两个外部中断源。在很多测控系统中，外部有很多的中断源需要处理，只有两个外部中断源明显是不够用的。这时往往需要进行外部中断源的扩展，从而实现对多个外部中断源的响应处理能力。扩展外部中断源有两个方法：使用定时/计数器来扩展和使用查询方式来扩展。其中，定时/计数器扩展的方法将在 7.5 节详细介绍，下面介绍使用查询方式扩展外部中断源。

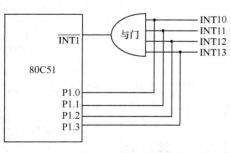

图 7.6　外部中断源扩展原理图

图 7.6 所示为利用与门进行 4 个外部中断源扩展的原理图。4 个外部中断源通过一个与门连接到 80C51 单片机的 INT1 引脚，同时每个扩展的外部中断源又连接到 P1.0～P1.3 引脚，这是为后续的查询操作做准备。设置外部中断 1 为下降沿触发方式。在初始情况时，扩展的 4 个外部中断源 INT10～INT13 都为高电平，表明外部没有中断，此时与门输出高电平，80C51 单片机没有中断请求。当外部中断源中某一个或几个有中断请求时，相应的引脚（INT10～INT13）变为低电平，此时与门输出低电平，产生下降沿，80C51 单片机响应中断请求。但并不知道究竟是哪个扩展的外部中断源产生了中断，这时在中断服务子程序中通过查询 P1.0～P1.3 引脚的电平来确定中断源。

参考代码如下：

```
        ORG    0000H
        AJMP   START
        ORG    0013H              ;外部中断 1 入口地址
        AJMP   INT_EX1            ;不同的中断源使用不一样的语句标号
        ORG    0030H              ;外部中断 1 子程序开始地址
INT_EX1:
        CLR    EA                 ;保护现场之前,关总中断
        PUSH   ACC                ;保护累加器
        PUSH   PSW                ;保护状态寄存器 PSW
        PUSH   …                  ;保护中断服务子程序中其他使用到的寄存器
        JNB    P1.0,INT_EEX10     ;查询扩展的外部中断源 INT10
        JNB    P1.1,INT_EEX11     ;查询扩展的外部中断源 INT11
        JNB    P1.2,INT_EEX12     ;查询扩展的外部中断源 INT12
        JNB    P1.3,INT_EEX13     ;查询扩展的外部中断源 INT13
END_INT_EX0:
        POP    …                  ;恢复现场,注意弹出堆栈和压入堆栈的对应关系
        POP    PSW
        POP    ACC
        SETB   EA                 ;中断完成后,开总中断
        RETI                      ;中断返回,断点接续,中断服务子程序结束
INT_EEX10:
        …                         ;INT10 处理,根据实际情况编写
        AJMP   END_INT_EX0
INT_EEX11:
        …                         ;INT11 处理,根据实际情况编写
        AJMP   END_INT_EX0
INT_EEX12:
        …                         ;INT12 处理,根据实际情况编写
        AJMP   END_INT_EX0
INT_EEX13:
        …                         ;INT13 处理,根据实际情况编写
        AJMP   END_INT_EX0
        ORG    0100H
START:
        SETB   EX1                ;打开外部中断 0
        SETB   EA                 ;开总中断
        …
```

从上述程序中可以看出，扩展的外部中断源 INT10 具有最高的优先级，INT13 的优先级最低。需注意的是，在扩展的外部中断处理程序中注意中断撤销的处理。

7.5 80C51 单片机的定时/计数器及其应用

在单片机的实际应用系统中，经常会用到精确延时、定时扫描、统计事件的发生次数和产生一定频率的声音等功能，这些功能都需要在时序电路中实现定时和计数。一般来说，有 3 种

方法来实现定时和计数。

① 硬件定时：使用时基电路（如 555 定时芯片）组成硬件定时电路。这种方法需要额外的元器件，使得系统复杂，成本高，且其定时值不能由软件控制并修改，即此方法不可编程，调试困难。

② 软件定时：这种方式通常是通过循环执行一段程序来实现的，因为每条指令的执行都需要消耗机器周期。该方法的优点是修改定时时间非常方便，灵活性和通用性好，但缺点也同样明显，这种定时方式是以占用 CPU 时间为代价的，大大降低了 CPU 的利用率，且定时的精度不高，一般应用在定时时间较短和精度要求不高的场合。

③ 可编程定时/计数器：这种定时器的定时值和定时范围可以用软件来确定且修改，使用灵活，功能强，不占用 CPU 时间，有自己独立的时钟驱动。例如，可编程芯片 8253、MC6840 等。

目前许多微处理器本身都带有定时/计数器，使用时不需要扩展额外的定时/计数器芯片。

80C51 单片机内部集成了两个可编程的 16 位定时/计数器，即 T0 和 T1。每个定时/计数器都可独立工作，可以设置成定时和计数两种模式，有 4 种工作方式可供选择。

1. 定时/计数器的结构

80C51 单片机内部定时/计数器的结构如图 7.7 所示。

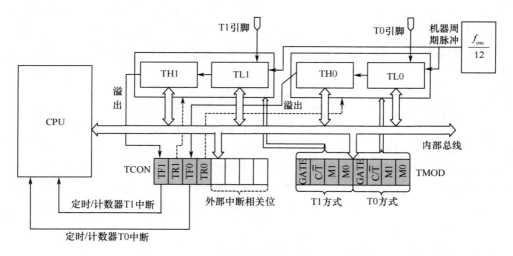

图 7.7　80C51 单片机内部定时/计数器的结构

80C51 单片机内部定时/计数器的核心由两个 16 位加 1 计数寄存器 T0 和 T1 组成，每个计数寄存器都分成高 8 位（THx）和低 8 位（TLx）（x=1 或 0）。T0（16 位）由 TH0（8 位）和 TL0（8 位）组成，字节地址分别是 8CH 和 8AH；T1（16 位）由 TH1（8 位）和 TL1（8 位）组成，字节地址分别是 8DH 和 8BH。

2. 定时/计数器的功能

80C51 单片机的定时/计数器有两个可选择的时钟源：一个为内部时钟源，由单片机内部提供时钟信号，此时频率固定，对应图 7.7 中的 $f_{osc}/12$，常用作定时器；另一个为外部时钟源，此时外部时钟信号通过相应的引脚 T0（P3.4）和 T1（P3.5）输入定时/计数器，此时既可用作定时器也可用作计数器，常用作计数器，用来统计外部事件发生的次数。

（1）计数功能

当选择外部时钟源时，外部时钟信号分别由引脚 T0（P3.4）输入定时/计数器 T0、引脚 T1（P3.5）输入定时/计数器 T1。此时时钟信号的下降沿有效，单片机在每个机器周期的 S5P2 期间采样外部时钟信号的电平状态，当连续两次采样得到的信号先后为"1"和"0"时，单片机认为外部输入了一个下降沿，此时在下一个机器周期的 S3P1 期间计数器的计数值加 1。由于采样一个下降沿需要 2 个机器周期，即需要 24 个振荡周期，因此外部输入的计数脉冲的最高频率为单片机晶振频率的 1/24，即 $f_{osc}/24$。为了确保给定的电平在变化前至少被采样一次，对外部时钟信号电平要求至少保持一个机器周期。

　　作为计数器使用时，常用来统计外部事件的发生次数。既可以把计数初值设置为零，然后计数外部事件的发生次数，计数结束后，读取计数结果供后续处理；也可以把计数初值设置成和计数溢出值相差一定数值的数。例如，16 位定时/计数器的计数溢出值为 65536，可以把计数初值设置为 65534，那么当外部事件发生 2 次（外部时钟信号输入 2 个下降沿）时，计数器溢出，产生中断去进行相关处理。

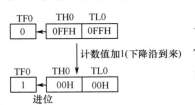

图 7.8　计数器溢出示意图

　　例如，设 T0 工作在 16 位计数器模式，当计数到 FFFFH 后，下一个计数（下降沿）一旦到来，计数器就会设置中断标志位 TF0＝1（TF0＝1 时，在允许响应中断的情况下就可以向 CPU 申请中断），同时计数结果变为 0000H，如图 7.8 所示。

　　（2）定时功能

　　当定时/计数器选择内部时钟源时，时钟信号由单片机内部产生，频率是单片机晶振频率的 12 分频，即 $f_{osc}/12$，选择内部时钟源时，由于频率固定，常用作定时器。如果 80C51 单片机选择 6MHz 时钟，则计数时钟周期为

$$T = 12 \times \frac{1}{6 \times 10^6} = 2\,\mu s$$

　　当作为定时器使用时，根据定时时间的长度和单片机的晶振频率，计算出定时/计数器的初值，然后启动定时/计数器开始定时。当定时时间到，产生中断或者软件查询等待定时结束。相对于软件定时来说，这种定时方式的稳定性和准确度高得多。需要注意的是，定时/计数器的计数和定时功能在本质上都是通过计数时钟信号的下降沿个数来实现的，两者之间没有根本上的区别。在实际应用中，有各种长度的定时时间要求，仅依靠 80C51 单片机内部的两个定时/计数器来定时是满足不了要求的，这时可以通过软件定时和硬件定时相结合的方法来满足各种定时长度的需求，具体见习题 7.20。

3．定时/计数器的方式寄存器和控制寄存器

（1）方式选择寄存器 TMOD

　　TMOD 用来设置定时/计数器的启动方式，选择定时/计数器的时钟源，设置定时/计数器的工作方式，其地址是 89H，不能按位寻址，只能对整个寄存器编程，复位后 TMOD 的所有位均清 0。TMOD 寄存器分为 2 部分，其中高 4 位用于控制 T1，低 4 位用于控制 T0。具体格式如下：

	T1				T0		
D7	D6	D5	D4	D3	D2	D1	D0
GATE	C/$\overline{\text{T}}$	M1	M0	GATE	C/$\overline{\text{T}}$	M1	M0

名称行对应上表。

　　GATE：计数器门控制位，用来决定定时/计数器的启动是否受外部中断输入引脚 $\overline{\text{INTx}}$（x＝1 或 0）的输入电平控制。当 GATE＝0 时，则引脚 $\overline{\text{INTx}}$ 电平对定时/计数器不产生影响，只要启动控制位 TRx＝1（x＝1 或 0），定时/计数器就开始工作；当 GATE＝1，则需外部中断引脚 $\overline{\text{INTx}}$＝1，且启动控制位 TRx＝1，计数器才开始工作，这种设置常用来测量 $\overline{\text{INTx}}$ 引脚输入高电平的脉冲宽度。

　　C/$\overline{\text{T}}$：时钟选择控制位。C/$\overline{\text{T}}$＝0，为定时功能，采用晶振频率的 12 分频作为定时/计数器的时

钟信号源；C/$\overline{\text{T}}$=1，为计数功能，采用引脚 P3.4 或 P3.5 的输入脉冲作为时钟信号源。

M1M0：工作方式选择位，两位形成 4 种编码，对应 4 种工作方式，具体见表 7.2。

（2）控制寄存器 TCON

TCON 为定时/计数器的控制寄存器，高 4 位用作定时/计数器的启动、停止和中断请求标志位；低 4 位用作外部中断的中断请求标志位

表 7.2　定时/计数器工作方式选择表

M1M0	工作方式	
00	方式 0，13 位定时/计数器	
01	方式 1，16 位定时/计数器	
10	方式 2，自动重装的 8 位定时/计数器	
11	方式 3	T0，分成两个 8 位计数器
		T1，停止计数

和触发方式控制位。该寄存器地址是 88H，可按位寻址。具体格式如下：

位地址	8FH	8EH	8DH	8CH	8BH	8AH	89H	88H
位名称	TF1	TR1	TF0	TR0	IE1	IT1	IE0	IT0

TF1：T1 中断请求标志位，当定时/计数器的计数值溢出时，由硬件将 TF1 置 1，并申请中断，在中断被响应后，硬件又自动将 TF1 清 0。在查询方式下由软件清 0。

TR1：T1 的启动控制位，由软件置位和清 0。当 GATE=0 时，TR1=1 时，T1 开始计数；TR1=0 时，T1 停止计数，保持原值。当 GATE=1 时，TR1=1 且 $\overline{\text{INT1}}$=1 时，T1 开始计数；TR1=0 或 $\overline{\text{INT1}}$=0 时，T1 停止计数，保持原值。

TF0：T0 中断请求标志位，功能与 TF1 相同。

TR0：T0 的启动控制位，功能与 TR1 相同。

4. 定时/计数器的 4 种工作方式

（1）方式 1：16 位定时/计数器

T0 和 T1 的方式 1 的结构和原理是完全相同的，下面以 T0 为例展开讨论。

当 M1M0=01 时，T0 工作于方式 1，其结构如图 7.9 所示。C/$\overline{\text{T}}$ 位用来选择定时/计数器时钟信号的来源，当 C/$\overline{\text{T}}$=1 时，选择外部时钟源；当 C/$\overline{\text{T}}$=0 时，选择单片机内部时钟源，频率为晶振频率的 12 分频。当 GATE=0 时，由图 7.9 可以发现或门输出恒为高电平，与 $\overline{\text{INT0}}$ 无关，这时只要 TR0=1，与门输出高电平，时钟控制开关闭合，计数器开始工作；而当 GATE=1 时，或门要输出高电平，$\overline{\text{INT0}}$ 必须为 1，此时与门输出受 TR0 和 $\overline{\text{INT0}}$ 共同影响，只有二者都为高电平，时钟控制开关才闭合，计数器开始工作。

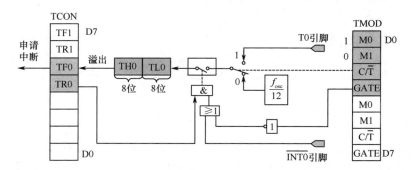

图 7.9　T0 方式 1 结构图

计数寄存器 TH0（高 8 位）和 TL0（低 8 位）是可分别读/写的，都为 8 位，两者联合在一起构成了一个 16 位的定时/计数器。单片机复位后为全 0。当用作定时器时，需按定时长度计算出计数初值。

设从 T0 计数开始到 T0 计数溢出，应有

$$T0\ 初值 + T0\ 计数值 = T0\ 计数器的模 = 2^{16}$$

则
$$T0\ 计数值 = 2^{16} - T0\ 初值$$

$$T0\ 定时时间\ t = 信号时钟周期 \times T0\ 计数值$$

所以定时时间 t 和计数初值的关系可以表示为

$$t = \frac{12}{f_{osc}} \times \left(2^{16} - T0初值\right)$$

已知定时时间，求计数初值的公式为

$$T0初值 = 2^{16} - \frac{f_{osc} \times t}{12}$$

例如，某 80C51 单片机的晶振频率为 12MHz，定时时间为 200μs，使用 T0 工作于方式 1，则计数初值为

$$T0初值 = 2^{16} - \frac{f_{osc} \times t}{12} = 65536 - \frac{12 \times 10^6\,\mathrm{Hz} \times 200 \times 10^{-6}\,\mathrm{s}}{12}$$
$$= 65336 = 0FF38H$$

TH0 和 TL0 分别设置计数初值，即 TH0=0FFH，TL0=38H。

设置好初值后，启动 T0 开始工作，计数器从计数初值开始计数，在时钟信号的每个下降沿到来时，计数值加 1，当计数值达到 FFFFH 后，这时如果再来一个下降沿，计数值溢出，向中断请求标志位 TF0 进位，并可以向 CPU 申请中断，然后计数值从 0 开始计数，循环不停。使用定时功能时，为了保证每次定时时间的一致性，通常会在定时/计数器的中断服务子程序中重新设置计数初值。如果不重新设置初值，那么在计数值溢出后，计数值从 0 开始，计数 65536 次后溢出。当不需要继续定时时，可以通过软件把 TR0 清 0，关闭计数器。

（2）方式 0：13 位定时/计数器

图 7.10 为 T0 方式 0 的结构，将之与图 7.9 对比后可以发现，除用于计数的位数不同外，方式 0 和方式 1 的结构和原理完全相同。

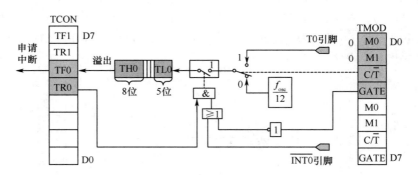

图 7.10　T0 方式 0 结构图

13 位定时/计数器是 MCS-48 单片机的功能，为了向下兼容，80C51 单片机设置了这个工作方式。方式 0 是 13 位定时/计数器，由 TH0 的 8 位再加上 TL0 的低 5 位，构成一个 13 位定时/计数器。当 TL0 的低 5 位计满溢出时，直接向 TH0 进位。

方式 0 定时时间的计算公式为

$$t = \frac{12}{f_{osc}} \times \left(2^{13} - T0初值\right)$$

已知定时时间，求计数初值的公式为

$$T0初值 = 2^{13} - \frac{f_{osc} \times t}{12}$$

例如，某 80C51 单片机的晶振频率为 6MHz，定时时间为 600μs，T0 工作于方式 0，则计数初值为

$$T0初值 = 2^{13} - \frac{f_{osc} \times t}{12} = 8192 - \frac{6 \times 10^6\,Hz \times 600 \times 10^{-6}\,s}{12}$$

$$= 7892 = 1ED4H = 0001\ 1110\ 1101\ 0100B$$

在给 T0 设置初值时，要特别注意，此例中，TH0≠1EH，TL0≠D4H，而是 TH0=11110110=0F6H，TL0=00010100=14H。

（3）方式 2：自动重装的 8 位定时/计数器

方式 2 的结构如图 7.11 所示。方式 2 中，16 位定时/计数器分成独立的 2 部分，其中 TH0 作为计数初值寄存器，用于存放和保持初值，初值由软件设置，而 TL0 用作 8 位计数器。

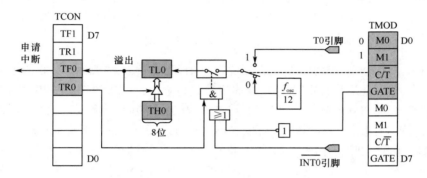

图 7.11　T0 方式 2 结构图

方式 2 的工作原理是：装入计数初值并启动定时/计数器后，TL0 在时钟信号的下降沿加 1 计数，计数溢出后，向 TF0 进位，并可以申请中断，同时把 TH0 的数据加载到 TL0 中，然后 TL0 从 TH0 保存的计数初值开始计数。在不改变 TH0 值的情况下，方式 2 将一直自动从 TH0 中加载计数初值进行计数，因此称为自动重装方式。

由于方式 2 的计数初值是从 TH0 自动重装的，在计数器一直工作的情况下，方式 2 每次的定时时间都是严格相等的。利用这个特点，常使 80C51 单片机的 T1 工作于方式 2，使其作为串行口的波特率发生器。

方式 2 定时时间的计算公式为

$$t = \frac{12}{f_{osc}} \times \left(2^8 - TL0初值\right)$$

已知定时时间，求计数初值的公式为

$$TL0初值 = 2^8 - \frac{f_{osc} \times t}{12}$$

例如，某 80C51 单片机的晶振频率为 3MHz，要求定时时间为 400μs，使用定时/计数器 T0 工作于方式 2，则计数初值为

$$TL0初值 = 2^8 - \frac{f_{osc} \times t}{12} = 256 - \frac{3 \times 10^6\,Hz \times 400 \times 10^{-6}\,s}{12}$$

$$= 156 = 9CH$$

初值设置为：TL0=9CH，TH0=9CH。

（4）方式 3

方式 3 对 T0 和 T1 是不大相同的。对于 T1，设置为方式 3 时，相当于使 TR1=0，使其停止计数，没有什么实际意义。因此只有 T0 可以工作在方式 3。T0 方式 3 的结构如图 7.12 所示。

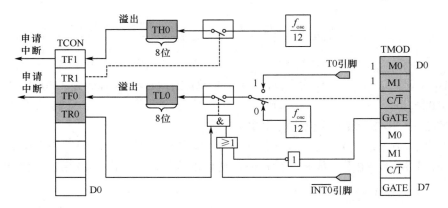

图 7.12　T0 方式 3 结构图

在方式 3 中，T0 被分成两个独立的 8 位定时/计数器 TH0 和 TL0。TL0 的工作原理和控制模式同方式 1 一样，只是此时定时/计数器的位数只有 8 位，其余的控制位和模式选择位与方式 1 相同，其中 TR0 为 TL0 的软件启动控制位，TF0 为 TL0 的中断请求标志位。而 TH0 为另外一个独立的 8 位定时/计数器。从图 7.12 可以看出，TH0 占用 T1 的中断请求标志位 TF1 和软件启动控制位 TR1，这就意味着相应的 T1 的中断入口地址变成 TH0 的中断入口地址。同样 TH0 也没有 C/$\overline{\text{T}}$ 位和 GATE 位，因此 TH0 只能使用内部时钟信号来定时，而不能计数，由图 7.12 可见，TH0 被固定为一个只能按定时方式工作的 8 位定时器。

当 T0 工作于方式 3 时，T1 还可以工作在方式 0、方式 1 和方式 2，但不能工作于方式 3；T1 的工作模式设为方式 3 时，T1 停止工作。如果 T0 工作于方式 3，T1 工作于其他方式，整个单片机系统就相当于有 3 个定时器同时工作，但由于 T1 的软件启动控制位 TR1 被 8 位定时/计数器 TH0 占用，此时 T1 会一直工作，直到把其工作方式设为方式 3 才停止工作。同样，T1 的中断请求标志位也被占用，那么 T1 不能工作于中断方式，也不能查询 TF1 的状态。当 T1 作为计数器时，可以通过主动读取计数器来统计外部事件的发生次数；当作为定时器时，只能通过主动读取计数值来判断定时时间是否结束。

更加常见的做法是，当 T0 工作于方式 3 时，可以使 T1 工作于方式 2，利用方式 2 自动重装精确定时的特点，使 T1 作为串行口的波特率发生器，为串行口提供可以设置的波特率。而且在这种情况下，T1 只需启动无须停止，也不用向微处理器申请中断。此时 T1 的结构图如图 7.13 所示。

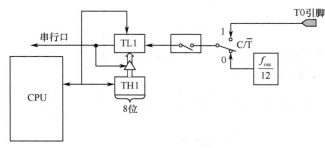

图 7.13　T0 在方式 3 下的 T1 方式 2 结构图

5．定时/计数器的初始化

80C51 单片机的定时/计数器是可编程控制的，这对于定时和计数的使用十分方便。在使用前要先进行初始化，初始化的内容如下。

（1）设置中断允许控制寄存器 IE

80C51 单片机在重启时，会将 IE 中的每个中断控制使能位清 0，这时 CPU 就默认为不能响应中断。因此，初始化首先要打开系统需要的中断控制使能位，使相应的中断请求能被 CPU 响应。同时要注意全局中断使能控制位 EA 不要在初始化开始的时候就打开，而是在初始化的最后，甚至是更后面需要的时候才打开，这是为了避免系统启动时产生意外的中断。

（2）设置方式选择寄存器 TMOD

根据系统任务的要求，指定正确的定时/计数器工作方式和控制模式。

（3）计算和设置计数初值

在需要定时的场合，要根据单片机的晶振频率和定时时间来计算出计数初值，并把计数初值输入相应的计数寄存器中。

（4）如果定时/计数器工作在中断方式下，则需要打开总中断开关（EA=1）

（5）启动定时/计数器

对 TR0（TR1）置 1 后，计数器按前面设置的工作模式和计数初值开始进行计数或定时；同时需要考虑 GATE 位，若 GATE=0，TR0（TR1）置 1 后计数器立即开始计数；若 GATE=1，则计数器等待引脚 $\overline{\text{INT0}}$（$\overline{\text{INT1}}$）变高后且 TR0（TR1）置 1 才开始计数。

（6）编写计数器程序

如果工作在中断方式下，就需要编写相应的中断服务子程序去完成系统设计的任务。如果工作在查询方式下，就需要通过不断查询 TF0 或 TF1 的状态，来判断定时时间是否结束或者计数值是否达到预设值，然后做相应的处理。

6．定时/计数器的应用

定时/计数器是 80C51 单片机的重要组成部分，其工作方式灵活多样，合理使用定时/计数器可获得精炼的程序和简捷的电路结构。下面将详细讨论定时/计数器各种方式的应用。

（1）通过定时/计数器扩展外部中断源

由于 80C51 单片机的外部中断源只有两个，这在很多的实际应用是不够的。如果系统应用中只需要一个或不需要定时/计数器，可以通过定时/计数器来扩展外部中断源。

【例 7.1】通过 T0 扩展外部中断源。

把按键所产生的下降沿作为一个中断源接到 T0 的外部时钟输入引脚 T0（P3.4）。设置 T0 为方式 2（自动重装方式），计数器模式，计数初值为 0FFH，中断使能打开。当外部时钟输入产生下降沿时，计数溢出，TF0 置位，产生中断。由于工作在方式 2，因此自动重装初值为 0FFH，外部再次输入下降沿，则产生新的中断，由此就扩展了一个下降沿有效的外部中断源。仿真电路如图 7.14 所示，图中数码管初始化显示为 0，每按一次按键就产生一个下降沿，数码管显示的数字就会加 1，从 0 一直到 F 循环显示。

软件仿真过程如下：结合 Proteus 和 Keil C51，本例采用 Proteus 8 Professional 中的 ISIS 功能模块来完成单片机系统的搭建和仿真，Keil C51 用来完成汇编语言或 C51 的程序编写、调试和编译。

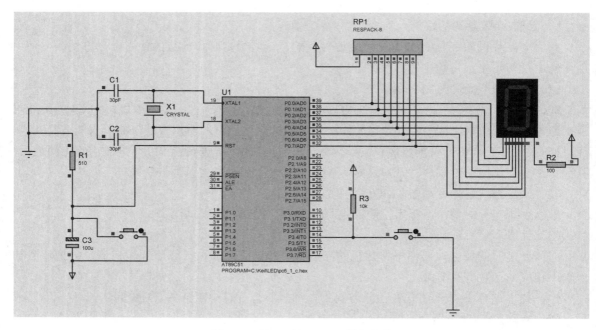

图 7.14　例 7.1 的 Proteus 仿真电路

参考代码如下：

汇编源程序：

```
            ORG    0000H
            AJMP   MAIN_START
            ORG    000BH                   ;T0 的中断入口地址
            AJMP   INT_T0_EEX0_HANDLE      ;跳转到中断服务子程序
            ORG    0030H
INT_T0_EEX0_HANDLE:                        ;中断服务子程序
            CLR    EA                      ;关总中断,防止保护现场出现意外,同时禁止中断嵌套
            PUSH   PSW                     ;保护现场
            PUSH   ACC
            INC    R2                      ;R2 保存的是数码管所显示的数字,R2 加 1
            MOV    A,R2
            CJNE   A,#10H,PC2              ;判断 R2 是否等于 10H,不等跳转到 PC2,相等顺序执行
            MOV    R2,#00H
            MOV    A,R2
PC2:        MOV    DPTR,#TAB               ;查表
            MOVC   A,@A+DPTR
            MOV    P0,A
            POP    ACC                     ;恢复现场
            POP    PSW
            SETB   EA                      ;开总中断
            RETI                           ;中断返回
            ORG    0100H
MAIN_START: MOV    R2,#00H                 ;主程序入口地址
            MOV    A,R2;                   ;查表操作,取出数码管显示数字对应的段码
```

```
        MOV    DPTR,#TAB
        MOVC   A,@A+DPTR
        MOV    P0,A                      ;数码管显示
        SETB   ET0                       ;允许 T0 中断
        MOV    IP, #00H                  ;所有中断源均为低优先级
        ANL    TMOD,#0F0H                ;T0 工作在计数模式,门控无效,工作方式 2
        ORL    TMOD,#00000110B
        MOV    TH0,#0FFH                 ;设置计数初值
        MOV    TL0,#0FFH
        SETB   TR0                       ;启动 T0
        SETB   EA                        ;开总中断
STOP:AJMP   $                           ;等待外部中断到来
TAB: DB    0C0H,0F9H,0A4H,0B0H,99H,92H,82H,0F8H    ;共阳极段码表,0～F
     DB   80H,90H,88H,83H,0C6H,0A1H,86H,8EH
     END
```

C51 程序:

```
#include <reg51.h>                          //添加头文件
#define uchar unsigned char                 //宏定义,主要是为了便于编写程序
#define uint unsigned int
uchar code table[]={0xc0,0xf9,0xa4,0xb0,    //共阳极段码表
                0x99,0x92,0x82,0xf8,
                0x80,0x90,0x88,0x83,
                0xc6,0xa1,0x86,0x8e};
uchar LED=0;                    //数码管显示数据变量
void main()
{
 P0=table[LED];                 //数码管初始化显示 0
 ET0=1;                         //允许 T0 中断
 IP=0x00;                       //初始化,所有中断源均为低优先级
 TMOD=0x06;                     //T0 工作在计数模式,门控无效,工作方式 2
 TH0=0xff;                      //设置计数初值
 TL0=0xff;
 TR0=1;                         //启动 T0
 EA=1;                          //开总中断
 while(1);                      //死循环,等待中断产生
}

void int_ext0() interrupt 1 using 1        //中断服务子程序,使用工作寄存器组 1
 {EA=0;
  LED=LED+1;
  if(LED==16)
  {LED=0;}
```

```
        P0=table[LED];
        EA=1;

    }
```

（2）定时器模式的应用

【例 7.2】设单片机的晶振频率为 12MHz，现要求从 P1.0 输出频率为 5kHz 的方波。

由于需要输出频率为 5kHz 的方波，则方波周期为 200μs，那么高、低电平时间各为 100μs，则定时时间为 100μs。

方法 1：使用定时/计数器 T1，方式 1，中断方式

方式 1 的计数初值为

$$T1初值 = 2^{16} - \frac{f_{osc} \times t}{12} = 65536 - \frac{12 \times 10^6 \times 100 \times 10^{-6}}{12} = 65436 = FF9CH$$

则 TH1=0FFH，TL1=9CH。

T1 工作于方式 1，内部时钟源，软件启动，由于没有用到 T0，T0 相应控制位全为 0 即可，则 TMOD=00010000B=10H。中断方式下，需要打开 T1 的中断子开关，则 ET1=1，最后打开全局中断使能控制位，EA=1。初始化设置 P1.0 为 0，在中断服务子程序中翻转 P1.0。需要注意的是，每次溢出后，执行中断服务子程序，中断请求标志位 TF1 由硬件自动清除，且需要软件重设计数初值。

系统仿真图如图 7.15 所示。

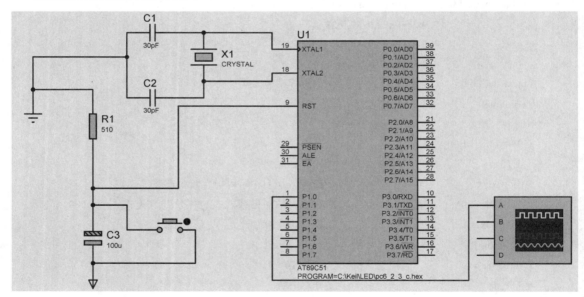

图 7.15　例 7.2 系统仿真图

参考代码如下：

汇编源程序：

```
        ORG    0000H
        AJMP   MAIN_START
        ORG    001BH                    ;T1 中断服务子程序入口地址
        AJMP   INT_T1_HANDLE
```

```
                ORG    0030H
INT_T1_HANDLE:  MOV    TH1, #0FFH              ;重设计数初值
                MOV    TL1, #9CH
                CPL    P1.0                    ;P1.0 翻转
                RETI
                ORG    0100H
MAIN_START:     MOV    TMOD, #10H              ;设置计数器工作方式 1
                SETB   ET1                     ;开 T1 中断
                MOV    TH1,#0FFH               ;设置计数初值
                MOV    TL1,#9CH
                CLR    P1.0                    ;清 P1.0 为零
                SETB   EA                      ;开总中断
                SETB   TR1                     ;启动 T1
        WAIT:   AJMP   $                       ;循环等待
                END
```

C51 程序：

```
    #include <reg51.h>                         //添加头文件
    #define uchar unsigned char
    #define uint unsigned int
    sbit P10=P1^0;                             //位定义

    void main()                                //主程序
    {
      TMOD=0x10;                               //T1 工作在定时模式,方式 1
      ET1=1;                                   //开 T1 中断
      TH1=0xff;                                //设置计数初值
      TL1=0x9c;
      P10=0;                                   //初始化输出为低电平
      TR1=1;                                   //启动 T1,开始计时
      EA=1;                                    //开总中断
      while(1);                                //无限循环,等待中断产生
    }

    void int_ext1() interrupt 3 using 1        //T1 中断服务子程序,使用工作寄存器组 1
    {
      TH1=0xff;                                //重新设置计数初值
      TL1=0x9c;
      P10=~P10;                                //P1.0 电平翻转
    }
```

系统仿真后，可以估算出方波的频率约为 4.857kHz，这与我们所设计的频率有一定的误差。这主要是因为采用中断方式，跳转到中断服务子程序需要一定的时间，且中断服务子程序中除电平翻转外，还执行了重设计数初值的指令。

若采用查询方式，其汇编源程序：

```
    ORG    0000H
    AJMP   MAIN_START
```

```
        ORG    0100H
    MAIN_START:
        MOV    TMOD, #10H                ;设置计数器工作方式 1
        MOV    TH1,#0FFH                 ;设置计数初值
        MOV    TL1,#9CH
        SETB   TR1                       ;启动 T1
    WAIT:JNB   TF1，$                     ;循环等待
        CLR    TF1                       ;软件清除 TF1
        MOV    TH1, #0FFH                ;重设计数初值
        MOV    TL1, #9CH
        CPL    P1.0                      ;P1.0 翻转
        SJMP   WAIT
        END
```

对应的 C51 程序：

```
    #include <reg51.h>                   //添加头文件
    #define uchar unsigned char
    #define uint unsigned int
    sbit P10=P1^0;                       //位定义
    void main()                          //主程序
    {
        TMOD=0x10;                       //T1 工作在定时模式，方式 1
        TH1=0xff;                        //设置计数初值
        TL1=0x9c;
        TR1=1;                           //启动 T1，开始定时
        while(1)
        {while(TF1==0);                  //查询等待 TF1 变为 1
          TF1=0;                         //软件清除 TF1
          TH1=0xff;                      //重装计数初值
          TL1=0x9c;
          P10=~P10;
        }
    }
```

请读者完成仿真，观察信号频率值，分析其误差原因。

方法 2：使用定时/计数器 T1，方式 2，中断方式

在方法 1 中，中断跳转和每次软件重装计数初值都会产生额外的时间，因此实际产生的方波周期不是 200μs，使用方式 2 就可以改善这个问题。

方式 2 的计数初值为

$$T1初值 = 2^8 - \frac{f_{osc} \times t}{12} = 256 - \frac{12 \times 10^6 \times 100 \times 10^{-6}}{12} = 156 = 9CH$$

则 TL1=9CH，TH1=9CH。

T1 工作在方式 2，只需设置 TMOD=00100000B=20H，其余设置同前一样。

参考代码如下：

汇编源程序：

```
        ORG    0000H
```

```
                AJMP    MAIN_START
                ORG    001BH                    ;T1 中断服务子程序入口地址
                AJMP    INT_T1_HANDLE
                ORG    0030H
INT_T1_HANDLE:  CPL    P1.0                     ;P1.0 翻转
                RETI
                ORG    0100H
  MAIN_START:   MOV    TMOD,#20H                ;设置计数器工作方式 2
                SETB   ET1                      ;开 T1 中断
                MOV    TH1,#9CH                 ;设置计数初值
                MOV    TL1,#9CH
                CLR    P1.0                     ;清 P1.0
                SETB   EA                       ;开总中断
                SETB   TR1                      ;启动 T1
    WAIT:       AJMP   $                        ;等待中断发生
                END
```

C51 程序：

```
    #include <reg51.h>              //添加头文件
    #define uchar unsigned char
    #define uint unsigned int
    sbit P10=P1^0;                  //位定义

    void main()                     //主程序
    {
    TMOD=0x20;                      //T1 工作在定时模式,方式 2(自动重装方式)
    ET1=1;                          //开 T1 中断
    TH1=0x9c;                       //设置计数初值
    TL1=0x9c;
    P10=0;                          //初始化输出为低电平
    TR1=1;                          //启动 T1,开始计时
    EA=1;                           //开总中断
    while(1);                       //无线循环,等待中断产生
    }

    void int_ext1() interrupt 3 using 1   //T1 中断服务子程序,使用工作寄存器组 1
    {
        P10=~P10;                   //P1.0 电平翻转
    }
```

　　仿真后，由波形估算得到的频率为 5.000kHz。可见采用自动重装方式，得到的波形比方法 1 更精确。

　　（3）计数器模式的应用

　　作为计数器使用时，需要读取计数结果，但需要特别注意的是，在读取计数值时，计数仍在进行，若先读高 8 位、后读低 8 位，则可能在两次读取的间隔中发生进位，比如读数前计数

值为 75FFH，先读出高 8 位为 75H，此时加 1 计数，则计数值为 7600H，接着再读低 8 位，变成 00H，最后把两个结果拼接就变成了 7500H 的错误结果；反过来，先读低 8 位，再读高 8 位也有同样的问题。

解决办法是：先读高 8 位，再读低 8 位，再读高 8 位，比较两次读取的高 8 位值是否一致，一致则正确；不一致则错误，然后重读。

【例 7.3】在某个会场上，专门设置了人员入口和出口，考虑到安全需要，会场内只允许 1000 人同时在场。当人数到达 1000 人时，入口亮红灯，门卫阻止人员进入。

现使用 80C51 单片机进行设计，统计人数。为了简化程序，暂时不考虑中途有人退场的情况。系统使用定时/计数器 T0 工作，每次进入一人，人员统计的传感器就向 T0（P3.4）引脚输出一个负脉冲，在仿真中，用一个按钮来产生下降沿。门口的红灯由 P1.0 引脚控制，高电平时灯亮。

本系统中，使用 T0 统计外部事件，用作计数器，需要选择外部时钟，不需要使用中断；计数值最大为 1000，使用方式 1 和方式 0 都可以，在此选用方式 1。TMOD=00000101= 05H，把人数统计的高 8 位放在 30H 单元，低 8 位放在 31H 单元。

仿真系统图如图 7.16 所示。为方便验证，设初值人数为 995 人，当人数达到 1000 人时，数码管轮流显示数字和英文 HOLD，并且红灯亮。系统中另外加了一个按钮，输入负脉冲到外部中断 0 输入引脚，该按钮是用来清零的，使数码管显示人数为 0。

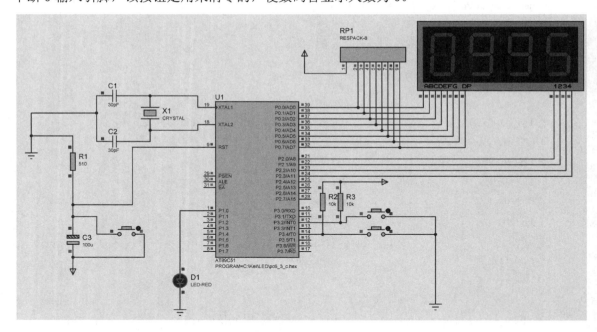

图 7.16　例 7.3 系统仿真图

在不考虑数码管显示和清零按钮时，汇编源程序如下：

```
            ORG   0000H
            AJMP  MAIN_START
            ORG   0100H
MAIN_START: MOV   TMOD, #05H      ;设置 T0 为方式 1,计数器模式
            MOV   TH0,#03H        ;计数值设为 995(=03E3H)
            MOV   TL0,#0E3H
```

```asm
        CLR    P1.0                ;关闭红灯
        SETB   TR0                 ;启动计数器
COUNT:  MOV    30H,TH0             ;读高 8 位计数结果
        MOV    31H,TL0             ;读低 8 位计数结果
        MOV    A,TH0               ;第二次读高 8 位计数结果
        CJNE   A,30H,COUNT         ;比较两次读取 TH0 是否一致,不一致则重读
CHECK:  CLR    C                   ;清零进位标志,为了后面减法正确
        SUBB   A,#03H              ;做减法比较是否小于 768(300H)
        JC     COUNT               ;小于则继续计数
        MOV    A,31H               ;等于 300H,再判断低 8 位是否小于 232(232+768=1000)
        SUBB   A,#0E8H             ;
        JC     COUNT               ;小于继续计数
        SETB   P1.0                ;等于,则表示达到 1000 人,亮红灯
STOP:   AJMP   STOP
        END
```

C51 程序:

```c
#include <reg51.h>
#define uchar unsigned char
#define uint unsigned int
sbit LED=P1^0;
uint count=0;           //全局计数值
uchar ch=0;             //保存 TH0 的第一次读取值
uchar cl=0;             //保存 TL0 的读取值
uchar ch2=0;            //保存 TH0 的第二次读取值

void init()             //初始化子程序
{
 TMOD=0x05;             //T0 工作于计数模式,方式 1
 TH0=0x03;              //计数初值=995=0x3e3
 TL0=0xe3;
 LED=0;                 //红灯灭
 TR0=1;                 //启动 T0 开始计数
}

void main()
{ init();               //调用初始化子程序
 while(1)
 {ch=TH0;               //第一次读取 TH0 的计数值
  cl=TL0;               //读取 TL0 的计数值
  ch2=TH0;              //第二次读取 TH0 的计数值
  while(ch!=ch2)        //如果 TH0 的第一次和第二次读取值不相等,重新读取,直到相等为止
  {ch=TH0;
   cl=TL0;
   ch2=TH0;
  }
```

```
    count=TH0*256+TL0;          //根据 TH0 和 TL0 的读取值计算出当前计数值
    if(count>=1000)             //如果计数值大于等于 1000,红灯亮
        {LED=1;}
    }
}
```

若考虑数码管显示和清零按钮,则需要考虑显示数据的十六进制和十进制转换、显示代码子程序等问题,汇编语言及 C51 参考源程序在"程序附件"中,读者请登录华信教育资源网 www.hxedu.com.cn 下载。

思考题与习题

7.1 什么是断点、中断源、中断服务子程序、中断程序入口地址?

7.2 80C51 单片机的中断系统有几个中断源?几个中断优先级?中断优先级是如何控制的?在出现同级中断申请时,CPU 按什么顺序响应(按由高级到低级的顺序写出各个中断源)?各个中断源的入口地址是多少?

7.3 保护断点保护什么?是怎么保护的?中断返回后的下一步到哪里去?

7.4 保护现场有什么作用?在 80C51 单片机中保护现场和保护断点有什么区别?

7.5 80C51 单片机各中断源对应的中断服务子程序的入口地址是否能任意设定?如果将中断服务子程序放置在程序存储区的任意区域,在程序中应该做何种设置?请举例加以说明。

7.6 简述子程序调用和执行中断服务子程序的异同点。

7.7 80C51 单片机开总中断的指令是_____,初始化时一般在什么位置开总中断?

7.8 当 80C51 单片机的某个中断源有中断请求时,CPU 响应这个中断的条件是什么?

7.9 简述 80C51 单片机的各个中断源是如何撤销中断的。

7.10 80C51 单片机的定时/计数器可选择_____个时钟源,当选择外部时钟源时,通常作为_____,当选择内部时钟源时,通常作为_____。

7.11 80C51 单片机的定时功能和计数功能本质上有区别吗?为什么?

7.12 80C51 单片机的定时/计数器选择外部时钟源有什么限制?为什么?

7.13 当 80C51 单片机中的门控位 GATE=0 时,怎么启动定时/计数器?当 GATE=1 时,又怎么启动定时/计数器?

7.14 80C51 单片机中的定时/计数器有几种工作方式?方式 0 和方式 1 有什么异同点?

7.15 当定时/计数器 T0 工作在方式 3 时,定时/计数器 T1 可以工作在哪些方式?这时我们常把 T1 设置成什么工作方式?为什么?

7.16 某实际应用中,使用到定时/计数器 T0 和外部中断 0,其中外部中断设为下降沿触发,低优先级,T0 工作于方式 1,软件启动,高优先级,中断模式。其余未使用到的中断源全部关闭。初始化时开总中断,那么 IE=_____,IP=_____,TMOD=_____,IT0=_____。

7.17 执行以下代码的作用是_____。

```
    ANL   TMOD,#0FH
    ORL   TMOD,#50H
```

7.18 若 80C51 单片机的晶振频率为 6MHz,使用定时/计数器 T0,进行 800μs 定时,可以使用哪些工作方式?为什么?要求软件启动,中断方式,试编写各种方式下的初始化程序。

7.19 设 80C51 单片机的晶振频率为 12MHz，要求使用定时/计数器 T1，中断模式，自动重装方式，输出周期为 200μs、占空比为 50%的方波，从 P1.0 输出，初始化 P1.0 为高电平。分别用汇编语言和 C51 进行编程。

7.20 仿真系统图如图 7.17 所示，其中晶振频率为 12MHz，当单刀双掷开关 SW1(P2.0)接高电平时，设置外部中断 0 为下降沿触发方式；当 SW1 接低电平时，设置为低电平触发方式。初始化时，LED（P1.7）熄灭，外部中断 0 有中断产生时，LED 闪烁 5 次，亮 250ms、灭 250ms，采用定时/计数器 T0 定时 50ms，工作方式 1，中断模式，定时中断为高级中断优先级。试编写 C51 程序，并说明下降沿触发时和电平触发时的不同之处。

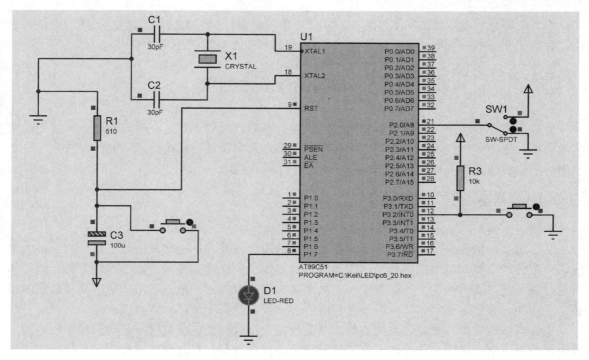

图 7.17 习题 7.20 的仿真系统图

第8章　80C51单片机的串行口及串行总线扩展

随着网络化和分布式应用系统的发展，单片机应用系统间的数据通信功能越来越重要。在数据通信领域内，按每次传送的数据位数，可将数据通信分为并行通信和串行通信两种通信方式。本章主要介绍串行通信的基本常识，80C51单片机串行口 UART 的结构、工作方式及其应用，并简单介绍单片机串行总线扩展技术、I²C 总线和 SPI 总线的原理及应用。

8.1　串行通信基本知识

通信是指不同应用系统或设备间的信息传输。不同的通信方式下，通信终端之间的连线结构和数据传送方式不同，其特点和适用范围也不同。本节主要介绍串行通信的工作方式、分类及串行通信的波特率等基本概念。

8.1.1　基本通信方式及特点

数据通信的两种基本方式：并行通信和串行通信。

并行通信是指各个数据位同时进行传送的数据通信方式，每个数据位使用单独的一根数据线，一个传送单位（以字或字节为传送单位）有多少位数据就需要多少根数据线。并行通信的特点是各数据位同时传送，传送速度快、效率高，但成本高，一般只适用于短距离（传送的距离小于 30m）数据通信。计算机内部的数据传送一般采用并行方式。

串行通信的数据传输是逐位传输的，只需使用一根数据线，将数据一位一位地依次传输，每一位数据占据一个固定的时间长度。这种通信方式只需要少数几根线就可以在系统间交换信息，其特点是速度慢，但成本低，非常适用于较长距离数据通信，计算机与外界的数据传送大多数是串行的，其传送的距离可以从几米到几千千米。

8.1.2　串行通信的数据传送方式

串行通信的数据传送方式有单工、半双工、全双工等方式。

1. 单工（Simplex）方式

单工方式的数据仅按一个固定方向传送，通信双方一方固定为发送端，另一方固定为接收端，数据只能由发送设备单向传输到接收设备，如图 8.1（a）所示。

2. 半双工（Half-duplex）方式

半双工也称准双工，半双工方式的数据传送是双向的，但与全双工不同，其发送和接收不能同时进行，即任意时刻只能由其中的一方发送数据，另一方接收数据。因此半双工方式可以使用一根数据线，如图 8.1（b）所示。

3. 全双工（Full-duplex）方式

全双工方式的数据传送是双向的，两个串行通信设备之间的数据传送可向两个方向传送，且可同时进行发送和接收数据，因此全双工方式的串行通信需要两根数据线，如图 8.1（c）所示。

各种通信方式都有着广泛的应用，实际应用中可以根据不同的场合和对数据交换的不同要求选用不同的通信方式。

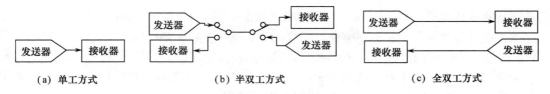

| | (a) 单工方式 | | (b) 半双工方式 | | (c) 全双工方式 |

图 8.1　串行通信的数据传送方式

8.1.3　串行通信的分类

串行通信分为异步通信和同步通信两种。

1. 同步通信

同步串行通信中，所有设备由同一个时钟源控制，该时钟称为同步时钟。同步串行通信的数据传送是按信息帧（若干个数据字符组成的数据块）进行传输的，通常，每个信息帧包括同步字符、数据字符和校验字符。同步通信的数据格式如图 8.2 所示。

| 同步字符 | 数据字符1 | 数字字符2 | 数字字符3 | 数据字符n | CRC1 | CRC2 |

图 8.2　同步通信数据帧格式

同步通信中的同步字符位于数据块开头，标识一帧数据传输的开始；接收端接收到同步字符以后，即准备接收数据。同步字符可以采用统一标准格式，也可以由用户约定。

数据字符在同步字符之后，数据内容由双方约定的协议确定。

检验字符位于数据块末尾，接收端可以通过检验字符对接收到的数据字符的正确性进行检验。

同步通信中的优点是数据传输速率较高，但硬件相对复杂。

2. 异步通信

异步通信和同步通信的主要区别是，在异步串行通信中，接收设备和发送设备不需要同一时钟控制，双方有各自的时钟信号，双方的时钟通常是不同步的（异步的）。当然，为了保证数据传送的正确，这些时钟的频率必须保持一致（或者频率误差在规定的范围内）。

异步通信中，数据也是一帧一帧传送的，但由于收发双方的时钟可能存在误差，因此异步通信中的帧长度不能太长，其格式通常由 1 字节数据构成。典型的异步通信数据帧格式由起始位（低电平）、数据位、奇偶检验位、停止位（高电平）组成，如图 8.3 所示。

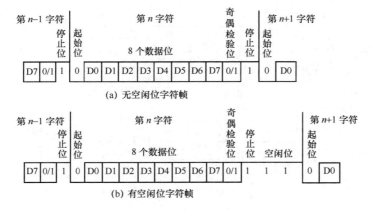

图 8.3　异步通信数据帧格式

图 8.3 中，通信线路在不传送数据时应保持为 "1"，发送端通过发送起始位 "0" 开始一帧

的传送，接收端通过接收到的起始位"0"实现一帧的同步，开始一帧数据的接收。

起始位之后是数据位，在数据位中，低位在前、高位在后。数据位可以为 8 位或 9 位。

奇偶校验位用于对字符传送的正确性检查，常见的奇偶校验有奇校验、偶校验和无校验 3 种。

停止位用以标志一个字符传送的结束，它对应于"1"，处在奇偶校验位之后。停止位可以规定为 1 位、1.5 位或 2 位，在实际应用中根据需要确定。

8.1.4 串行通信的波特率、比特率

波特率是串行通信的重要概念，波特率是指每秒传送信号的数量，单位为波特（Baud）。

比特率是指每秒传送的信息量，是有效数据的传输速率，单位是 bps（bit per second）或 b/s。

例如，通信双方每秒所传送数据的速率是 120 字符/秒，每一字符包含 10 位（1 个起始位、8 个数据位、1 个停止位），则比特率为

$$120 \times 10 = 1200b/s$$

在单片机串行通信中，传送的是二进制信息，其波特率、比特率在数值上是相等的。

在串行通信中，相互通信的双方必须具有相同的比特率，否则无法成功地完成串行数据通信。

8.2　80C51 单片机的串行口

为了实现串行通信，80C51 单片机将串行接口电路集成在芯片内部，称为通用异步接收/发送器（Universal Asynchronous Receiver/Transmitter，UART），UART 成为 80C51 单片机的标准配置。本节主要介绍 80C51 单片机串行口的结构、特点、工作方式及简单应用。

8.2.1　80C51 单片机串行口的结构

80C51 单片机内置一个全双工的串行口，可用作同步移位寄存器，也可用作通用异步接收/发送器，其结构如图 8.4 所示。串行数据从 RXD（P3.0）引脚输入，从 TXD（P3.1）引脚输出。

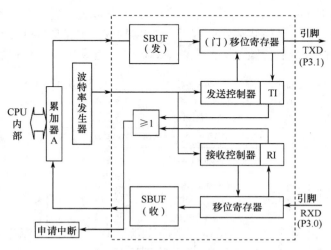

图 8.4　80C51 单片机串行口结构

串行口由数据缓冲器、移位寄存器、串行控制寄存器和波特率发生器等组成。数据缓冲器由两个互相独立的同名的接收、发送缓冲器（SBUF）构成，可以同时发送和接收数据。发送缓

冲器只能写入而不能读出，接收缓冲器只能读出而不能写入，因而两个缓冲器可以公用一个地址码。串行口的两个缓冲器公用的地址码是 99H，物理上对哪个缓冲器操作的确定是用读/写指令加以区分的。例如，指令 MOV　SBUF,A 是对发送缓冲器写入，而指令 MOV　A,SBUF 则是对接收缓冲器读出。

8.2.2　80C51 单片机串行口控制

80C51 单片机的串行口设有两个控制寄存器：串行控制寄存器（SCON）和电源控制寄存器（PCON）。

1. 串行控制寄存器（SCON）

SCON 占用内部 RAM 98H 单元，用于选择串行通信的工作方式和某些控制功能。表 8.1 列出了 SCON 的位名称。

表 8.1　SCON 的位名称

SCON	B7	B6	B5	B4	B3	B2	B1	B0
（98H）	SM0	SM1	SM2	REN	TB8	RB8	TI	RI

SCON 的各位功能如下。

SM0、SM1：串行口工作方式控制位，SM0、SM1 的 4 种组合控制了串行口的 4 种工作方式，可由表 8.2 概括。

表 8.2　SM0、SM1 组合确定串行口的工作方式

SM0	SM1	工作方式	功能说明	波特率
0	0	方式 0	同步移位寄存器方式	$f_{osc}/12$
0	1	方式 1	8 位 UART 方式，波特率可变	波特率可变，由定时器控制
1	0	方式 2	9 位 UART 方式，波特率固定	$f_{osc}/64$ 或 $f_{osc}/32$
1	1	方式 3	9 位 UART 方式，波特率可变	波特率可变，由定时器控制

其中，f_{osc} 为晶振频率。串行口的这 4 种工作方式中，方式 0 为同步移位寄存器方式，可通过外接移位寄存器芯片实现 I/O 接口的扩展；方式 1、方式 2、方式 3 都是异步通信方式，方式 1 为 8 位 UART；方式 2 和方式 3 都是 9 位 UART，其区别仅在于波特率不同。利用方式 2 和方式 3，可灵活构建多机通信系统。

SM2：多机通信控制位，允许工作在方式 2 和方式 3 时实现多机通信。SM2=1 时，当接收到的第 9 位数据（RB8）为 0 时，不启动接收中断标志位 RI，即 RI=0，所接收到的数据无效；当接收到的第 9 位数据（RB8）为 1 时，接收数据有效，把接收到的前 8 位数据送入 SBUF，置 RI=1，发出中断申请。SM2=0 时，不管第 9 位数据是 0 还是 1，都将接收到的前 8 位数据送入 SBUF，并发出中断申请。在方式 1 时，若 SM2=1，当接收有效停止位时，置 RI=1，数据有效；没有接收到有效停止位时，RI=0，数据无效。在方式 0 时，SM2 不用，设置为 0。

REN：允许串行接收控制位。REN=0 时，禁止串行接收数据；REN=1 时，允许并启动串行接收数据。REN 由软件置位/清 0。

TB8：在方式 2、方式 3 中，TB8 是要发送的第 9 位数据，由软件写入 1 或 0，方式 0、方式 1 不用；SM2=0 时，可用于奇偶校验；SM2=1 时，用作判断地址/数据，TB8=0 表示发送的是数据，TB8=1 表示发送的是地址。

RB8：在方式 2、方式 3 中，由硬件存放接收到的第 9 位数据。SM2=0 时，可作为奇偶校验；SM2=1 时，用作区别地址/数据的标志。在方式 1 时，SM2=0，RB8 接收的是停止位。在方

式 0 时，RB8 不用。

TI：发送中断标志位，用于指示一帧信息发送是否完成，可位寻址。发送完一帧信息，由硬件置 TI 为 1，同时申请中断。在发送数据前，TI 必须由软件清 0。

RI：接收中断标志位，用于指示一帧信息是否接收完成，可位寻址。接收到一帧有效信息后，由硬件置 RI 为 1，同时申请中断。RI 必须由软件清 0。

2. 电源控制寄存器（PCON）

PCON 主要是为实现电源控制而设置的专用寄存器，字节地址为 87H，不可位寻址。PCON 的格式见表 8.3。

表 8.3　PCON 的格式

PCON	D7	D6	D5	D4	D3	D2	D1	D0
（87H）	SMOD	—	—	—	GF1	GF0	PD	IDL

PCON 的 GF1、GF0、PD 和 IDL 位与串行通信无关，用于单片机的电源控制。SMOD 为波特率加倍位，串行方式 1、方式 2、方式 3 时，SMOD=0 时，波特率不加倍；SMOD=1 时，波特率加倍。系统复位时，默认为 SMOD=0。

3. 串行通信的工作方式

80C51 单片机的串行口有 4 种工作方式，分别为方式 0、方式 1、方式 2、方式 3。

（1）方式 0

当 SM0 SM1=00 时，串行口工作在方式 0。串行口作为 8 位同步移位寄存器使用，波特率固定为 f_{osc}/12。发送/接收数据时，以 8 位数据为 1 帧，不设起始位和停止位，串行数据由 RXD（P3.0）逐位移出或移入（低位在先，高位在后）；TXD（P3.1）输出移位时钟，频率为系统时钟频率 f_{osc} 的 1/12。

方式 0 下的串行口输出，一般与"串入并出"的移位寄存器配合（如 74LS164 等），就可把串行口变为并行输出口使用；串行口输入一般与"并入串出"的移位寄存器配合（如 74LS165 等），就可把串行口变为并行输入口使用。

在方式 0 下，串行口的发送条件是 TI=0；接收条件是 RI=0 且 REN=1（允许接收数据）。

（2）方式 1

当 SM0 SM1=01 时，串行口工作在方式 1。方式 1 为 8 位 UART 方式，一帧信息为 10 位：1 位起始位，8 位数据位（低位在先）和 1 位停止位，波特率可变，由定时/计数器 T1 的溢出率及 SMOD（PCON.7）决定，可根据需要进行设置。该方式下，串行口为全双工接收/发送串行口。

方式 1 的发送过程：串行通信方式发送时，数据由串行发送端 TXD 输出，当主机执行一条写"SBUF"的指令就启动串行通信的发送，写"SBUF"信号还把"1"装入发送移位寄存器的第 9 位，并通知 TX（串行口内部发送控制单元）开始发送，然后按设定的波特率依次从 TXD 上输出起始位、数据位、停止位。完成一帧信息的发送，并置位接收中断标志位 TI，即 TI=1，向主机请求中断处理。

方式 1 的接收过程：当软件置位串行允许接收控制位 REN，即 REN=1 时，接收器便以选定波特率的 16 分频的速率采样串行接收端 RXD，当检测到 RXD 从"1"到"0"的负跳变时，就启动接收器准备接收数据。

16 分频计数器的 16 个状态是指将 1 波特率（每位接收时间）进行 16 等分，在每位时间的 7、8、9 状态由检测器对 RXD 进行采样，所接收的值是这次采样值经"三中取二"的值，即 3 次采样至少 2 次相同的值，以此消除干扰影响，提高可靠性。在起始位，如果接收到的值不为"0"（低电平），则起始位无效，复位接收电路，并重新检测"1"→"0"的跳变。如果接收到的起始位有效，则将它输入移位寄存器，并接收本帧的其余信息。

若同时满足以下两个条件：

● RI=0；

● SM2=0 或接收到的停止位为 1。

则接收到的数据有效，并装入 SBUF，停止位进入 RB8，置位 RI，即 RI=1，向主机请求中断。若上述两个条件不能同时满足，则接收到的数据作废并丢失。无论条件满足与否，接收器重又检测 RXD 上的"1"→"0"的跳变，继续下一帧的接收。接收有效，在响应中断后，必须由软件清 RI，即 RI=0。通常情况下，串行通信工作于方式 1 时，SM2 设置为"0"。

采用移位寄存器和 SBUF 双缓冲结构，可以避免在接收后一帧数据之前，CPU 尚未将前一帧数据取走，造成两帧数据重叠。采用双缓冲结构后，前、后两帧数据进入 SBUF 的时间间隔至少有 10 个机器周期。在后一帧数据送入 SBUF 之前，CPU 有足够的时间将前一帧数据取走。

（3）方式 2 和方式 3

SM0 SM1=10 时，串行口工作在方式 2；SM0 SM1=11 时，串行口工作在方式 3。方式 2 和方式 3 的工作过程是完全一样的，唯一的区别就是波特率机制不同，方式 2 的波特率固定为 $f_{osc} \times 2^{SMOD}/64$，不可改变；而方式 3 的波特率为 $(2^{SMOD}/32) \times T1$ 的溢出率，波特率可改变。选择不同的初值或晶振频率，即可获得不同的定时/计数器 T1 的溢出率，从而得到不同的波特率，故方式 3 较常用。

方式 2 和方式 3 为 9 位 UART 方式，其一帧的信息由 11 位组成：1 位起始位，8 位数据位（低位在先），1 位可编程位（第 9 位数据）和 1 位停止位。发送时，可编程位（第 9 位数据）由 SCON 中的 TB8 提供，可软件设置为 1 或 0，或者可将 PSW 中的奇偶校验位 P 值装入 TB8（TB8 既可作为多机通信中的地址数据标志位，又可作为数据的奇偶校验位）。接收时，第 9 位数据装入 SCON 的 RB8。TXD 为发送端，RXD 为接收端，以全双工模式进行接收/发送。

与方式 1 相比，除发送时由 TB8 提供给移位寄存器第 9 数据位不同外，其余功能结构均基本相同，接收、发送操作过程及时序也基本相同。

当接收器接收完一帧信息后，必须同时满足下列条件：

● RI=0；

● SM2=0 或 SM2=1，并且接收到的第 9 数据位 RB8=1。

才将接收到的移位寄存器的数据装入 SBUF 和 RB8 中，并置位 RI=1，向主机请求中断处理。如果上述条件有一个不满足，则刚接收到移位寄存器中的数据无效而丢失，也不置位 RI。无论上述条件满足与否，接收器又重新开始检测 RXD 的跳变信息，接收下一帧的输入信息。

接收到的停止位与 SBUF、RB8 和 RI 无关。

通过软件对 SCON 中的 SM2、TB8 的设置及通信协议的约定，为多机通信提供了方便。

奇偶校验是检验串行通信双方传输的数据正确与否的一项措施，常用的有奇校验和偶校验。奇校验规定 8 位有效数据连同 1 位附加位中，二进制数"1"的个数为奇数；偶校验规定 8 位有效数据连同 1 位附加位中，二进制数"1"的个数为偶数。

将 PSW 中的奇偶校验位 P 值装入 TB8，采用方式 2 或方式 3 通信，是单片机串行通信常用的最简单的数据通信容错方法。

4．串行通信的波特率设置

单片机串行口的波特率随所选工作方式的不同而异，在串行通信中，收发双方的波特率要求保持一致，其误差一般不应超过 5%，否则无法完成正常通信。

方式 0 的波特率是固定的，其值为系统晶振频率的 1/12，即 $f_{osc}/12$。

方式 2 的波特率也是固定的，由 PCON 的 SMOD 位来决定，计算公式为

$$波特率 = （2^{SMOD}/64）\times f_{osc}$$

有两种不同的值：当 SMOD=1 时，波特率为 $f_{osc}/32$；当 SMOD=0 时，波特率为 $f_{osc}/64$。

方式 1 和方式 3 的波特率是可变的，其值由定时/计数器 T1 的溢出率控制，计算公式为

$$波特率 = （2^{SMOD}/32）\times T1 的溢出率$$

T1 的溢出率与 T1 的工作方式有关。最典型的应用方式是 T1 设置成 8 位自动重装方式（定时工作方式 2），此时 T1 的溢出率计算公式为

$$T1 的溢出率 = T1 计数率/产生溢出所需的时间$$
$$= （f_{osc}/12）/（256-（TH1））$$

此时波特率计算公式为

$$波特率 = （2^{SMOD}/32）\times（f_{osc}/12）/（256-（TH1））$$

80C51 单片机 T1 的方式 2 为 8 位自动重装方式，为串行口的波特率发生器提供了一个精确的时间基准。80C52 单片机还可使用定时/计数器 T2 作为波特率发生器。

当系统晶振频率选用 11.0592MHz 时，容易获得标准的波特率，因此需要串行通信功能的单片机应用系统通常都选用该晶振频率。定时/计数器 T1 在工作方式 2 时的常用波特率及初值见表 8.4。

表 8.4　定时/计数器 T1 在方式 2 时的常用波特率及初值

常用波特率（bps）	f_{osc}（MHz）	SMOD	TH1 初值
19200	11.0592	1	FDH
9600	11.0592	0	FDH
4800	11.0592	0	FAH
2400	11.0592	0	F4H
1200	11.0592	0	E8H

8.2.3　80C51 单片机串行口实例

串行口方式 0 下的扩展电路如图 8.5 所示。

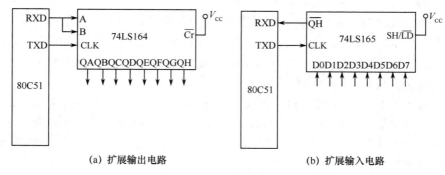

(a) 扩展输出电路　　　　　　　　　(b) 扩展输入电路

图 8.5　串行口方式 0 扩展电路

【例 8.1】用 80C51 单片机串行口连接两片并入串出移位寄存器 74LS165，扩展 1 个 16 位的并行输入口，编程实现从 16 位并行口输入采集到的 2 个 8 位（共 16 位）的拨码开关，并把拨码开关的值反映到相应的 LED 上，具体电路如图 8.6 所示。

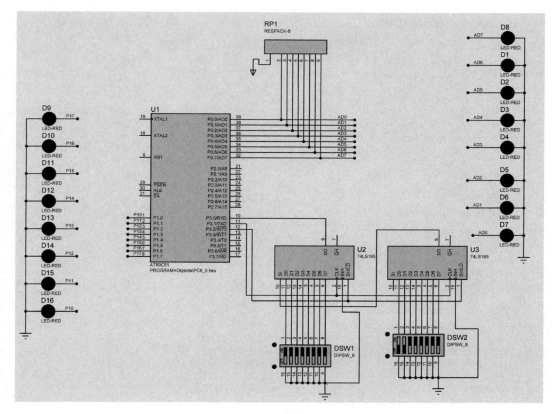

图 8.6　例 8.1 图

解　如图 8.6 所示，P3.2 接移位/置入控制端 SH/$\overline{\text{LD}}$，低电平时开关数据置入移位寄存器，高电平时 CLK 时钟有效，可以 RXD 串行移位读出移位寄存器中的开关数据。

```
#include <reg51.h>
#include <intrins.h>
#define uint    unsigned int
#define uchar unsigned char
sbit SDATA   = P3^0;
sbit SCLK    = P3^1;
sbit START   = P3^2;

uint read_int(void)
{ uchar i = 0;
   uint read_data = 0;
      START = 0;
 _nop_();
      START = 1;
       _nop_();
      for(i=0;i<16;i++)
      {read_data <<= 1;
         if(SDATA)
```

```
        {read_data|=SDATA;}
            SCLK=0;
            _nop_();
            SCLK=1;
            _nop_();
        }
         return read_data;
    }
    void main()
    {uint temp=0;
        uchar tempH=0;
        uchar tempL=0;
        SCLK=0;
        while(1)
        {temp=read_int();
            tempH=(uchar)(temp>>8);
            tempL=(uchar)temp;
            P1=tempH;
            P0=tempL;
        }
    }
```

【例 8.2】用 8051 单片机串行口外加移位寄存器 74LS164 扩展 16 位输出口，输出两位 7 段显示码，在数码管上显示。

解　如图 8.7 所示为在 Proteus 上的仿真图，用查询法编程，以下是在两个数码管上分别显示 1 和 0 的程序段，通过查表找到 7 段显示码，从串行口输出，由数码管来显示。

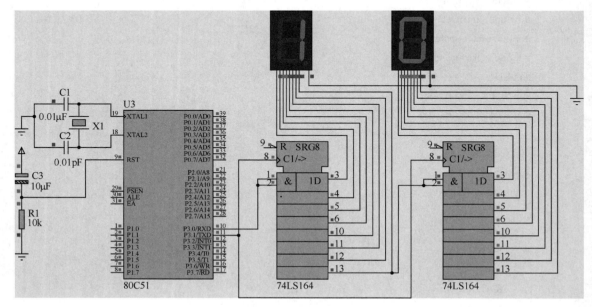

图 8.7　例 8.2 仿真图

```
#include<reg52.h>
void main(){
    unsigned char i;
    unsigned char temp[10] = {0xFC,0x60,0xDA,0xF2,0x66,0xB6,0xBE,0xE0,0xFE,0xF6};
    SCON = 0x00;    //SM0=0,SM1=0,设置串行口工作方式 0
    for(i=0;i<2;i++){
        SBUF = temp[i];
        while(!TI);             //等待数据发送完成
        TI = 0;                 //清除发送中断标志位
                    }
    while(1);
        }
```

8.3 80C51 单片机的串行口应用

8.3.1 双机通信

双机通信即两个单片机之间的点对点通信，通信双方应设置相同的波特率，并按照约定俗成的数据收发格式交换数据。这种约定俗成的数据收发格式即通信协议。可以自行设计通信协议，也可以遵循某种标准的协议。

【例 8.3】 由 80C51 单片机构成的双机通信系统如图 8.8 所示。1 号机将发送缓冲器（由 TBUFF0 开始）的 16 个无符号随机数通过串行口发送到 2 号机，2 号机将接收 1 号机发送过来的数据，校验正确后存放在接收缓冲器中（由 RBUFF0 开始的 16 个 RAM 字节）。设单片机的晶振频率为 11.0592MHz，波特率为 2400bps，采用串行口工作方式 1，试编写程序。

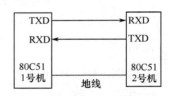

图 8.8 80C51 单片机构成的双机通信系统

解 现自行设计通信协议如下：1 号机作为数据发送方，2 号机作为数据接收方，发送数据时，1 号机先发送联络信号"0E1H"提示 2 号机进行接收，2 号机收到后回送应答信号"0E2H"，表示可以接收。当 1 号机收到应答信号"0E2H"后，开始连续发送 16 字节的发送数据，发送完 16 字节数据后，再发送 1 字节的校验数据，校验数据为所发 16 字节数据的累加和。2 号机接收数据并暂存在数据暂存区，接收完 17 字节数据后检验第 17 字节数据是否为前 16 字节数据的累加和，如正确则将数据暂存区中的数据移到接收缓冲器中（由 RBUFF0 开始的 16 个 RAM 字节），同时回送确认信号"00H"；否则即为通信错误，丢弃接收的数据，并回送"0FFH"，请求重发。1 号机接收到"00H"后，可确定 2 号机已正确接收，发送任务完成，结束发送；若收到"0FFH"，则重新发送数据一次，直到数据被正确接收。双方约定采用串行口方式 1 进行通信，一帧信息由 1 个起始位、8 个数据位、1 个停止位共 10 位组成，波特率为 2400bps，T1 工作在方式 2，作为串行通信的波特率发生器，单片机的晶振频率选用 11.0592MHz，设置 TH1=TL1= 0F4H，PCON 寄存器的 SMOD 位为 0。程序流程图如图 8.9 所示。

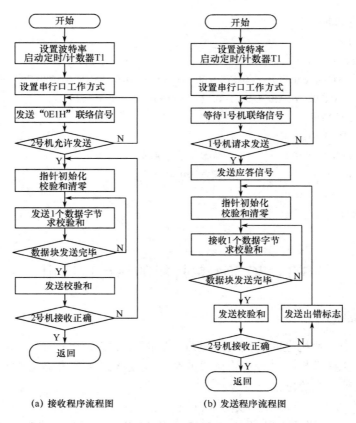

(a) 接收程序流程图　　　　(b) 发送程序流程图

图 8.9　由 80C51 单片机构成的双机通信系统程序流程图

程序如下：

（1）数据发送子程序清单

```
;数据发送子程序
ORG   0100H
CHECKDAT    EQU   39H
TBUFF0      EQU   40H
TXNUMBER    EQU   16
TXDATA:     ACALL   init_uart          ;初始化串行口
            CLR   TI
            CLR   RI
TXLP1:      MOV   SBUF, #0E1H         ;发送联络信号
            JNB   TI, $               ;等待一帧发送完毕
            CLR   TI                  ;允许再发送
            JNB   RI, $               ;等待 2 号机的应答信号
            CLR   RI                  ;允许再接收
            MOV   A, SBUF             ;读应答后至 A
            XRL   A, #0E2H
            JNZ   TXLP1               ;接收端未准备好,转
TXLP2:      MOV   R0, #TBUFF0         ;接收端准备好,读数据块地址指针初值
            MOV   R7, #TXNUMBER       ;数据块长度初值
```

```
                    MOV    CHECKDAT, #00H        ;清校验和单元
        TXLP3:      MOV    A, @R0
                    MOV    SBUF, A               ;发送
                    XRL    CHECKDAT, A           ;求校验和
                    INC    R0                    ;地址单元加 1
                    JNB    TI, $                 ;等待发送完
                    CLR    TI                    ;清发送标志位
                    DJNZ   R7, TXLP3             ;16 字节是否发送完毕
                    MOV    SBUF, CHECKDAT        ;发送校验和
                    JNB    TI, $                 ;等待发送完
                    CLR    RI
                    CLR    TI                    ;清发送标志
                    JNB    RI, $                 ;等待应答信号
                    CLR    RI
                    MOV    A, SBUF               ;读应答至 A
                    JNZ    TXLP2                 ;应答"错误",转重新发送
                    RET                          ;应答"正确",返回
                    bd2400bps equ 0F4H
        init_uart:  CLR    EA
                    MOV    TMOD, #20H            ;定时/计数器 T1 工作于方式 2,8 位自动重装方式
                    MOV    TH1, #bd2400bps       ;定时/计数器 T1 赋初值,波特率为 2400bps
                    MOV    TL1, #bd2400bps
                    MOV    PCON, #00H            ;波特率不加倍
                    SETB   TR1                   ;启动定时/计数器 T1
                    MOV    SCON, #50H            ;串行口工作于方式 1,允许接收
                    RET
```

（2）数据接收子程序清单（C51 源程序）

```c
;数据接收子程序
#include "reg51.h"
typedef unsigned char BYTE;
typedef unsigned int WORD;
#define bd2400bps 0xF4 //波特率设置
BYTE data CHECKDAT _at_ 0x39;
BYTE data RBUFF[17] _at_ 0x40;
char i;
void InitUart();
//
void rxdata()
    {
    InitUart();         //初始化串行口
    TI=0;
    RI=0;
    if(SBUF!=0xE1)   //判断是否为联络信号
        {
        while(!RI);         //等待接收
        RI=0;
```

```
                }
        SBUF=0XE2;              //是联络信号,应答
        while(!TI){}
        TI=0;
        CHECKDAT=0X00;
        for(i=0;i<=16;i++)
                {
                while(!RI);       //等待接收
                RI=0;
                RBUFF[i]=SBUF;
                CHECKDAT^=RBUFF[i];
                }
        if(CHECKDAT==0)
                SBUF=0X00;
        else
                SBUF=0XFF;
        while(!TI){}
        TI=0;
        }


/*---------------------------
初始化串行口
---------------------------*/
void InitUart()
    {
        EA=0x00;                //关总中断
        TMOD=0x20;              //定时/计数器 T1 工作于方式 2,8 位自动重装方式
        TH1=bd2400bps;          //定时/计数器 T1 赋初值
        TL1=bd2400bps;
        PCON=0x00;              //波特率不加倍
        SCON=0x50;              //串行口工作于方式 1,允许接收
        TR1=1;                  //启动定时/计数器 T1
    }
void main() //主函数
    {
        while(1)
        {rxdata();}
    }
```

8.3.2 多机通信

多机通信是指多个单片机之间的相互通信，主要有无中心多机通信和有中心（主从式）多机通信两大类，这里只介绍有中心（主从式）多机通信。主从式多机通信是多机通信中应用最广泛也是最简单的一种。80C51 单片机串行口的工作方式 2 或方式 3 都支持多机通信。

主从式多机通信是在通信系统的多个单片机中，有一个是主机，其余都是从机。主机可以向所有从机或指定的从机发送数据，也可接收所有从机发出的数据；而从机只能向主机发送数据，也只能接收主机发送的数据；各从机之间不可以直接通信，各从机之间的通信必须通过主机进行。

图 8.10 是由 80C51 单片机组成的主从式多机通信系统示意图。

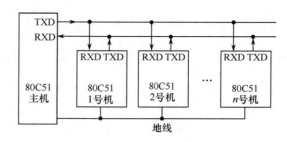

图 8.10　由 80C51 单片机构成的主从式多机通信系统

在主从式多机通信系统中，主机和从机只能工作在方式 2 或方式 3。这两种工作方式都是 9 位 UART 方式，其中的第 9 位（TB8）作为地址/数据标志位。当主机发出的是地址信息（用于选通与主机通信的从机）时，将串行发送的第 9 位数据 TB8 置 1；当主机发出的是数据信息时，将串行发送的第 9 位 TB8 清 0。

SCON 寄存器的 SM2 为多机通信控制位，SM2 置 1 时，单片机串行口只对接收的地址信息（9 位数据且第 9 位为 1）响应（置位 RI 并申请串行中断），而对接收的数据信息，因第 9 位加 0（事先约定发送数据时第 9 位为 0）而被硬件屏蔽掉，不影响 RI 的值；SM2 清 0 时，单片机串行口既可接收地址信息，也可接收数据信息。

通常，主从式多机通信系统中主机需接收所有信息（包括所有从机地址和数据），所以主机的 SM2 应清 0；而从机只需接收来自主机（以地址区分）的信息，所以应使 SM2=1，当接收到主机发出的地址信息时，将主机送出的地址与本机地址进行比对，相同时，即认为主机要与自己通信，立即在软件上对 SM2 清 0，以允许串行口接收主机随后送出的数据信息，并把本机地址发回主机作为应答；而与主机送出的地址不相同的从机，其 SM2 仍保持为 1，对主机随后送出的数据信息不做响应。

主从式多机通信过程如下：

① 主机 SM2 清 0，可以接收任何信息；所有从机的 SM2 置 1，只接收主机发来的地址。

② 主机根据需要通信的从机地址发出一帧地址信息，即 8 位从机地址数据，且第 9 位为 1，然后进入接收状态，接收从机应答信号（可通过通信协议确定）。

③ 所有从机处于接收状态，接收到主机发出的地址后申请中断，在中断服务子程序中将该地址与本机地址相比较，与本机地址相符时，表示主机要与本机通信，本机被选中。被选中的从机向主机发送应答信号，然后 SM2 清 0，做好接收后续数据（第 9 位为 0）的准备；未被选中的从机，其 SM2 的状态不变，只可接收地址信息，对主机随后发送的数据信息不响应。

④ 主机收到从机的应答信号后，给被寻址的从机发送数据信息（数据帧的第 9 位为 0）。

⑤ 根据通信协议的规定，从机正确接收所需的数据后，发送应答信号给主机，同时将 SM1 置 1，主机与从机的本次通信过程结束，进入只接收地址信息的状态。

8.3.3　单片机与 PC 通信

单片机与 PC 的通信一般采用 RS-232 或 RS-485 标准。RS-232 标准是为点对点通信而设计的，其传送距离最大约为 15m；RS-485 标准适用于总线制通信，其传送距离可达 1200m。本节主要介绍 RS-232 标准。

RS-232 标准的全称是 EIA-RS-232C 标准，是美国电子工业协会（Electronic Industry Association，EIA）制定的一种串行物理接口标准。RS-232 标准定义了电压、阻抗等，但不对软件协议给予定义。RS-232C 是 PC 与通信工业中应用最广泛的一种串行口标准。

该标准规定采用一个 25 引脚的 DB-25 连接器，对连接器的每个引脚的信号内容加以规定，还对各种信号的电平加以规定。实际工程中，可简化为只需 9 个引脚的 DB-9 接口。

DB-25 连接器的外形及信号线分配如图 8.11（a）所示。

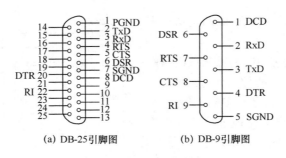

(a) DB-25引脚图　　　　　(b) DB-9引脚图

图 8.11　连接器引脚图

DB-25 连接器的常用引脚功能如表 8.5 所示。

表 8.5　DB-25 连接器的常用引脚功能

引脚	功能	引脚	功能
1（PGND）	地线	6（DSR）	数据装置准备好
2（TxD）	发送数据	7（SGND）	信号地
3（RxD）	接收数据	8（DCD）	接收线信号检出
4（RTS）	请求发送	20（DTR）	数据终端准备好
5（CTS）	允许发送	22（RI）	振铃指示

DB-9 连接器只提供异步通信的 9 个信号，其外形及信号线分配如图 8.13（b）所示。DB-25 连接器与 DB-9 连接器的引脚分配信号完全不同。

DB-9 连接器的引脚功能如表 8.6 所示。

表 8.6　DB-9 连接器的引脚功能

引脚	功能	引脚	功能
1（DCD）	接收线信号检出	6（DSR）	数据装置准备好
2（RxD）	接收数据	7（RTS）	请求发送
3（TxD）	发送数据	8（CTS）	允许发送
4（DTR）	数据终端准备好	9（RI）	振铃指示
5（SGND）	信号地		

RS-232C 采用负逻辑（逻辑 1 为−3～−15V，逻辑 0 为+3～+15V），与单片机系统常用的 TTL 电平不匹配。PC 的 RS-232C 接口与 TTL 器件连接时，必须在 RS-232C 接口与 TTL 电路之间进行电平和逻辑关系的转换。这类转换芯片很多，这里介绍常用的 MAX232 电平转换芯片。

MAX232 芯片是 Maxim 公司生产的低功耗、单电源、双 RS-232 发送/接收器，可实现 TTL 到 EIA 的双向电平转换。其引脚排列与内部结构如图 8.12 所示。

PC 与单片机系统的接口电路如图 8.13 所示。MAX232 外围的 4 个电解电容 C_1、C_2、C_3、C_4 是内部电源转换所需电容，其取值均为 1μF/25V，C_5 为 0.1μF 的去耦电容。MAX232 有两对独立的 TTL/CMOS 电平转换接口。

图 8.13 中只使用了一对转换接口，T1IN、R1OUT 引脚分别与 80C51 的串行发送引脚 TXD、RXD 相连接，T1OUT、R1IN 分别与 PC 的接收端 RD、TD 相连接。

一台 PC 既可以与一个 80C51 单片机系统通信，也可以与多个 80C51 单片机系统通信。单片机与 PC 通信的硬件连接电路如图 8.14 所示。

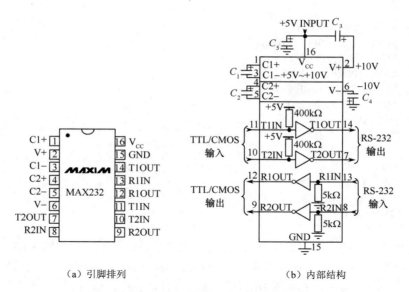

（a）引脚排列　　　　　　　（b）内部结构

图 8.12　MAX232 引脚排列与内部结构图

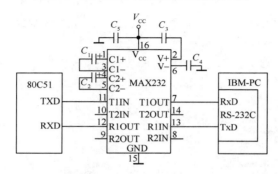

图 8.13　PC 与单片机系统接口电路图

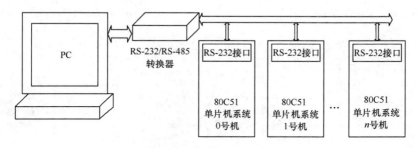

图 8.14　单片机与 PC 的硬件连接电路

以下程序段可实现单片机与 PC 连接的串行收发测试，单片机的 C 语言编程见例 8-5。PC 的程序可以用汇编语言编写，也可以用高级语言编写，但在实际应用中，使用成熟的串行口测试程序比较方便，如串口调试助手、串口调试精灵等，界面简单，使用方便。

【例 8.4】利用单片机串行口发送/接收程序，每接收到字节即刻发送出去，并利用串口调试助手将字符回显在屏幕上。

解　串行口接收/发送 C51 程序：

```
ORG   0000H
LJMP   MAIN
ORG   0100H
```

```
MAIN: MOV    TMOD, #20H
        MOV    TH1, #0FDH
        MOV    TL1, #0FDH
        MOV    PCON, #00H
        SETB   TR1
        MOV    SCON, #050H
LOOP: JNB    RI, $
        CLR    RI
        MOV    A, SBUF
        MOV    SBUF, A
        JNB    TI, $
        CLR    TI
        SJMP   LOOP
        END
```

首先利用 VSPD（虚拟串口驱动）软件将两个虚拟串口连接起来，如图 8.15 所示。从图 8.15 可以看出，我们把 COM3 和 COM4 两个虚拟串口连接在一起了。打开串口调试助手，将串口设为 COM4，并做好相关设置，如图 8.16 所示。然后利用 Proteus 设置 COM3，并做好相关配置，如图 8.17 所示。

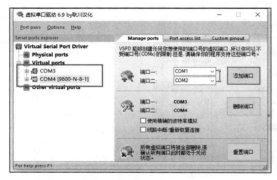

图 8.15　VSPD 设置界面

图 8.16　串口调试助手的设置界面

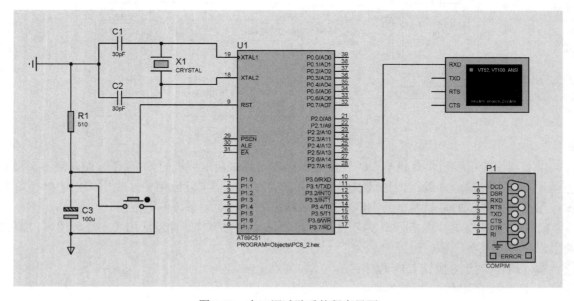

图 8.17　串口调试助手的程序界面

将程序编译后写入单片机，并连好串行口线，通过串口调试助手向单片机发送数据或字符，则发送的内容被原样发送回来，如图 8.18 所示。

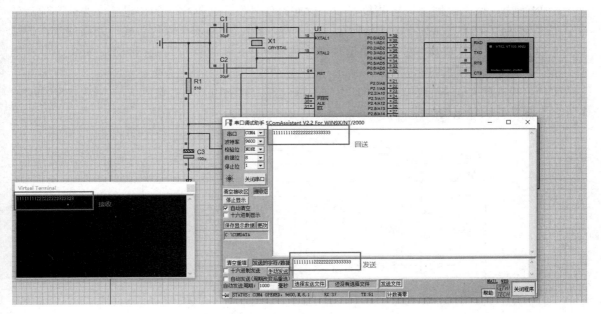

图 8.18　串口调试结果

8.4　单片机的串行总线扩展

串行总线除 RS-232/422/485 总线外，还有 I²C 总线、SPI 总线、CAN 总线、USB 总线、Microwire 总线、1-Wire 总线等。串行总线具有线路简单、硬件开销少、成本低廉、便于总线扩展和维护等优点。现在越来越多的芯片采用串行总线接口。

串行口根据数据定时的不同，可分为两大类：异步串行口和同步串行口。在异步串行口中，数据可以顺次出现在数据流中，数据间的相对延迟没有专门的时钟来控制；在同步串行口中，数据流中顺次出现的数据由一个主数据时钟来管理，并以一定的时间间隔出现。

本节主要介绍 I²C 总线，并对 SPI 总线和 CAN 总线进行简单介绍。

8.4.1　I²C 总线接口及其扩展

I²C 总线（Inter Integrate Circuit BUS），又叫 IIC 总线，是 Philips 公司设计的一种芯片之间的全双工同步串行总线技术。I²C 总线上扩展的外设及外设接口通过总线寻址，是具备总线仲裁和高低速设备同步等功能的高性能总线。

1．I²C 总线工作原理

I²C 总线采用两条线实现数据通信。具有 I²C 总线接口的 80C51 单片机如 P87LPCXXXX/C8051FXX 等，可通过自身专用接口和 I²C 总线连接；没有 I²C 总线接口的 80C51 单片机，可以通过编写软件，在 I/O 接口模拟通信电平时序和 I²C 总线连接。

由于 I²C 总线连线少、时序模拟方便、寻址方式容易等，近年来在单片机应用系统中得到了快速的发展，各种类型的外设如存储器、ADC、DAC、LCD 驱动器、逻辑门阵列电路等，都有 I²C 总线的应用。

（1）I^{2}C 总线结构

I^{2}C 总线由两根线构成，一是时钟线 SCL，二是数据线 SDA。数据线 SDA 上传送数据，数据传送以帧为单位，每帧含一字节数据和一位应答信号位，数据字节的传送次序为先高位后低位；时钟线 SCL 提供数据传送的位同步信号。所有的 I^{2}C 总线器件都挂接在这两根线上，形成 I^{2}C 通信系统。I^{2}C 总线器件分为主机器件和从机器件，主机器件负责数据传送的控制，从机器件按照主机器件的控制时序进行操作。

I^{2}C 总线上所有设备的 SDA、SCL 引脚必须外接上拉电阻，上拉电阻 R_p 一般为 5~10kΩ。I^{2}C 总线器件的接口结构如图 8.19 所示。

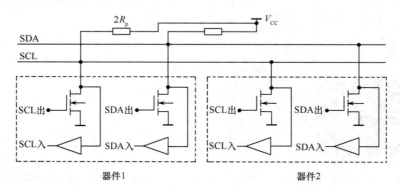

图 8.19 I^{2}C 总线器件的接口结构

I^{2}C 总线空闲时为高电平状态，任一芯片输出低电平，都会使总线信号变低。挂接总线上器件的数量（总线的负载能力）受总线电容量 400pF 上限的限制。总线在标准模式下的数据传输速率为 100kbps，快速模式下为 400kbps，高速模式下为 3.4Mbps。

I^{2}C 芯片地址的识别采用全新的方式——"引脚电平、软件寻址"实现。系统中所有器件均有 I^{2}C 总线接口，所有器件通过两根线 SDA 和 SCL 连接到 I^{2}C 总线上，并通过寻址识别。I^{2}C 总线上的器件既可以作为主控制器（主机），也可以作为被控制器（从机），系统中每个器件均具有唯一的地址，各器件之间通过寻址确定数据交换方。任何时刻 I^{2}C 总线只能有一个主机器件，数据的传输只能在主、从机器件间进行。

"引脚电平"是指芯片有 3 个地址引脚，可接固定的"0""1"电平而设置成不同的引脚地址。软件寻址指令的编码内容包括"器件标识"、"引脚电平"和"方向位"3 部分，见表 8.7。"器件标识"（D7~D4）用来区别不同种类的 I^{2}C 芯片，如 EEPROM、ADC 等，厂家在制作时已将数据固化在芯片中；"引脚电平"（D3~D1）是使用者编程时对应该芯片的 3 个引脚连接的固定电平。若寻址指令编码数据和某 I^{2}C 芯片的"器件标识"和"引脚电平"相一致，则该芯片被选中。"方向位"（D0）表示对该芯片进行的操作，"1"表示读操作，"0"表示写操作。I^{2}C 芯片的这种特性，使得它的"片选"既不必像并行芯片那样通过数据线"译码"，也不必像 SPI 芯片那样用专门的 I/O 接口的位来选择，只要在 SDA 线上传送寻址指令就可以了。

表 8.7 I^{2}C 芯片寻址指令编码格式

	器 件 标 识				引 脚 电 平			方 向 位
位序	D7	D6	D5	D4	D3	D2	D1	D0
寻址编码	DA3	DA2	DA1	DA0	A2	A1	A0	1=读，0=写

常用 AT24C 系列存储器就是 I^{2}C 总线典型的产品，其器件地址表见表 8.8。

表 8.8 AT24C 系列存储器器件地址表

器件型号	字节容量	寻址字节						内部地址字节数	页面写字节数	最多可挂器件数
		固定标识			片选			R/$\overline{W}$			
AT24C01A	128B	1	0	1	0	A2	A1	A0	1/0	1	8	8
AT24C02	256B					A2	A1	A0	1/0		8	8
AT24C04	512B					A2	A1	P0	1/0		16	4
AT24C08A	1KB					A2	P1	P0	1/0		16	2
AT24C16A	2KB					P2	P1	P0	1/0		16	1
AT24C32A	4KB					A2	A1	A0	1/0	2	32	8
AT24C64A	8KB					A2	A1	A0	1/0		32	8
AT24C128B	16KB					A2	A1	A0	1/0		64	8
AT24C256B	32KB					A2	A1	A0	1/0		64	8
AT24C512B	64KB					A2	A1	A0	1/0		128	8

（2）I^{2}C 总线的数据传输协议及方式

① I^{2}C 总线的技术条件规定，在 SCL 线为高电平期间，SDA 线上的数据状态必须保持稳定。只有在 SCL 线为低电平期间，SDA 线上的数据才允许发生变化。

② 启停控制和应答信号的规定。I^{2}C 总线在传送数据过程中共有 3 种类型信号：起始信号、停止信号和应答信号。数据传送的起始信号和停止信号时序规定如图 8.20 所示。

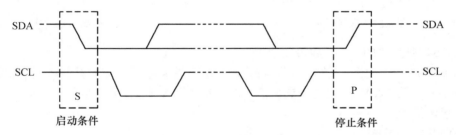

图 8.20　I^{2}C 总线数据传送的起始信号和停止信号时序规定

起始信号（S）——在 SCL 线为高电平期间，SDA 线出现下降沿，表明数据传送开始。出现起始信号以后，总线被认为"忙"。

停止信号（P）——在 SCL 线为高电平期间，SDA 线出现上升沿，表明数据传送停止。停止信号过后，总线被认为"空闲"。

需要注意的是，I^{2}C 总线的 S 和 P 信号都是由主机发出的。连接在总线上的芯片，若内部具有 I^{2}C 总线接口，则能够及时检测到 S 和 P 信号；对于内部没有 I^{2}C 总线接口的单片机（设处于从机状态），则需要在一个 SCL 时钟周期内至少 2 次采样 SDA 线来读取 S 和 P 信号。

应答信号（A）。应答信号是接收方接收到一字节数据后给予发送方的回应，表示接收正常。I^{2}C 总线上传送一字节数据后，发送方在第 9 个 SCL 脉冲高电平期间，释放 SDA 线（高电平），接收方使该线变为低电平，作为应答信号。发送方在收到应答信号后，才能继续进行后续的数据发送。应答时序如图 8.21 所示。

非应答信号（$\overline{A}$）。如果接收方未能收到数据字节，在第 9 个 SCL 脉冲高电平期间，它将在 SDA 线上发出"非应答"信号，即高电平。发送方在收到该信号后，发出停止信号或新的起始信号。当主机接收来自从机的数据时，在接收最后一个数据帧后，需发出非应答信号，使从机释放 SDA 线，以便随后主机发出停止信号。

（3）I²C 总线的数据传送形式

数据传送以数据帧为单位，每帧含 1 字节，即 8 位数据和 1 个应答信号位，共 9 位。帧内字节的传送顺序是先最高位（MSB），依次到最低位（LSB），传送数据帧的数量没有限制，直到停止信号为止。

I²C 总线的数据传送形式为主从式，对系统中的某一器件来说，有 4 种工作方式：主发送方式、从发送方式、主接收方式、从接收方式。I²C 总线协议规定，数据传送的基本步骤是：主机发出起始信号后，先发出从机的 8 位地址信息，该信息前 7 位是从机的内部地址，第 8 位是读/写信息（R/$\overline{W}$），"1"为读，"0"为写；然后进行和从机之间的读/写数据传送；最后由主机发出停止信号，结束数据传送。数据传送时序如图 8.22 所示。

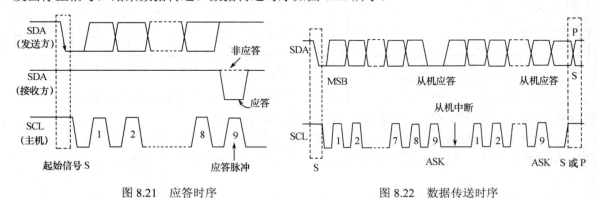

图 8.21 应答时序   图 8.22 数据传送时序

2. 80C51 单片机的 I²C 总线接口模拟

I²C 总线的起始、停止、应答等信号有严格的时序要求，如图 8.23 所示，设主机采用 80C51 单片机，晶振频率为 12MHz，则几个典型信号的模拟子程序如下，其对应的时序如图 8.24 所示。

（1）起始信号

```
STA:SETB  SDA
    NOP
    SETB   SCL
    NOP
    NOP
    NOP
    NOP
    NOP
    CLR    SDA
    NOP
    NOP
    NOP
    NOP
    NOP
    CLR    SCL
    RET
```

（2）停止信号

```
STP:CLR   SDA
```

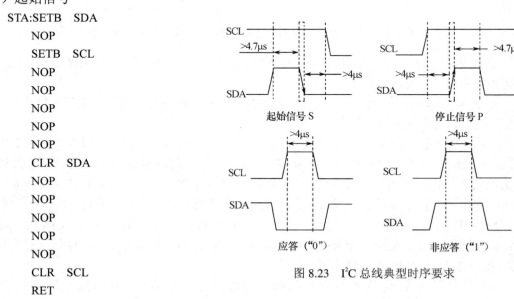

图 8.23 I²C 总线典型时序要求

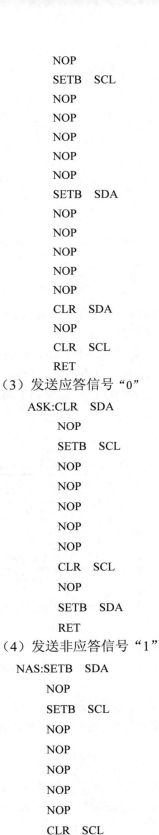

```
        NOP
        SETB   SCL
        NOP
        NOP
        NOP
        NOP
        NOP
        SETB   SDA
        NOP
        NOP
        NOP
        NOP
        NOP
        CLR    SDA
        NOP
        CLR    SCL
        RET
```

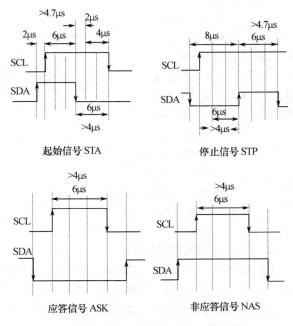

起始信号 STA   停止信号 STP

应答信号 ASK   非应答信号 NAS

图 8.24　模拟子程序对应的时序

（3）发送应答信号"0"

```
  ASK:CLR    SDA
        NOP
        SETB   SCL
        NOP
        NOP
        NOP
        NOP
        NOP
        CLR    SCL
        NOP
        SETB   SDA
        RET
```

（4）发送非应答信号"1"

```
  NAS:SETB   SDA
        NOP
        SETB   SCL
        NOP
        NOP
        NOP
        NOP
        NOP
        CLR    SCL
        NOP
```

```
            CLR    SDA
            RET
```
（5）应答位检查

正常应答时，标志 F0 为"0"，否则 F0 为"1"。

```
    ASKC: SETB   SDA
          SETB   SCL
          CLR    F0
          MOV    C,SDA
          JNC    EXIT
          SETB   F0 ;非正常应答
    EXIT: CLR    SCL
          RET
```

3. I²C 总线的典型应用

I²C 总线典型的产品 AT24C02 和单片机的连接电路如图 8.25 所示，通过程序模拟 I²C 总线通信方式。I²C 总线适用于通信速度要求不高而体积要求较高的应用系统。

AT24C02 是一个 2K 位串行 CMOS EEPROM，有一个 16 字节页写缓冲器，该器件通过 I²C 总线接口进行操作。AT24C02 可编程/擦除百万次，数据可保存 100 年；具有写保护功能，通过拉高 WP 引脚，可以禁止对存储器写入，从而保护整个存储器。AT24C02 的引脚排列见图 8.26，其引脚功能见表 8.9。

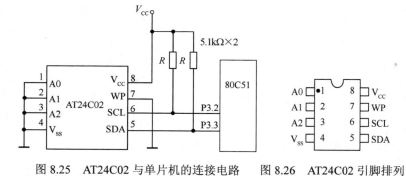

表 8.9　AT24C02 引脚功能表

引脚名称	功能
A0、A1、A2	器件地址选择
SDA	串行数据/地址
SCL	串行时钟
WP	写保护
VCC	1.8～6.0V 工作电压
VSS	地

图 8.25　AT24C02 与单片机的连接电路　　图 8.26　AT24C02 引脚排列

（1）引脚描述

SCL：串行时钟输入引脚，用于产生器件所有数据发送或接收的时钟。

SDA：双向串行数据/地址引脚，用于器件所有数据的发送或接收。SDA 是一个开漏输出引脚，可与其他开漏输出或集电极开路输出进行线或。

A0、A1、A2：器件地址输入端，这些输入引脚用于多个器件级联时设置器件地址。

WP：写保护引脚。如果 WP 引脚连接到 VCC，所有的内容都被写保护；只能当 WP 引脚连接到 VSS 或悬空时，才允许器件进行正常的读/写操作。

（2）写操作

对 AT24C02 写入时，单片机发出起始信号之后再发送的是控制字节，然后释放 SDA 线并在 SCL 线上产生第 9 个时钟信号。被选中的存储器器件在确认是自己的地址后，在 SDA 线上产生一个应答信号，单片机收到应答信号后就可以传送数据了。

传送数据时，单片机首先发送 1 字节的预写入存储单元的首地址，收到正确的应答后，单片机就逐个发送各数据字节，但每发送 1 字节后都要等待应答。单片机发出停止信号后，启动

AT24C02 的内部写周期，完成数据写入工作（约 10ms 内结束）。

AT24C02 内部地址指针在接收到每一个数据字节后自动加 1，在芯片的"一次装载字节数"（页面字节数）限度内，只需输入首地址。装载字节数超过芯片的"一次装载字节数"时，数据地址将"上卷"，前面的数据将被覆盖。当要写的数据传送完后，单片机应发出停止信号以结束写入操作。n 字节写入数据格式如图 8.27 所示。

图 8.27 n 字节写入数据格式

① 1 字节写入

设预发送的数据在 A 中，1 字节的写入程序设计如下，右边是程序阅读辅助信息。

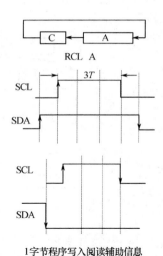

1 字节程序写入阅读辅助信息

```
WRB:    MOV   R0,#8        ;先发高位
WLP1:   RLC   A
        JC    WR1
        AJMP  WR0
WLP2:   DJNZ  R0,WLP1
        RET
WR1:    SETB  SDA          ;发"1"
        SETB  SCL
        NOP
        NOP
        CLR   SCL
        CLR   SDA
        AJMP  WLP2
WR0:    CLR   SDA
        SETB  SCL
        NOP
        NOP
        CLR   SCL
        AJMP  WLP2
```

② 多字节的写入

入口条件：向 R1 送入发送数据缓冲区首地址

SNUM 送入发送字节数（含首地址）

SLAW 送入写寻址字节

```
WRNB:   LCALL  STA         ;发送起始信号 S（STA 起始信号子程序）
        MOV    A, SLAW
        LCALL  WRB         ;写寻址字节（片选）
```

```
            LCALL    ASKC              ;调用应答检查子程序 ASKC
            JB       F0, WRNB
WLP:        MOV      A, @R1
            LCALL    WRB               ;写入首地址,第 2 次循环便是数据
            LCALL    ASKC              ;调用应答检查子程序 ASKC
            JB       F0,WRNB
            INC      R1
            DJNZ     SNUM, WLP
            LCALL    STP               ;送停止信号
            RET
```

（3）读操作

单片机读 AT24C02 时，也要发送该器件的控制字节（"伪写"），发送完后释放 SDA 线并在 SCL 线上产生第 9 个时钟信号，被选中的存储器在确认是自己的地址后，在 SDA 线上产生一个应答信号作为响应。然后，单片机再发送首地址，在收到器件的应答后，单片机要重复一次起始信号并发出器件地址和读方向位（"1"），收到器件应答后就可以读出数据字节，每读出一字节，单片机都要回复应答信号。当最后一字节数据读完后，单片机应返回"非应答"（高电平），并发出停止信号以结束读取操作。n 字节读出的数据格式如图 8.28 所示。

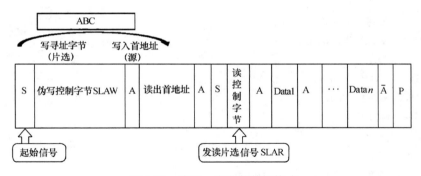

图 8.28　读取 n 字节的数据格式

① 1 字节读取

设读取的 1 字节数据存于 R2 或 A 中，1 字节的读取程序设计如下：

```
RDB: MOV    R0，#8            ;读入前先置1,类似单片机读 I/O 的操作
RLP: SETB   SDA
     SETB   SCL
     MOV    C, SDA
     MOV    A, R2
     RLC    A
     MOV    R2, A
     CLR    SCL
     DJNZ   R0,RLP
     RET
```

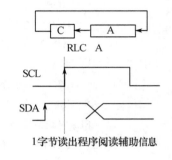

② *n* 字节的读取

入口条件：R1 送入接收缓冲区首地址，RNUM 送入接收字节数，SLAR 送入读寻址字节。

```
RDNB: LCALL  STA                ;发起始信号
      MOV    A,SLAR             ;发寻址字节（片选）
      LCALL  WRB                ;发送1字节（片选）
      LCALL  ASKC               ;检查应答
      JB     F0,RDNB
RNLP: LCALL  RDB                ;读1字节
      MOV    @R1,A              ;读1字节
      DJNZ   RNUM,FASK          ;读1字节
      LCALL  NAS                ;完毕,发非应答
      LCALL  STP                ;发停止信号
      RET
FASK: LCALL  ASK                ;发应答"0"
      INC    R1
      SJMP   RNLP
```

（4）应用示例

【例8.5】接口电路如图8.25所示，编程实现向 AT24C02 的 50H～57H 单元写入 00H、11H、22H、33H、44H、55H、66H、77H 共 8 个数据。

解　由题意及电路图可知，SLAW=A0H(10100000B)，AT24C02 接收数据区首地址 50H 及 8 个数据先放在单片机内部 RAM 的 30H～38H 单元。

```
SDA    EQU    P3.3
SCL    EQU    P3.2
SNUM   EQU    40H
SLAW   EQU    41H
       ORG    0000H
       AJMP   MAIN
       ORG    0040H
MAIN:  MOV    SP, #5FH
       CALL   LDATA          ;初始化
       MOV    SLAW, #0A0H     ;设寻址字节（片选）
       MOV    SNUM, #9        ;1 个首址,8 个数据
       MOV    R1,#30H
       CALL   WRNB
       SJMP   $
LDATA: MOV    R0,#30H         ;初始化数据区：50H、00H、11H…
       MOV    @R0,#50H        ;AT24C02 接收区首地址
       INC    R0
       MOV    @R0,#00H
       INC    R0
       MOV    @R0,#11H
       INC    R0
```

50H	00H
51H	11H
⋮	⋮
57H	77H

AT24C02内部待写入
的数据

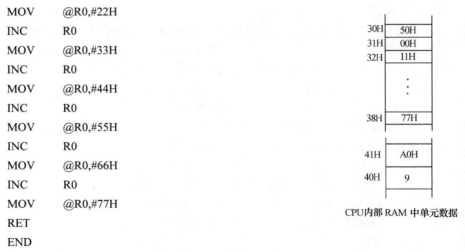

MOV	@R0,#22H	
INC	R0	
MOV	@R0,#33H	
INC	R0	
MOV	@R0,#44H	
INC	R0	
MOV	@R0,#55H	
INC	R0	
MOV	@R0,#66H	
INC	R0	
MOV	@R0,#77H	
RET		
END		

CPU内部 RAM 中单元数据

【例 8.6】 接口电路如图 8.25 所示，编程实现从 AT24C02 的 50H～57H 单元读取 8 字节数据，并将其存放在单片机内部 RAM 的 40H～47H 单元。

解 由题意可知：SLAW=A0H（写），SLAR=A1H（读），AT24C02 读数据区首地址 50H。

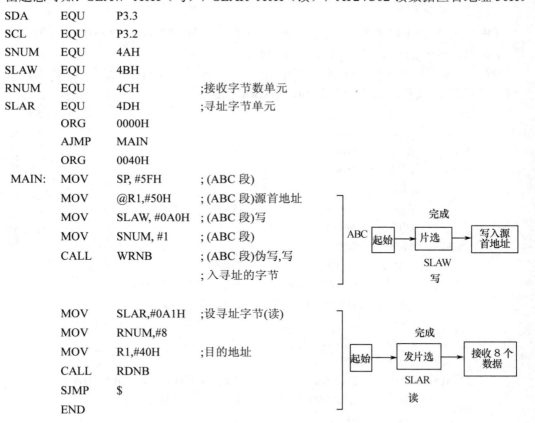

SDA	EQU	P3.3	
SCL	EQU	P3.2	
SNUM	EQU	4AH	
SLAW	EQU	4BH	
RNUM	EQU	4CH	;接收字节数单元
SLAR	EQU	4DH	;寻址字节单元
	ORG	0000H	
	AJMP	MAIN	
	ORG	0040H	
MAIN:	MOV	SP, #5FH	; (ABC 段)
	MOV	@R1,#50H	; (ABC 段)源首地址
	MOV	SLAW, #0A0H	; (ABC 段)写
	MOV	SNUM, #1	; (ABC 段)
	CALL	WRNB	; (ABC 段)伪写,写
			; 入寻址的字节
	MOV	SLAR,#0A1H	;设寻址字节(读)
	MOV	RNUM,#8	
	MOV	R1,#40H	;目的地址
	CALL	RDNB	
	SJMP	$	
	END		

8.4.2 SPI 总线接口及其扩展

SPI（Serial Peripheral Interface，串行外设接口）总线是 Motorola 公司推出的串行外设总线，是一种全双工、高速、同步的通信总线，有两种操作模式：主模式和从模式。SPI 总线只占用 4 条线，既节约了芯片的引脚，又为 PCB 的布局节省了空间，现已广泛用于 EEPROM、ADC、

DAC、移位寄存器、显示驱动器等多种集成电路器件。

1. SPI 总线概述

SPI 总线结构如图 8.29 所示。SPI 总线接口有 4 个引脚：SCLK、MISO、MOSI 和 $\overline{SS}$。

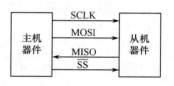

图 8.29　SPI 总线结构

MOSI（Master Out Slave In，主出从入）：主机器件的输出和从机器件的输入，用于主机器件到从机器件的串行数据传输。当 SPI 器件作为主机器件时，该信号是输出信号；当 SPI 器件作为从机器件时，该信号是输入信号。数据传输时，最高位在先，低位在后。根据 SPI 规范，多个从机器件可以共享一根 MOSI 信号线。在时钟边界的前半周期，主机器件将数据放在 MOSI 信号线上，从机器件在该边界处获取该数据。

MISO（Master In Slave Out，主入从出）：从机器件的输出和主机器件的输入，用于实现从机器件到主机器件的数据传输。当 SPI 器件作为主机器件时，该信号是输入信号；当 SPI 器件作为从机器件时，该信号是输出信号。数据传输时，最高位在先，低位在后。SPI 规范中，一个主机器件可连接多个从机器件，因此，主机器件的 MISO 信号线会连接到多个从机器件上，或者说，多个从机器件共享一根 MISO 信号线。当主机器件与一个从机器件通信时，其他从机器件应将其 MISO 引脚置为高阻状态。

SCLK（SPI Clock，串行时钟信号）：串行时钟信号是主机器件的输出和从机器件的输入，用于同步主机器件和从机器件之间在 MOSI 与 MISO 上的串行数据传输。当主机器件启动一次数据传输时，自动产生 8 个 SCLK 时钟周期信号给从机器件，在 SCLK 的每个跳变处（上升沿或下降沿）移出一位数据。所以，一次数据传输可以传输一字节的数据。

SCLK、MOSI 和 MISO 通常和两个或更多 SPI 器件连接在一起。数据通过 MOSI 由主机器件传送到从机器件，通过 MISO 由从机器件传送到主机器件。SCLK 信号在主模式时为输出信号，在从模式时为输入信号。

$\overline{SS}$（Slave Select，从机器件选择信号）：这是一个输入信号，主机器件用它来选择处于从模式的 SPI 器件。主模式和从模式下，$\overline{SS}$ 的使用方法不同。在主模式下，SPI 接口只能有一个主机器件，不存在主机器件选择问题，该模式下 $\overline{SS}$ 不是必需的。主模式下，通常将主机器件的 $\overline{SS}$ 引脚通过 $10k\Omega$ 的电阻上拉为高电平。每个从机器件的 $\overline{SS}$ 接主机器件的 I/O 接口，由主机器件控制电平高低，以便主机器件选择从机器件。在从模式下，不管发送还是接收，$\overline{SS}$ 信号必须有效，因此在一次数据传输开始之前，必须将 $\overline{SS}$ 置为低电平。SPI 主机器件可以使用 I/O 接口选择一个 SPI 器件作为当前的从机器件。

SPI 总线数据传送的时序示意图如图 8.30 所示，在 $\overline{SS}$ 信号有效后，SPI 器件被选中，在 SCLK 的控制下，数据传送在 MOSI/MISO 线上进行，从高位至低位逐位传送。8 位送完，$\overline{SS}$ 信号复位，传送结束。

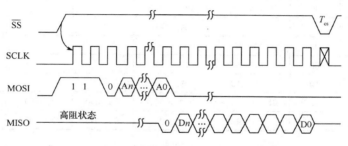

图 8.30　SPI 总线数据传送的时序示意图

80C51 单片机中，多数单片机内部没有 SPI 接口，可以用软件控制 I/O 引脚的电平时序来模拟 SPI 总线。

2．SPI 总线应用举例

AT93C46 是 Atmel 公司推出的具有 SPI 总线的串行 EEPROM 芯片，采用 CMOS 工艺，具有 128 字节的存储容量，可重复写 100 万次，字节写入时间最大为 10ms。AT93C46 的引脚排列与内部结构如图 8.31 所示。

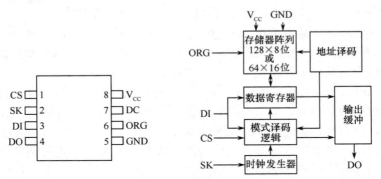

图 8.31　AT93C46 的引脚排列与内部结构图

（1）AT93C46 的引脚功能

CS：片选端，高电平有效。

SK：同步时钟端，上升沿触发。

DI：数据输入端。

DO：数据输出端。

ORG：接地输出 8 位数据，接高电平或悬空输出 16 位数据。

DC：空脚。

V_{CC}：电源+5V。

GND：接地端。

（2）AT93C46 的控制指令

AT93C46 的 7 条控制指令见表 8.10。每条指令分 3 部分。①起始位和操作码：起始位为逻辑"1"，起始位之后跟操作码；②操作地址部分：操作码后面接操作地址，若操作的对象是字节，则地址为 A6～A0，共 7 位；若操作的对象是字，则地址为 A5～A0，共 6 位；③操作数据部分。

表 8.10　AT93C46 的 7 条控制指令

指令	起始位	操作码	字节地址	字地址	字节数据	字数据	内容
ERAL	1	00	10××××	10×××	空		所有存储单元擦除
ERASE	1	11	A6～A0	A5～A0	空		指定单元擦除
EWDS	1	00	00××××	00×××	空		写禁止
EWEN	1	00	11××××	11×××	空		写允许
READ	1	10	A6～A0	A5～A0	空		读指定单元
WRAL	1	00	01××××	01×××	D7～D0	D15～D0	写所有存储单元
WRITE	1	01	A6～A0	A5～A0	D7～D0	D15～D0	写指定单元

ERAL：所有存储单元擦除指令。将芯片整体擦除，即使全体单元内容为"FFH"。

ERASE：指定单元擦除指令。对指定地址进行擦除操作，即使指定单元内容为"FFH"。擦除期间，DO 引脚电平为"0"，擦除结束，DO 引脚电平为"1"。

EWDS：写禁止指令。该指令可对已写入的数据进行写保护。

EWEN：写允许指令。允许对芯片进行擦写操作。芯片上电后，自动进入禁止擦写状态，故在进行擦写操作之前，须先执行该指令。

READ：读指定单元指令。对指定地址进行读操作，即将指定单元数据通过 DO 引脚读出，先读出最高位，最后读出最低位。

WRAL：写所有存储单元指令。对芯片整体进行写操作。

WRITE：写指定单元指令。对指定地址进行写操作，即将数据通过 DI 引脚写入指定单元，先写最高位，最后写最低位。写字节最大用时 10ms。

AT93C46 和 80C51 单片机的连接有两种方式：一种是四线制，将 AT93C46 的 CS、SK、DI 和 DO 引脚分别连接到 80C51 单片机的 4 个 I/O 接口；另一种是三线制，是将 AT93C46 的 DI 和 DO 引脚并联后作为一条线连接到 80C51 单片机的一个 I/O 接口。AT93C46 和 80C51 单片机的四线制连接如图 8.32 所示。

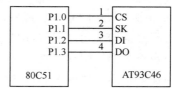

图 8.32　AT93C46 和 80C51 的四线制连接

80C51 单片机通过软件产生 SPI 接口所需的时序，完成指令的输出和数据的读/写。

【例 8.7】将 80C51 单片机 RAM 区首地址 40H 开始的 8 字节数据写入 AT93C46 中首地址40H 开始的存储区中。

解　汇编参考程序在"程序附件"中，读者请登录华信教育资源网 www.hxedu.com.cn 下载。

8.4.3　CAN 总线

CAN（Controller Area Network，控制器局域网）总线是应用最广泛的现场总线之一，它是一种有效支持分布式控制或实时控制的串行通信总线。CAN 总线最早是由德国 Bosch 公司在 20 世纪 80 年代初为解决现代汽车中众多的控制与测试仪器之间的数据交换而开发的，是一种多主总线，通信介质可以是双绞线、同轴电缆、光纤，传输速率可达 1Mbps。CAN 总线接口中集成了 CAN 总线协议的物理层、数据链路层功能，可完成对通信数据的成帧处理，包括位填充、数据块编码、循环冗余校验、优先级判别等工作。

CAN 总线具有十分优越的特点：

① 多主机依据优先权进行总线访问，任一节点在任何时候都可以主动地向网络上的其他节点发送信息；

② 非破坏性的基于竞争的仲裁，发生碰撞（多主机同时发送）时，优先级较低的节点会主动退出总线发送，而最高优先级的节点可不受影响地继续传输数据，从而大大节省了总线冲突时间；

③ 数据传输距离可长达 10km，传输速率可达 1Mbps；

④ 可靠的错误处理和检错机制，发送的信息遭到破坏后可自动重发；

⑤ 报文不包含源地址或目标地址，仅用标识符（ID）来指示功能信息和优先级信息；

⑥ 节点在错误严重的情况下具有自动退出总线的功能；

⑦ 借助接收滤波的多地址帧传送。

CAN 总线卓越的特性、极高的可靠性和独特的设计，使其在工业控制、医疗电子、家用电器及传感器等领域得到了广泛的应用。

CAN 总线协议是建立在 ISO-OSI 7 层开放互连参考模型基础之上的，但只定义了物理层和数据链路层，仅保证了节点间无差错的数据传输。CAN 总线的应用层协议由 CAN 总线用户自行定义，或采用一些国际组织制定的标准协议。CAN 总线协议有两个国际标准，分别是 ISO11898 和 ISO11519。

CAN 总线可以工作在多主方式，网络上任意一个节点均可以在任意时刻主动向网络上的其他节点发送信息，不分主从。CAN 节点只需对报文的标识符滤波，即可实现以一对一、一对多及全局广播方式发送和接收数据。CAN 节点可分成不同的优先级，优先级可通过报文标识符进行设置，优先级高的数据最多可在 134μs 内传输，可以满足不同的实时要求。

CAN 总线采用非破坏性总线仲裁技术。由于 CAN 总线的状态取决于逻辑 "0" 而不是逻辑 "1"，因此 ID 号越小的报文其优先级越高，只有取得优先控制权的节点才能成功地发出它的信息。当多个节点同时向总线发送信息而出现冲突时，优先级低的节点会主动退出数据发送，而优先级高的节点可不受影响地继续传输数据，大大节省了总线冲突仲裁时间，在网络重载的情况下也不会出现网络瘫痪。

为保证数据通信的可靠性，CAN 总线采用 CRC 检验并提供相应的错误处理功能，其节点在错误严重的情况下具有自动关闭输出的功能，使总线上其他节点的操作不受影响。

对于 CAN 控制器的实现，可以选用 SJA1000 等；对于 CAN 收发器的实现，可以选用 CTM1050、TJA1050 等。

8.4.4 USB 总线

1．USB 总线基本情况

USB（Universal Serial Bus，通用串行总线）是一个外部总线标准，用于规范计算机与外设的连接和通信，是应用在 PC 领域的接口技术。USB 接口支持设备的即插即用和热插拔功能。USB 是在 1994 年由 Intel、IBM、Microsoft 等多家公司联合提出的。USB 具有传输速率快（USB1.1 是 12Mbps，USB2.0 是 480Mbps，USB3.0 是 5Gbps）、使用方便、支持热插拔、连接灵活、独立供电等优点，可以连接鼠标、键盘、打印机、扫描仪、摄像头、U 盘、手机、数码相机、移动硬盘等几乎所有的外设。USB 自推出后，已成功替代串行口和并行口，成为当今个人计算机和大量智能设备的必配接口之一。

2．单片机的 USB 接口原理与硬件实现方案

80C51 单片机本身并不含有 USB 接口，需通过 USB 接口芯片进行扩展，如 PDIUSBD12。

PDIUSBD12 是 Philips 公司生产的完全符合 USB1.1 规范的 USB 器件，采用 28 脚 SO 或 TSSOP 封装，可以在（3.3±0.3）V 或 3.6～5.5 V 两种电压下工作，内部集成 320 字节的 FIFO 缓存、收发器、电压调整电路和终结电阻器等，提供的多重中断模式有利于批量和等时数据传输。另外，还提供可编程时钟、上电复位和低电压复位电路。

80C51 单片机通过 I/O 接口控制 PDIUSBD12 实现 USB 接口功能，是单片机应用系统低成本开发 USB 外设的有效途径。

8.4.5 单总线（1–Wire）

1．概述

1-Wire 总线与目前多数标准串行数据通信总线如 SPI、I^2C 不同，它采用单根信号线，既传输时钟又传输数据，而且数据传输是双向的，具有节省 I/O 口线资源、结构简单、成本低廉、便于总线扩展和维护等优点。

1-Wire 总线适用于单个主机系统，能够控制一个或多个从机设备。当只有一个从机位于总线上时，系统可按照单节点系统操作；而当有多个从机位于总线上时，则系统按照多节点系统操作，如图 8.33 所示。

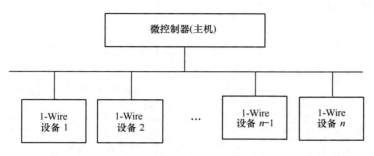

图 8.33　单主机多节点系统示意图

2．1-Wire 总线的工作原理

1-Wire 总线只有一根数据输入/输出线，可由单片机的一根 I/O 口线作为数据输入/输出线，所有的设备都挂接在这根线上。设备（主机或从机）通过一个漏极开路或三态端口连至该数据输入/输出线，以允许设备在不发送数据时能够释放总线，而让其他设备使用总线，如图 8.34 所示。1-Wire 总线通常要求外接一个约为 4.7kΩ 的上拉电阻，这样，当总线闲置时，其状态为高电平。主机和从机之间的通信可通过 3 个步骤完成，分别为：初始化 1-Wire 设备、识别 1-Wire 设备和交换数据。由于它们是主从结构，只有主机呼叫从机时，从机才能应答，因此主机访问 1-Wire 设备必须严格遵循 1-Wire 总线命令序列，即初始化、ROM 命令、功能命令。如果出现命令序列混乱，1-Wire 设备将不响应主机（搜索 ROM 命令、报警搜索命令除外）。

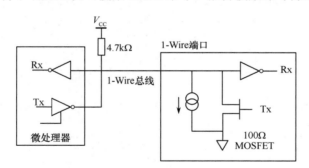

图 8.34　单总线的硬件接口示意图

思考题与习题

8.1　简述 80C51 单片机串行口的 4 种工作方式的接收和发送数据的过程。

8.2　串行口有几种工作方式？各工作方式的波特率如何确定？

8.3　若晶振频率为 11.0592MHz，串行口工作于方式 1，波特率为 4800bps，计算用 T1 作为波特率发生器的方式控制字和计数初值。

8.4　阅读图 8.35 所示的硬件图和相应的程序，说明所完成的功能，并将此汇编源程序修改为 C51 程序。

```
MOV    SCON,#00H
MOV    P1,#0FFH
```

```
LOOP: MOV    A,P1
      MOV    SUBF,A
      JNB    TI,$
      CLR    TI
      SJMP   LOOP
```

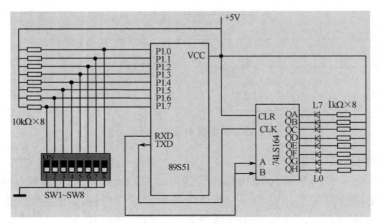

图 8.35   题 8.4 图

8.5   简述 I²C 总线的数据传输方式。

8.6   编程将 AT89C51 单片机内部 40H~47H 单元中的 8 个 8 位数据通过 I²C 总线传送到存储器 AT24C02 的 50H~57H 单元中。

8.7   简述 SPI 总线的数据传输方式。

8.8   简要说明 CAN 总线、USB 总线、1-Wire 总线的特点。

第9章　80C51 单片机的系统扩展

9.1　I/O 接口电路概述

计算机与外设的信息交换需要经过 I/O 接口电路，主要原因体现在以下几个方面。

1. 计算机与外设的速度存在差异

外设的速度普遍低于计算机，例如继电器完成一次动作需要几毫秒，而计算机修改继电器所在 I/O 接口的信息只需若干微秒，两者工作速度的差别为几百倍甚至几千倍。另一方面，微机系统的数据总线是传送信息的公共通道，总线如果被某一设备长期占用，将会影响其他设备信号的传输，而且外设一般不可能在短时间内启动被选中的设备并完成工作，例如继电器刚要开始响应，I/O 接口输出信息就变化了，对继电器的驱动就成为不可能。

2. 输入/输出过程中的状态信号

计算机在与外设交换数据之前，必须查询外设的状态是否处于"准备好"的状态，准备好了才可以实现有效的输入/输出操作，而这种状态信息的产生和传递是接口电路的工作之一。另外，计算机与外设之间这种状态信号的配合，特别是在时间上的配合，也是接口设计最主要的任务之一。

3. 计算机信号与外设信号之间的不一致

计算机信号与外设信号在许多场合是不一致的，信号的不一致主要是指信号电平和码型的不一致。如在工业自动化控制系统中，绝大多数外设的驱动电平是24V 的开关量，而 CPU 的输出电平与此电平是不匹配的，必须要依靠 I/O 接口电路实现电平的匹配。

综上所述，I/O 接口电路主要是为了解决计算机与外设工作速度不一致、信号不一致等问题而不得不采用的一种解决方法。

9.2　数据传送方式

单片机和外设之间数据的传送可以采用无条件传送、查询传送、中断传送和直接存储器存取（DMA）4种传送方式。

9.2.1　无条件传送方式

无条件传送也称为同步传送，这种传送方式的硬件和软件都很简单。此时，由软件去配合硬件实现传送。在读入或输出数据时，认为外设均已准备好，CPU 不必考虑外设的状态，就可用输入或输出指令传输信息。CPU 与无条件传送接口之间的连线除地址线及数据线外，只需外设读、写信号。因此，这种方式的硬件连接是最简单的。但是一旦硬件与软件在时间上配合得不好，将会导致传输出错。

无条件传送适用于以下两类外设的数据输入/输出。

① 具有状态保持或变化缓慢的数据信号的外设。外设的工作速度不快，而且两次数据传送的间隔时间足够长，有足够的时间使外设处于"准备好"的状态。例如，继电器、指示灯、发光二极管、数码管等。

② 外设工作速度非常快，足以和 CPU 同步工作的外设，例如 A/D 转换器。

9.2.2　查询传送方式

查询传送方式又称为有条件传送方式。不论是输入还是输出，CPU 均为主动的一方，在进行数据操作之前，单片机首先要查询外设是否准备好，只有通过查询确信外设已处于"准备好"的状态，CPU 才能发出访问外设的指令，实现数据的交换。

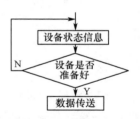

图 9.1　查询方式传送的一般流程

如图 9.1 所示。在查询过程中，单片机的传输效率较低，在传送数据时，外设必须处于准备好或空闲状态，否则 CPU 就必须等待、不断查询。

9.2.3　中断传送方式

在查询传送方式中，CPU 主动要求传送数据，但是 CPU 又不能控制外设的工作速度，从而只能采用等待的方式来完成速度的匹配问题，非常浪费系统的资源。中断传送方式则是当外设完成数据传送的准备时，通过中断控制逻辑向 CPU 发出中断请求，在 CPU 可以响应中断的条件下，实现主程序被"中断"，在中断服务子程序中完成一次 CPU 与外设之间的数据传送。

中断传送方式的出现消除了CPU在查询方式中的等待过程，大大提高了CPU的工作效率，同时也使得计算机能"同时"处理多个外设，使多个外设都能够同时工作。例如，一台高速计算机通过现场总线能同时接几十个外设，如传感器、伺服电机、温控仪表等，这些设备看上去都是在独立工作，实际上各个设备的中断请求总有一定的时间差别。

尽管中断接口电路相对其他几种方式来说比较复杂，同时会增加整个系统在硬件部分的开销。但在中断传送方式下，CPU 与外设近似并行地工作，CPU 无须了解外设的工作状态，每当收到外设主动发来的中断请求信号，就意味着外设当前已准备好，CPU 就可立即与外设交换数据，因此在实际系统中常被广泛应用。

9.2.4　直接存储器存取（DMA）方式

DMA（Direct Memory Access）方式是一种外设和存储器之间直接传送数据的方式。当外设和存储器之间有大量的数据需要传送，或者外设的工作速度很快时，可以考虑采用这种方式传送数据。

DMA 方式允许不同速度的外设之间直接沟通，而不需要依靠 CPU 的大量中断来实现数据的交换。

采用 DMA 方式的一个必要前提是 CPU 配备了 DMA 控制器（DMAC），也就是说，并不是所有的 CPU 都可以采用 DMA 方式，例如，80C51 单片机就不具备采用这种方式的功能。80C51 单片机主要用作微处理器，一般不会有大量的数据在外设和存储器之间传送，所以没有该功能。

9.3　存储器扩展及时序

80C51 单片机有 16 根地址总线，因此具备 64KB 的寻址范围，但是其内部自带的存储容量远小于 64KB，在许多情况下，在构成一个工业控制系统时，稍复杂的工作流程，内部存储器的容量就不能满足要求。在这样的情况下，通常需要扩展外部存储器来弥补内部硬件资源的不足。

9.3.1 系统扩展总线及扩展芯片的寻址方式

80C51 单片机数据总线和地址总线的低 8 位是分时复用的，因此当系统要扩展时，为了方便与各种芯片相连接，将 80C51 单片机的外部引脚变为类似一般的三总线结构，即地址总线（AB）、数据总线（DB）和控制总线（CB），如图 9.2（a）所示。控制总线借用 P3 口的第二功能。

由于 P0 口既用作低 8 位地址总线，又用作数据总线（分时复用），因此需增加一个 8 位地址锁存器。当 80C51 单片机访问外部扩展的芯片时，先发出低 8 位地址进入地址锁存器锁存，锁存器输出作为系统的低 8 位地址（A7～A0）。80C51 单片机的 ALE 信号作为锁存器选通信号，由时序可知，在 ALE 信号的下降沿 P0 口的地址输出信号才有效，所以在选用锁存器时，要注意 ALE 信号与锁存器选通信号的匹配。应选择高电平触发或者下降沿触发的锁存器，如 74LS373，其内部结构如图 9.2(b)所示，74LS373 是有输出三态门的电平允许 8D 锁存器。当 G（使能端）为高电平时，锁存器的数据输出端 Q 的状态与数据输入端 D 的状态相同（透明的）。当 G 从高电平返回低电平时（下降沿后），输入端的数据就被锁存在锁存器中，数据输入端 D 的变化不再影响 Q 的输出。若选择上升沿触发的锁存器 74LS273 或 74LS377，这时就需要把 ALE 信号先反相，然后接锁存器。

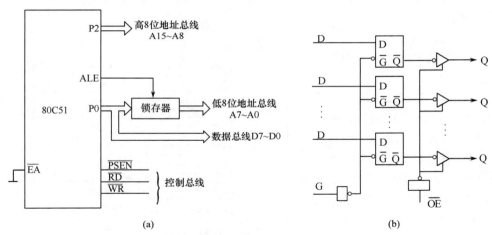

图 9.2 单片机总线结构及 74LS373 内部结构

对外扩展的 ROM 和 RAM 的地址范围是重叠的，都是 0000H～FFFFH，地址总线和数据总线又都公用 P0 和 P2 口。为了区分 ROM 和 RAM，只好采用不同的控制信号线。扩展 ROM 时，用控制信号线 $\overline{\text{PSEN}}$；扩展 RAM 时，用控制信号线 $\overline{\text{RD}}$ 和 $\overline{\text{WR}}$。

9.3.2 程序存储器扩展

外部 ROM 一般使用 EPROM、EEPROM、闪存，它们的接口基本相同，下面以传统的 27 系列芯片为例讨论。

ROM 的连接可以按照数据总线、地址总线和控制总线分别进行连接。

数据总线的连接：P0 口直接与 ROM 的数据线 D0～D7 相连接。

地址总线的连接：P2 口用作系统的高 8 位地址线，再加上地址锁存器提供的低 8 位地址，便形成了系统完整的 16 位地址总线。

控制总线的连接：锁存器的锁存使能端 G 必须和单片机的 ALE 引脚相连；单片机的 $\overline{\text{PSEN}}$

引脚与 ROM 的输出允许信号端 $\overline{OE}$ 相连接。

80C51 单片机外部 ROM 读出时序图如图 9.3 所示，下面通过例 9.1 来讲解时序原理。

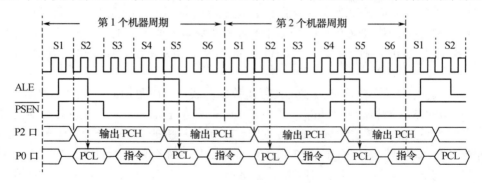

图 9.3　80C51 单片机外部 ROM 读出时序图

【例 9.1】在 80C51 单片机外部扩展 64KB 的 ROM。

解　（1）选择芯片 27512（64KB）

根据题意选用单片 27512 即能满足要求。对单片 ROM 芯片，可采用常选通方式，将其片选端接地。一般用作 ROM 的 EPROM 芯片不能锁存地址，故扩展时还应加一个锁存器，构成一个 3 片最小系统。

（2）硬件电路图

80C51 单片机扩展一片 27512 的电路如图 9.4 所示。

注意：图 9.4 中的 2 个接地处理。80C51 单片机的 $\overline{EA}$ 引脚接低电平，CPU 上电复位后，从外部 ROM 的 0000H 开始执行程序，所以外部扩展 ROM，$\overline{EA}$ 引脚必须接低电平。74LS373 的 $\overline{OE}$ 端接地，使之处于常选通状态。

（3）扩展总线的产生

27512 的 $\overline{OE}$ 引脚接 80C51 单片机的 $\overline{PSEN}$ 引脚。在访问外部 ROM 时，只要 $\overline{OE}$ 引脚出现负脉冲，即可从 27512 中读出程序。

（4）指令读出过程

一次代码的读出过程：图 9.4 中，在 ALE 和 $\overline{PSEN}$ 上升沿，P0 口输出

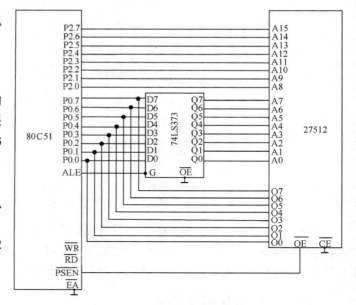

图 9.4　80C51 扩展一片 27512 电路

PCL，P2 口输出 PCH，P0 口输出数据稳定后，在 ALE 的下降沿，CPU 允许外部电路锁存 PCL，此时锁存器的输出和 P2 口呈现完整的 16 位地址信息。在 $\overline{PSEN}$ 下降沿，P0 口便转为数据输入状态。$\overline{PSEN}$ 接到 27512 的 $\overline{OE}$ 引脚，27512 在片选信号 $\overline{CE}$ 有效时，便启动 ROM 工作，按照地址寻找地址所对应单元的内容，当 $\overline{OE}$ 有效时，便将地址所对应单元的内容送到输出数据引脚，CPU 在 $\overline{PSEN}$ 的上升沿自动采集 P0 口，将读到的数据即指令代码送入 CPU 指令寄存器，在这个过程中 P2 口的输出内容一直不变。

（5）外扩 ROM 地址范围的确定

27512 的 $\overline{\text{CE}}$ 引脚总是接地，其地址范围为 0000H～FFFFH。

【例 9.2】闪存扩展实例。

闪存型号很多，常用的有 29 系列和 28F 系列。29 系列有 29C256（32K×8 位）、29C512（64K×8 位）、29C010（128K×8 位）、29C020（256K×8 位）、29040（512K×8 位）等，28F 系列有 28F512（64K×8 位）、28F010（128K×8 位）、28F020（256K×8 位）、28F040（512K×8 位）等。

闪存的容量一般都超过 64KB，而 80C51 单片机的最大扩展容量也就 64KB，因此需要想出额外的办法来扩展芯片，给大容量芯片提供高位地址，否则闪存的容量得不到充分利用。

有两种方法可以实现这种功能：一是采用硬件电路扩展的方法，另一是采用软件扩展的方法。软件扩展的方法就是采用专用的页面寻址存储器的方式来实现页面的切换。但是这种方式使用不方便且价格较高，因此常常采用硬件电路扩展的方法来实现。硬件电路的扩展通常的做法是：大容量存储器的低 16 位地址还是和一般存储器的地址线一样的连接，而高位地址可以选择 P1 口中的一些口线来提供。

用 80C51 单片机扩展一片 29C256 闪存。

分析：29C256 具有 32KB×8 位的存储容量，因此，需要 15 根地址线 A0～A14。29C256 的数据线 D7～D0 直接连接 80C51 单片机的 P0.7～P0.0 引脚。29C256 的地址线低 8 位 A7～A0 通过锁存器 74LS373 与 P0 口连接，高 7 位 A8～A14 直接与 P2 口的 P2.0～P2.6 引脚连接，P2 口本身有锁存功能。80C51 单片机与 29C256 的控制线连接采用将外部 RAM 空间和 ROM 空间合并的方法，使得 29C256 既可以作为 ROM 使用，又可作为 RAM 使用。由于只扩展了一片闪存，因此，29C256 的片选引脚 $\overline{\text{CE}}$ 直接接地，表示 29C256 一直被选中。

80C51 单片机与 29C256 扩展的连接图如图 9.5 所示。

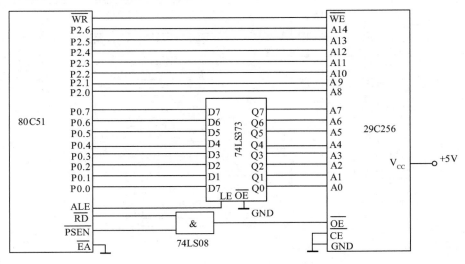

图 9.5　80C51 单片机与 29C256 扩展的连接图

9.3.3　数据存储器扩展

外部 RAM 与 ROM 扩展设计方法基本相同，只是外部 RAM 的读/写信号要由 $\overline{\text{WR}}$ 和 $\overline{\text{RD}}$ 来实现。

1．SRAM 扩展实例

【例 9.3】80C51 单片机应用系统扩展 8KB SRAM。

解 （1）芯片选择

根据题目容量的要求，选用 SRAM 6264。它是一种采用 CMOS 工艺制成的 SRAM，采用单一+5V 供电，输入/输出电平均与 TTL 电平兼容，额定功耗为 200mW，典型存取时间为 200ns，28 引脚双列直插式封装。

6264 的引脚如图 9.6 所示。6264 有 13 根（A0～A12）地址线；8 根（D0～D7）双向数据线；$\overline{CE}$ 为片选线，低电平有效；$\overline{WE}$ 为写允许线，低电平有效；$\overline{OE}$ 为读允许线，低电平有效。

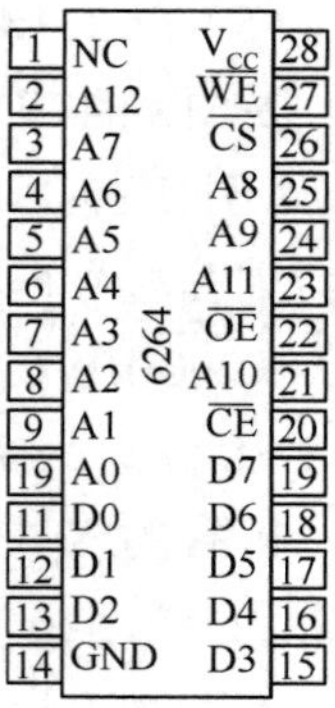

（2）硬件电路连接

单片机与 6264 的硬件连接如图 9.7 所示。

图 9.6　6264 的引脚图

（3）连线说明

6264 的 A0～A12 引脚连接单片机的 P0.0～P0.7、P2.0～P2.4 引脚，P0.0～P0.7 引脚和 6264 的 D0～D7 引脚直接相连接。单片机的 $\overline{RD}$ 和 $\overline{WR}$ 引脚分别与 6264 的 $\overline{OE}$ 和 $\overline{WE}$ 引脚相连接，对 6264 的读/写操作进行控制，而片选端 $\overline{CE}$ 由单片机的 P2.6 引脚控制。

（4）外部 RAM 地址范围的确定及使用

按图 9.7 的连线，将 ALE 与 74LS373 的锁存控制端 LE 相连。6264 的内部译码只需要 13 根地址线，而高 3 位地址线中只用了 A14（P2.6）参与译码，即为线译码方式。如果与 6246 无关的 P2.7 和 P2.5 引脚取"0"，则 6264 的地址范围是 0000H～1FFFH。

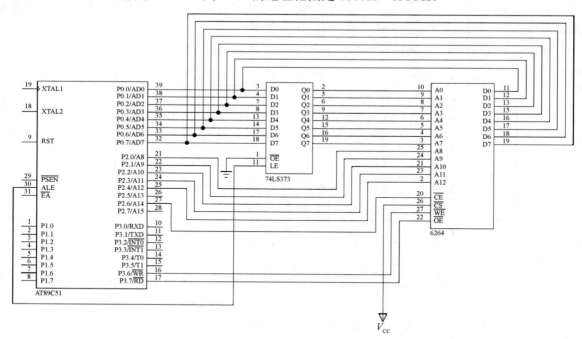

图 9.7　单片机与 6264 的硬件连接

单片机对 RAM 的读/写，如果地址范围超过 8 位，则采用如下的指令：

```
MOVX    @DPTR,A        ;向外部 RAM 内写入数据
MOVX    A,@DPTR        ;从外部 RAM 内读取数据
```

如果读/写的地址范围低于8位，则可以采用下面的两条指令：

```
MOVX    @Ri,A                ;向低 256B 外部 RAM 写入数据
MOVX    A,@Ri                ;从低 256B 外部 RAM 读取数据
```

举例：对 6264 内部 1000H 单元进行读/写一字节的程序段分别为

```
MOV     DPTR,#1000H
MOVX    A,@DPTR              ;对扩展 RAM 的读操作
MOV     DPTR,#1000H
MOV     A,#0AAH
MOVX    @DPTR,A              ;对扩展 RAM 写入 AAH 操作
```

　　上面讲述的是对单片机分别进行 ROM 和 RAM 的扩展，通常情况下，这两种存储器都是同时扩展的，连线时只需要分别进行连线即可。各自芯片地址范围的确定同单独扩展存储器芯片的方式相同。

　　图 9.8 为 80C51 单片机直接将数据写入 6264 后驱动数码管显示当前日期的设计实例，图 9.9 是对应的系统仿真图。

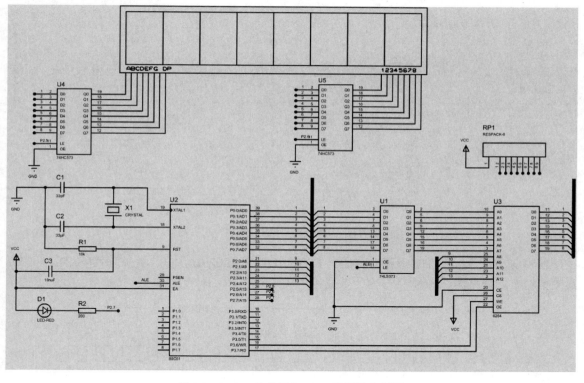

图 9.8　80C51 单片机与 6264 的设计实例图

2. 时序操作原理

（1）读时序

　　外部 RAM 读指令是 MOVX　A,@DPTR，读时序如图 9.10 所示。分析如下：在第 1 个机器周期的前半段，CPU 到 ROM 读得操作码 E0H，经指令译码器分析得知这是 MOVX　A,@DPTR 指令，于是 CPU 便开始进行外部 RAM 的读操作。首先由 P0 口送出 DPL，P2 口送出 DPH，在 ALE 下降沿锁存 P0 口信息 DPL，外部 RAM 在片选有效后便启动工作，将按照存储器地址总线上的信息寻找地址所对应单元的内容。在 $\overline{RD}$ 下降沿后，P0 口自动转为数据口输入状态。$\overline{RD}$ 一

般接在外部 RAM 的输出允许端 $\overline{OE}$，当 $\overline{OE}$ 有效时，便将地址所对应单元的内容送到存储器输出数据引脚，CPU 在 $\overline{RD}$ 的上升沿自动采集 P0 口来读取数据，并将读到的数据送入累加器 A。在这个过程中，P2 口的输出内容一直不变。

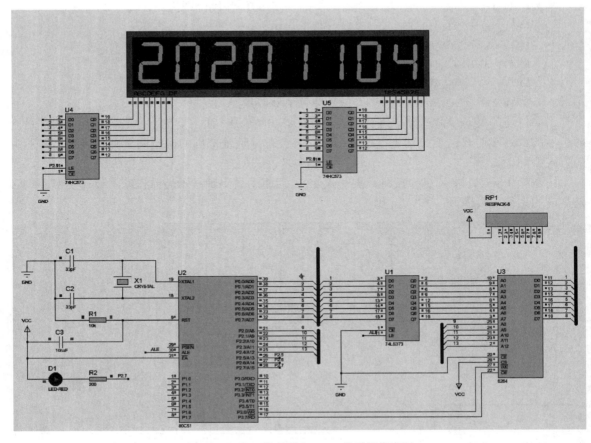

图 9.9   80C51 单片机与 6264 的系统仿真图

若 MOVX   A,@DPTR(该指令代码为 E0H)，(DPTR)=5020H，外部 RAM 单元(5020H)= 33H，其数据输出过程见图 9.10 中括号内的数据。

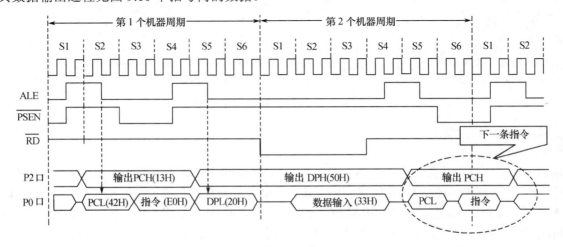

图 9.10   外部 RAM 读时序

若执行 MOVX　A, @Ri 指令来实现 MOVX　A,@DPTR 任务，需采用以下程序段：

　　　MOV　P2, #50H

　　　MOV　@R1, #20H

　　　MOVX　A, @R1

与 MOVX　A,@DPTR 指令不同的是：在执行 MOVX　A, @Ri 时，在时序的第 2 个 ALE 上升沿后，P0 口送出的是 R1 中存储的数据 20H，P2 口输出 P2 锁存器的内容 50H。

（2）写时序

外部 RAM 写指令是 MOVX　@DPTR,A，该指令代码为 F0H，写时序如图 9.11 所示，图中括号内为 MOV　@DPTR,A，(DPTR)=8000H，(A)=28H 时各口的输入/输出数据。

写时序的分析类似读时序，读者可自行分析。

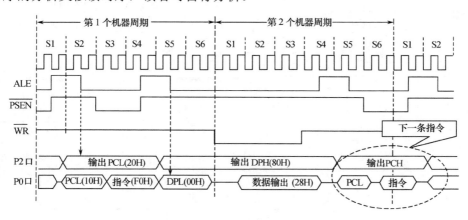

图 9.11　外部 RAM 写时序

9.3.4　简单 I/O 接口扩展

80C51单片机有4个8位并行口P0～P3，但考虑到ROM和RAM的扩展后，真正用作I/O口线的只有P1口的8位I/O口线和P3口的某些I/O口线。因此，大多需要外部I/O口线的扩展。

简单的I/O接口扩展就是采用通用TTL、CMOS锁存器和缓冲器等作为扩展芯片，通过P0口来实现扩展的一种方案。相对于价格昂贵的I/O接口扩展专用芯片，它具有电路简单、成本低、配置灵活等特点，因此，在单片机应用系统中经常被采用。

1. 简单输入口的扩展

对于简单开关量的输入，可以采用三态缓冲器，如74LS244和74LS245等。

【例 9.4】以 74LS244 和 74LS32 的扩展应用为例，要求扩展 4 组 4 位拨码开关作为输入口。

解　如图 9.12 所示，74LS244 为三态 8 位缓冲器，一般用作总线驱动器。74LS244 没有锁存的功能。地址锁存器就是一个暂存器，它根据控制信号的状态，将总线上的地址代码暂存起来。

74LS32 为或门，只有 $\overline{RD}$ 和线选信号同时有效时才能读入。第 1 片 74LS244 的地址为 7FFFH，第 2 片的地址为 0BFFFH。读取拨码开关键值的子程序如下：

　　　MOV　DPTR, #7FFFH

　　　MOVX　A, @DPTR

　　　MOV　R4,A

　　　MOV　　DPTR,#0BFFFH

　　　MOVX　A, @DPTR

　　　MOV　R5, A

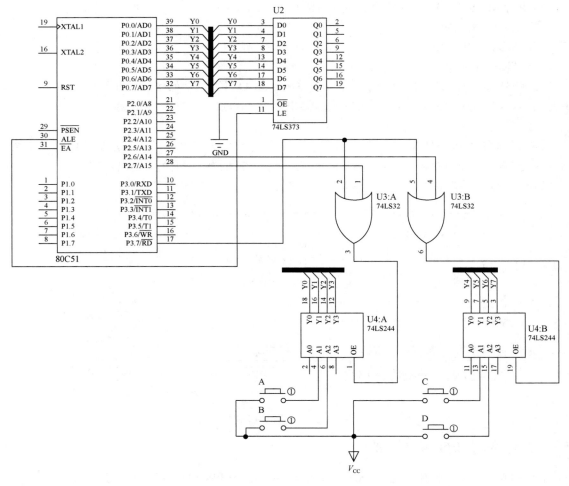

图 9.12　拨码开关电路图

2. 简单输出口的扩展

输出口扩展的主要目的是进行数据的锁存，如 74LS273 和 74LS373 等。下面以 74LS377 为例介绍。74LS377 为带有允许输出端的 8D 锁存器，有 8 个输入端，8 个输出端，1 个时钟输入端 CLK。当一个锁存允许信号到来时，CLK 信号会出现一个上升沿，把 8 位输入数据送入 8 位锁存器。

【例 9.5】通过 P0 口扩展一片 74LS377 作为输出口，该锁存器可以视作一个外部 RAM 单元。

使用 MOVX @DPTR,A 指令可以访问外扩的锁存器，输出控制信号为 $\overline{\text{WR}}$，如图 9.13 所示。$\overline{\text{WR}}$ 信号由 0 变为 1 时，由于 74LS377 属于 D 触发器，上升沿有效，此时可由图中的 P0 口输出 8 位 TTL 电平信号，并经 74LS377 锁存输出。

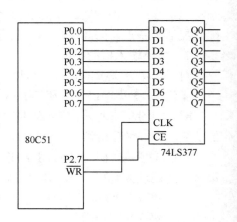

图 9.13　通过 74LS377 外扩锁存器

9.4 可编程接口芯片 81C55 及其应用

80C51 单片机内部资源有限，除通过锁存器的简单扩展方法外，还可以扩展可编程的接口芯片。所谓可编程的接口芯片，是指其功能可由微处理器的指令来加以定义的接口芯片，利用编程的方法，可以使一个接口芯片执行不同的接口功能。目前，各生产厂家已提供了很多系列的可编程接口，常用的有 81C55/82C55 可编程并行接口芯片；8251A 可编程通信接口芯片；8253 可编程定时器芯片；8279 可编程键盘/显示接口芯片。80C51 单片机常用的两种接口芯片是 81C55 及 82C55，本书主要介绍这两种芯片在 80C51 单片机中的使用。

1. 81C55 的引脚排列和内部结构

图 9.14 所示为 81C55 的引脚排列和内部结构图。

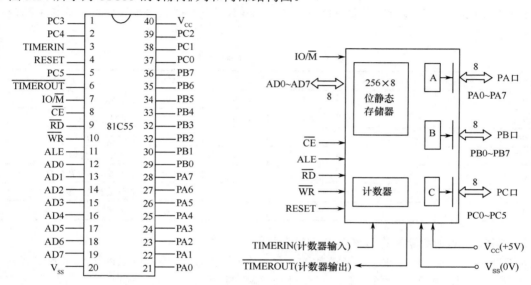

图 9.14　81C55 的引脚排列和内部结构图

（1）概述

81C55 的内部资源包含：256B RAM（静态），RAM 的存取时间为 400ns，可编程的两个 8 位并行口 PA 和 PB，可编程的一个 6 位并行口 PC，以及一个 14 位的减 1 计数器。PA 口和 PB 口可工作于基本输入/输出方式或选通输入/输出方式。81C55 可直接与 80C51 单片机相连，不需增加任何硬件逻辑电路。

（2）引脚

① 地址/数据线（8 条）：AD7～AD0，与 80C51 单片机的 P0 口相连，用于分时传送地址/数据信息。

② 控制线。

RESET：复位信号线，输入高电平有效。在 RESET 端输入一个大于 600ns 宽的正脉冲时，81C55 即可处于复位状态，PA 口、PB 口、PC 口也定义为输入方式。

$\overline{RD}$ 和 $\overline{WR}$：读/写控制信号输入线，低电平有效。当 $\overline{RD}$ 为 0 时（$\overline{WR}$ 必为 1），所选的 81C55 处于读状态，81C55 送出信息到 CPU。当 $\overline{WR}$ 为 0 时（$\overline{RD}$ 必为 1），此时 81C55 处于写入状态，CPU 送出信息写入 81C55。

$\overline{CE}$：片选线，低电平有效。

$IO/\overline{M}$：内部端口和静态 RAM 选择端。当 $IO/\overline{M}$=1 时，选择的是 81C55 的端口操作；当 $IO/\overline{M}$=0 时，选择的是对 81C55 内的 RAM 进行操作。

TIMERIN：定时/计数器时钟信号输入端。

$\overline{\text{TIMEROUT}}$：定时/计数器计数满时的溢出信号输出端。

电源线（2条）：V_{CC} 为+5V，V_{SS} 为0V。

③ I/O 口线（22 条）：PA0～PA7、PB0～PB7、PC0～PC5 为 22 条双向三态 I/O 口线，分别与 PA、PB、PC 口相对应，用于 81C55 和外设之间传送数据，数据传送方向由写入 81C55 的控制字决定。

3 个端口数据传送方式是由控制字和状态字来决定的。

（3）81C55 各端口地址分配

81C55 内部有 7 个端口，需要 AD2～AD0 上的不同组合代码来加以区分。表 9.1 为端口地址分配。

表 9.1　81C55 端口地址分配

$\overline{CE}$	$IO/\overline{M}$	AD7～AD3	AD2	AD1	AD0	所选端口
0	1	×	0	0	0	C/S 寄存器
0	1	×	0	0	1	PA 口寄存器
0	1	×	0	1	0	PB 口寄存器
0	1	×	0	1	1	PC 口寄存器
0	1	×	1	0	0	计数器低位寄存器
0	1	×	1	0	1	计数器高位寄存器
0	0	×	×	×	×	RAM 单元

2．81C55 的命令字寄存器和状态字寄存器

81C55 中的 PA、PB、PC 口及计数器均可以编程控制，单片机可以通过写命令字寄存器来对它们进行控制，并通过读取状态字寄存器来了解它们所处的状态。命令字寄存器和状态字寄存器公用一个地址。工作方式由写入命令字寄存器的命令字来确定，命令字只能写不能读；状态字寄存器用来存入 PA 口和 PB 口的状态标志，状态字只能读不能写。

（1）命令字寄存器

81C55 的命令字寄存器中的 D3～D0 位用来设置 PA 口、PB 口和 PC 口的工作方式。命令字格式如图 9.15 所示。

命令字每位的定义如下：

D6、D7 位用来设置定时器的操作。TM2 和 TM1 两位定义定时器的工作方式，具体工作方式见图 9.15。

D4、D5 位用来确定 PA 口、PB 口以选通输入/输出方式工作时是否允许中断请求。IEA 和 IEB 分别为 PA 口和 PB 口的中断允许控制端，高电平表示允许中断，低电平为禁止中断。

另外，PA 口和 PB 口是输入口还是输出口还受到 PC 口的工作方式的限制。PC 口的工作方式有 4 种，由命令字寄存器中的 D2、D3 两位来定义。在 PC 口的 4 种工作方式下，PA 口、PB 口是指 PA 口、PB 口不需要进行联络和中断（与 PC 口无关），能直接传送数据，而选通 I/O 接口即 PA 口或 PB 口，必须由 PC 口提供某些联络线才能进行数据的传送工作。

（2）状态字寄存器

状态字寄存器的 8 位中，最高位为空位任意值，单片机通过读取状态字寄存器的相关数据来了解 I/O 接口和计数器的工作状态。状态字寄存器的格式如图 9.16 所示。

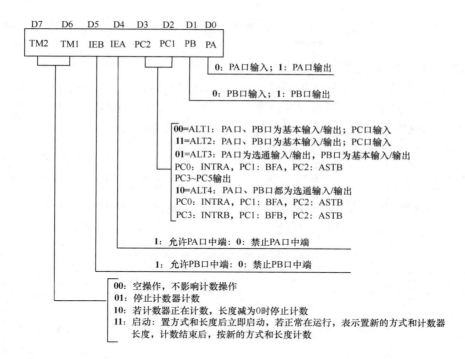

图 9.15　81C55 的命令字格式

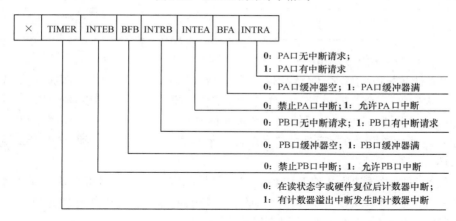

图 9.16　81C55 的状态字格式

INTRA、INTRB：分别为 PA、PB 口的中断请求标志位，高电平表示对应口有中断请求，低电平则表示对应口没有中断请求。

BFA、BFB：对应口的缓冲器状态标志位，高电平表示缓冲器装满数据，外设或单片机可以取走数据；低电平则表示缓冲器是空的，可以接收外设或单片机发送来的数据。

INTEA、INTEB：端口中断允许控制位，高电平表示允许对应口中断，低电平表示禁止对应口中断。

状态字寄存器中以上这 6 位是只有 PA 口和 PB 口作为选通输入/输出口工作时才有的状态。例如，81C55 的 PA 口或 PB 口缓冲器接收到输入的数据或者从缓冲器中取走数据，当缓冲器数据装满时，则相应的 BFA 或 BFB 为 "1"；当中断允许控制位为高电平时，则中断请求标志位 INTRA 或 INTRB 为高电平，向 CPU 申请中断，CPU 对 81C55 相应口进行一次读或写的操作后，中断请求标志位自动变为低电平。

TIMER：计数器中断请求标志位，计数器计数满时该位为"1"，当 CPU 读取状态后，该位置"0"。

3．81C55 的内部计数器及使用方法

81C55 的一个核心部件就是 14 位的减 1 计数器。计数器启动后，计数器寄存器中的数值不断减 1，直至计数值减至 0。计数长度和计数方式由写入计数器寄存器的控制字来决定，计数速率取决于从 TIMERIN 引脚输入的脉冲频率，频率最高可达 4MHz。

计数器高位寄存器

M2	M1	T13	T12	T11	T10	T9	T8

计数器低位寄存器

T7	T6	T5	T4	T3	T2	T1	T0

T0～T13：计数器的长度。放置计数初值，计数初值范围为0002H～3FFFH。

M2、M1：设置计数器的 4 种工作方式，各种方式下输出波形见表 9.2。

表 9.2　81C55 中计数器 4 种方式下的输出波形

M2 M1	工作方式	计数值到时输出的波形
0 0	单方波	
0 1	连续方波	
1 0	单脉冲	
1 1	连续脉冲	

单方波：计数期间输出为低电平，计数器计满回"0"后输出高电平。

连续方波：计数长度的前半部分输出高电平，后半部分输出低电平，如果计数值为 n（奇数）个，则高电平为$(n+1)/2$ 个，低电平为$(n-1)/2$ 个。连续方波方式能自动恢复初值。

单脉冲：计数器计满回"0"后输出一个单负脉冲。

连续脉冲：计数值回"0"后输出单负脉冲，然后自动重装初值，回"0"后又输出单负脉冲，如此循环。

任何时候都可以设置计数长度和工作方式，将控制字写入计数器寄存器。如果计数器正在计数，只有在写入启动命令后，计数器才接收新计数长度并按新的工作方式计数。

4．81C55 与 80C51 单片机的编程应用

单片机 P0 口输出的低 8 位地址不需要另加锁存器（81C55 内部集成有地址锁存器）而直接与 81C55 的 AD0～AD7 相连，既可作为低 8 位地址总线，又可作为数据总线，地址锁存控制直接用 80C51 单片机发出的 ALE 信号。

【例9.6】如图 9.17 所示，如果在 81C55 的 PB 口接 8 个按键，PA 口接 8 个 LED，则下面的程序能够完成按下某一按键，相应的 LED 发光的功能。

```
        MOV    DPTR,#7F00H        ;指向 81C55 的控制口
        MOV    A,#01H
        MOVX   @DPTR,A            ;向控制口写控制字,PA 口输出, PB 口输入
LOOP:   MOV    DPTR,#7F02H        ;指向 81C55 的 PB 口
        MOVX   A,@DPTR            ;检测按键,将按键状态读入累加器 A
        MOV    DPTR,#7F01H        ;指向 81C55 的 PA 口
        MOVX   @DPTR,A            ;驱动 LED 发光
```

```
        LCALL    DELAY                    ;调用一个延时程序
        SJMP    LOOP
```

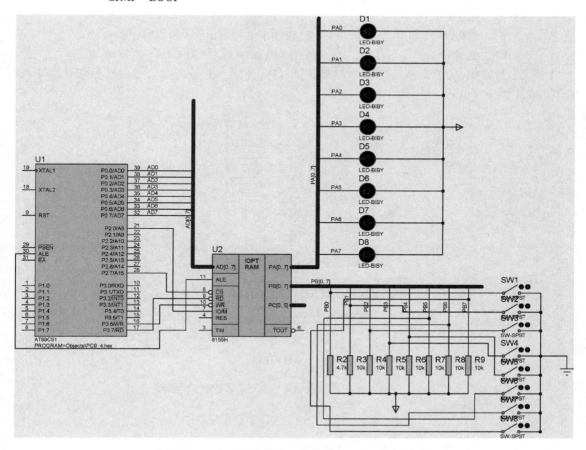

图 9.17   80C51 单片机和 81C55 的 I/O 接口扩展电路

【例 9.7】如图 9.18 所示，若要求 PA 口定义为基本输入方式，PB 口定义为基本输出方式。读取 81C55，要求将立即数 AAH 写入 81C55 RAM 的 7E25H 单元。结果如图 9.19 所示。

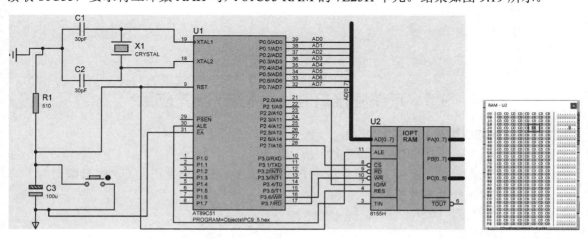

图 9.18   80C51 单片机和 81C55 的写 RAM 电路   图 9.19   写 RAM 的结果

```
    MOV    DPTR,#7F00H                    ;DPTR 指向状态字寄存器地址
```

```
        MOV    A,#0C2H                          ;11000010 启动计数器,PA 口输入,PB 口输出
        MOVX   @DPTR,A
        MOV    A,#055H                          ;立即数→A
        MOV    DPTR,#7E25H                      ;DPTR 指针指向 81C55 的 7E25H 单元
        MOVX   @DPTR,A                          ;立即数 AAH 送 81C55 RAM 的 7E25H 单元
```

【例 9.8】如图 9.20 所示，要求对 8155H 的 TIN 进行 2 分频，要求示波器分别显示输入的方波信号及其分频信号。

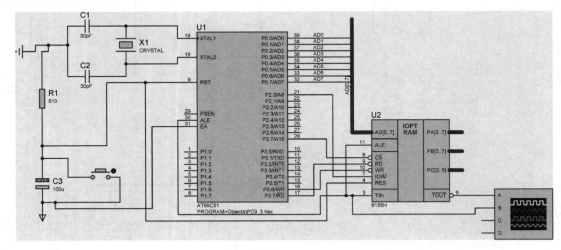

图 9.20　分频电路

```
        MOV    DPTR,#07F05H    ;DPTR 指向计数器高位寄存器,设置波形模式
        MOV    A,#040H
        MOVX   @DPTR,A
        MOV    DPTR,#07F04H    ;DPTR 指向计数器低位寄存器,设置分频数
        MOV    A,#02
        MOVX   @DPTR,A
        MOV    DPTR,#07F00H    ;DPTR 指向命令字寄存器,启动计数器工作
        MOV    A,#0C2H
        MOVX   @DPTR,A
        SJMP   $
        END
```

9.5　可编程接口芯片 82C55 及其应用

1. 82C55 的引脚排列和内部结构

82C55 的引脚排列和内部结构如图 9.21 所示。

D7～D0：三态双向数据线，与单片机的 P0 口连接，用来与单片机之间传送数据信息。

$\overline{\text{CS}}$：片选线，低电平有效。

$\overline{\text{RD}}$：读信号线，低电平有效，读 82C55 端口数据的控制信号。

$\overline{\text{WR}}$：写信号线，低电平有效，用来向 82C55 写入端口数据的控制信号。

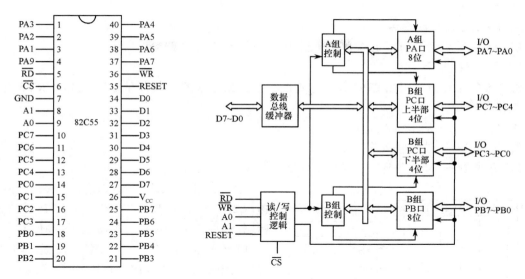

图 9.21　82C55 的引脚排列和内部结构

V_{CC}：+5V 电源。

PA7～PA0：PA 口输入/输出线。

PB7～PB0：PB 口输入/输出线。

PC7～PC0：PC 口输入/输出线。

3 个 8 位并行口 PA、PB 和 PC，都可以选为输入/输出工作模式，功能和结构上有差异。

PA 口：一个 8 位数据输出锁存器和缓冲器；一个 8 位数据输入锁存器。

PB 口：一个 8 位数据输出锁存器和缓冲器；一个 8 位数据输入缓冲器。

PC 口：一个 8 位的输出锁存器；一个 8 位数据输入缓冲器。

通常 PA 口、PB 口作为输入/输出口，PC 口既可作为输入/输出口，也可在软件控制下分为两个 4 位的端口，用于 PA 口、PB 口选通方式操作时的状态控制。

A1、A0：地址线。

RESET：复位引脚，高电平有效。

2．82C55 的寄存器

82C55 内部有 4 个寄存器，它们按端口地址寻址，端口地址用 A1、A0 来区分。表 9.3 给出 82C55 的端口地址及工作状态选择。

表 9.3　82C55 的端口地址和工作状态选择表

A1	A0	$\overline{RD}$	$\overline{WR}$	$\overline{CS}$	工作状态
0	0	0	1	0	PA口数据到数据总线
0	1	0	1	0	PB口数据到数据总线
1	0	0	1	0	PC口数据到数据总线
0	0	1	0	0	总线数据到PA口
0	1	1	0	0	总线数据到PB口
1	0	1	0	0	总线数据到PC口
1	1	1	0	0	总线数据到控制寄存器
×	×	×	×	1	数据总线为三态
1	1	0	1		非法状态
×	×	1	1	0	数据总线为三态

3．82C55 的编程命令

82C55 的编程命令包括工作方式控制命令和对 PC 口的按位操作命令。

（1）方式控制字

82C55 的工作方式可由 CPU 写入方式控制字到 82C55 的控制寄存器来选择，82C55 有 3 种基本工作方式：

① 方式 0——基本输入/输出；

② 方式 1——选通输入/输出；

③ 方式 2——双向传送（仅 PA 口有此工作方式）。

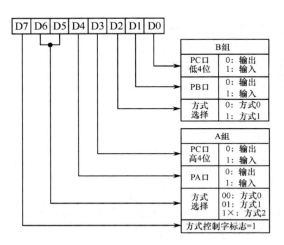

图 9.22　82C55 的方式控制字格式

3 种工作方式由方式控制字来决定，格式如图 9.22 所示。最高位 D7=1，为本方式控制字的标志，以便与另一控制字相区别（最高位 D7 = 0）。PC 口分两部分，随 PA 口的称为 A 组，随 PB 口的称为 B 组。其中，PA 口可工作于方式 0、方式 1 和方式 2，而 PB 口只能工作于方式 0 和方式 1。

【例 9.9】设 80C51 单片机系统分配给 82C55 的基地址为 E000H（PA 口地址）。编写一个将 PA 口指定为方式 1 输入，PC 口上半部指定为输出；PB 口指定为方式 0 输出，PC 口下半部指定为输出的 82C55 初始化程序段。

解　根据图 9.22 得到 82C55 的方式控制字为 10110000B 或 B0H。

将方式控制字写入 82C55 的控制寄存器，完成对 82C55 的初始化，初始化的程序段为：

```
MOV    DPTR,#0E003H    ;控制字地址=基地址+3
MOV    A,#0B0H         ;初始化命令
MOVX   @DPTR，A        ;送入控制字端口
```

注意：

① 82C55 的基地址是 PA 口寄存器，而不是控制寄存器；

② 所有的可编程接口芯片使用它们的步骤都是先定义，后使用；

③ 82C55 上电复位后，默认 PA、PB、PC 口均为方式 0 输入的工作状态，所以在使用 82C55 时，一定要先进行初始化工作，确定其工作方式。

（2）PC 口按位置位/复位命令

82C55 的 PC 口是一个特殊的 8 位并行口，在输出状态下，还可指定 PC 口的某一位（某一个引脚）输出高电平或低电平，称为 PC 口的按位置位/复位。此功能不受工作方式的限制，而 PA、PB 口不具备按位置位/复位功能。

对 PC 口的按位操作命令，是通过对 82C55 的控制寄存器写控制字实现的，可对 PC 口按位置 1 或清 0。格式如图 9.23 所示。

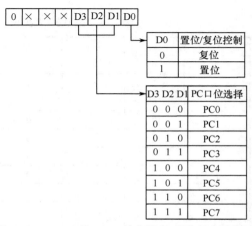

图 9.23　82C55 的 PC 口按位置位/复位控制字格式

【例 9.10】设 82C55 已按要求初始化，82C55 的基地址（PA 口地址）为 E000H，现要把 PC 口的 PC6 引脚置成高电平。

解 根据题目要求，可得控制字为 00001101B 或 0DH。在如例 9.9 完成对 82C55 的初始化后，通过执行如下程序段来实现本例的任务：

```
MOV     DPTR,#0E003H        ;控制字地址=基地址+3
MOV     A,#0DH              ;PC 口按位置位/复位命令
MOVX    @DPTR,A             ;送入控制字端口
```

82C55 的方式控制字与 PC 口的按位置位/复位控制字很容易区别，只要看控制字中的最高位是否为 1 即可。

4．82C55 与 80C51 单片机的接口

（1）硬件接口电路

如图 9.24 所示为 80C51 单片机扩展一片 82C55 的电路。P0.1、P0.0 经 74LS373 与 82C55 的 A1、A0 相连；P0.7 经 74LS373 与 $\overline{CS}$ 相连，其他地址线悬空；82C55 的 $\overline{RD}$、$\overline{WR}$ 直接与单片机的 $\overline{RD}$ 和 $\overline{WR}$ 相连；单片机的 P0.0～P0.7 与 82C55 的 D0～D7 相连。

（2）确定 82C55 端口地址

图 9.24 中，82C55 的 $\overline{CS}$、A1、A0 分别接于 P0.7、P0.1 和 P0.0，其他地址线悬空。显然，只要保证 P0.7 为低电平，即可选中 82C55；若 P0.1、P0.0 再为 00，则选中 82C55 的 PA 口。同理，P0.1、P0.0 为 01 10 11，则分别选中 PB 口、PC 口及控制寄存器。

若端口地址用 16 位表示，没有用到的位全设为 1，则 82C55 的 PA、PB、PC 口及控制寄存器地址分别为 FF7CH、FF7DH、FF7EH、FF7FH。如果没有用到的位取 0，则地址分别为 0000H、0001H、0002H、0003H。只要保证 $\overline{CS}$、A1、A0 的状态，没有用到的位设为 0 或 1 均可。

【例 9.11】如图 9.24 所示，利用 80C51 单片机外扩一片 82C55，并控制其 PB 口的 8 个引脚输出 250Hz 的方波。

通过 80C51 单片机的定时/计数器 T0 的方式 2 定时 0.2ms（采用 12MHz 时钟），计时 10 次来实现 2ms 的定时。根据 T0 方式 2 的计算公式，可以求得计数初值 X=38H。计满 2ms 后，将 PB 口的引脚状态读取出来再取反，然后写回到 PB 引脚，从而产生 250Hz 方波。

82C55 控制寄存器的端口地址为 FF7FH，PB 口的地址为 FF7DH。

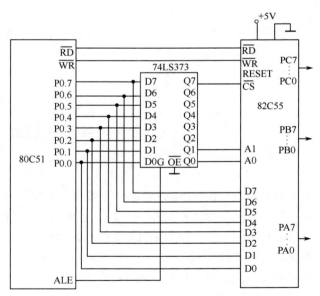

图 9.24 80C51 单片机扩展一片 82C55 的电路

参考程序如下：

```
#include <reg51.h>
unsigned char xdata * CTR = 0xff7f;        //定义控制寄存器的端口地址指针
unsigned char xdata * PB = 0xff7d;         //定义 PB 口的地址指针
unsigned char a = 10;                      //定义定时中断的次数
```

```
void main ( )
{
    ACC =0xff;              //向累加器写入 0xff
    *CTR=0x80;              //向控制寄存器写入控制字
    TMOD=0x02;              //设置 T0 工作方式 2
    TL0 = 0x38;             //写入计数初值
    TH0 = 0x38;
    ET0 = 1;                //允许 T0 中断
    EA = 1;                 //总中断允许
    TR0 = 1;                //启动 T0
    while(1)
    {
    }
}
void time0( ) interrupt 1 using 0
{
    if (a>0)
    {a--;}
    else
    {
    ACC = *PB;              //读入 82C55 的 PB 口
    ACC = ~ACC;             //PB 口取反
    *PB = ACC;              //送 82C55 的 PB 口，输出方波
    a = 10;
    }
}
```

9.6 单片机显示、键盘系统

为了实现人机交互，大多数的单片机应用系统，都要配置输入外设和输出外设。常用的输入外设有键盘、BCD 码拨盘等；常用的输出外设有 LED、LCD、打印机等。

显示器能帮助人们观察单片机显示的结果，现在常用的显示器有 LED（发光二极管）、LCD（液晶显示器）等。LED 和 LCD 都具有功耗低、配置灵活、安装方便、寿命长等特点。随着触摸屏的可靠性逐步提高，价格越来越低，由触摸屏搭建的显示系统还能够将控制按键整合在显示屏幕上，因此触摸屏越来越受到人们的青睐，也成为一种主要的显示器。

1. LED 数码管的结构

LED 数码管一般都做成七段加一个小数点的形式，依次命名为 a、b、c、d、e、f、g、dp，各段码对应的空间位置如图 9.25（a）所示。它能表现十六进制数字符。按其内部结构可分为共阴极数码管和共阳极数码管；按显示颜色有多种形式，主要有红色和绿色；按亮度强弱可分为超亮、高亮和普亮。正向压降一般为 1.5～2V，额定电流为 10mA，最大电流为 40mA。

一个七段 LED 数码管内部包含 8 个 LED。图 9.25（b）所示的结构，8 个 LED 的负极接在一起，称之为共阴极 LED 数码管。对它最简单的驱动方法是：阴极接地，阳极分别加以驱动电

流。图 9.25（c）所示的结构，8 个 LED 的正极接在一起，称之为共阳极 LED 数码管。共阴极和共阳极的接法通常需要外接电阻来保证 LED 合适的工作电压和电流，共阴极数码管在 LED 的阳极接上拉电阻，而共阳极数码管则在 LED 的阴极接下拉电阻。

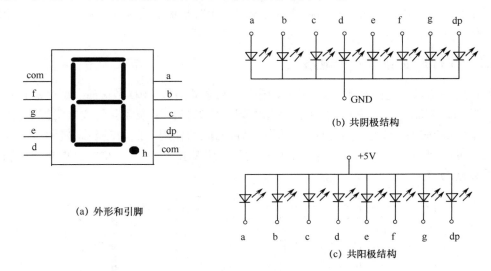

图 9.25　LED 数码管

2．LED 数码管编码方式

LED 数码管显示的字形所对应的字形码格式为：

D7	D6	D5	D4	D3	D2	D1	D0
dp	g	f	e	d	c	b	a

共阴极和共阳极 LED 数码管显示的字形及对应段码见表 9.4。

表 9.4　共阴极和共阳极 LED 数码管显示的字形及对应段码表

字形	0	1	2	3	4	5	6	7	8	9
共阴极段码	3FH	06H	5BH	4FH	66H	6DH	7DH	07H	7FH	6FH
共阳极段码	C0H	F9H	A4H	B0H	99H	92H	82H	F8H	80H	90H
字形	A	B	C	D	E	F	P	H	—	无显示
共阴极段码	77H	7CH	39H	5EH	79H	71H	F3H	76H	40H	00H
共阳极段码	88H	83H	C6H	A1H	86H	8EH	0CH	89H	BFH	FFH

为了使 LED 数码管显示不同的符号或数字，要把某些段 LED 点亮，就要为 LED 数码管提供段码（字形码）。LED 数码管共计 8 段，正好是 1 字节，习惯上以"a"段对应段码字节的最低位。

3．静态显示方式及其典型应用电路

LED 数码管显示可以分为静态显示和动态显示。

所谓动态显示，就是动态循环扫描 LED，轮流依次点亮 LED，无论在任何时刻，只有一个 LED 处于显示状态，即单片机利用余辉和人眼的"视觉暂留"作用，采用"扫描"方式控制各个 LED 轮流显示。

静态显示则无位选信息，无论多少位 LED 数码管，同时处于显示状态，因此相比动态显示更清晰、亮度也更高。静态显示方式的软件编程较简单，一般适用于显示位数较少的场合。若用 I/O 口线连接，要占用多个 8 位 I/O 接口。因此在显示位数较多的情况下，所需的电流比较大，对电源的要求也就随之增大。动态显示方式占用 I/O 口线少，电路较简单，编程较复杂，CPU 要定时扫描刷新显示，一般适用于显示位数较多的场合。

静态显示电路可以分为并行扩展静态显示电路、串行扩展静态显示电路及 BCD 码输出的静态显示电路。

9.6.1　并行扩展静态显示电路

并行扩展静态显示电路如图 9.26 所示。图中有两个共阴极 LED 数码管，每个数码管都由一个 8 位的输出口控制；采用 P0 口扩展两片锁存器 74LS273，用来锁存两位共阴极 LED 数码管的段码，采用静态扫描方式，同时也起到对数码管的驱动作用。因为是静态显示，所以较小的驱动电流就可以得到较高的显示亮度。单片机的写信号 $\overline{\text{WR}}$ 和 P2.6、P2.7 引脚共同控制对每片锁存器的数据的写入。

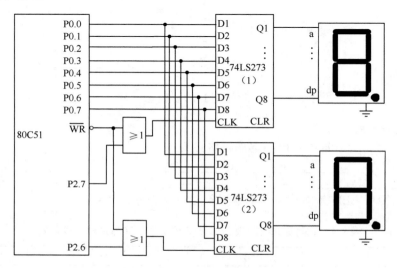

图 9.26　并行扩展静态显示电路

【例 9.12】按图 9.26 编制显示子程序，两个 LED 数码管轮流交替显示 0～9 的数据。

	ORG　0000H	
	AJMP　MAIN	
	ORG　0030H	
MAIN:	MOV　R2,#00H	;主程序开始,显示"0"
KE1:	MOV　A,R2	
	MOV　DPTR,#TAB	;送 LED 数码管显示表首址
	MOVC　A,@A+DPTR	;查表求出键值显示的段码
	MOV　DPTR,#7FFFH	;选通第一片 74LS273
	MOVX　@DPTR,A	;数据送锁存器
	INC　R2	;显示下一个数
	MOV　A,R2	
	MOV　DPTR,#TAB	;送 LED 数码管显示表首址
	MOVC　A,@A+DPTR	;查表求出键值显示的段码
	MOV　DPTR,#0BFFFH	;选通第二片 74LS273

```
            MOVX   @DPTR,A                    ;数据送锁存器
            LCALL  LOOP1                      ;调延时子程序
            INC   R2                          ;显示下一个数
            CJNE   R2,#0AH,KE1                ;判断显示完否
            AJMP   MAIN
LOOP1:      MOV   R3,#0FFH                    ;延时子程序
LOOP:       MOV   R4,#0FFH
            DJNZ   R4,$
            DJNZ   R3,LOOP
            RET
TAB:        DB   3FH,06H,5BH,4FH,66H,
            DB   6DH,7DH,07H,7FH,6FH          ;数字 0~9 的段码表
            END
```

9.6.2 串行扩展静态显示电路

图 9.26 中的并行扩展静态显示，如果显示的数码管位数较多，所需要的锁存器的数量及一些辅助的控制线也就增多。如果采用串行扩展方式，就可以大大节省锁存器的数量、减小电路板的体积。80C51 单片机本身具有 RS-232 串行输入和输出 I/O 接口，但是每个数码管若采用静态显示，则仍需要并行输入的 I/O 接口，因此需要一个串并转换芯片。74HC164 就是一个串入并出的移位寄存器，可以实现串并转换。

74HC164 的引脚说明：A、B 为串行输入口，Q0～Q7 为并行输出口，CLR 为清零端，CLK 为脉冲输入端。当 CLK 引脚加上一个脉冲信号，则传送一位给输出端的最高位 Q0，同时输出端的信号从高位向低位依次移动一位。

用 74HC164 扩展静态 LED 数码管的连接电路如图 9.27 所示。74HC164 的输入口 A 和 B 并接在单片机的 RXD 端，RXD 端作为移位数据输出端。CLK 信号由单片机的 TXD 端和 P1.0 引脚相与的结果来提供，TXD 端提供移位时钟信号，P1.0 引脚则作为数码管允许控制信号线。

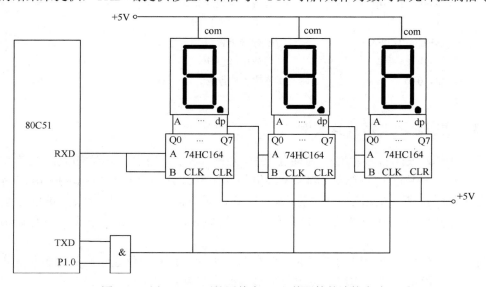

图 9.27　用 74HC164 扩展静态 LED 数码管的连接电路

【例 9.13】按图 9.27 编制显示子程序，显示字段码从高位到低位依次存在内部 RAM 30H～32H 中。

```
DIR2: MOV    SCON,#00H         ;置串行口方式 0
      CLR    ES                ;串行口禁止中断
      SETB   P1.0              ;"与"门开,允许 TXD 发移位脉冲
      MOV    SBUF,30H          ;串行输出个位显示字段码
      JNB    TI,$              ;等待串行发送完毕
      CLR    TI                ;清串行中断标志
      MOV    SBUF,31H          ;串行输出十位显示字段码
      JNB    TI,$              ;等待串行发送完毕
      CLR    TI                ;清串行中断标志
      MOV    SBUF,32H          ;串行输出百位显示字段码
      JNB    TI,$              ;等待串行发送完毕
      CLR    TI                ;清串行中断标志
      CLR    P1.0              ;"与"门关,禁止 TXD 发移位脉冲
      RET
```

对应的 C51 程序如下：

```
void main( )
  {
      SCON=0x00              //置串行口方式 0
      ES=0x00                //串行口禁止中断
      P1^0= 1                //"与"门开,允许 TXD 发移位脉冲
      SBUF=0x30              //串行输出个位显示字段码
      while(TI==0)           //等待串行发送完毕
      TI=0                   //清串行中断标志
      SBUF=0x31              //串行输出十位显示字段码
      while(TI==0)           //等待串行发送完毕
      TI=0                   //清串行中断标志
      SBUF=0x32              //串行输出百位显示字段码
      while(TI==0)           //等待串行发送完毕
      P1^0=0                 //清串行中断标志
  }
```

9.6.3 动态显示电路及其实例

在多位 LED 数码管显示时，为简化硬件电路，通常将所有显示位的段码线的相应段并联在一起，由一个 8 位 I/O 接口控制，而各位的共阳极或共阴极分别由相应的 I/O 口线控制，形成各位的分时选通。采用动态的扫描显示方式，即在某一时刻，只让某一位的位选线处于选通状态，而其他各位的位选线处于关闭状态，同时，段码线上输出相应位要有显示的字符的段码。

虽然这些字符是在不同时刻出现的，而在同一时刻，只有一位显示，其他各位熄灭，由于余辉和人眼的"视觉暂留"作用，只要每位显示间隔足够短，则可以造成"多位同时亮"的假象，达到同时显示的效果。

LED 数码管不同位显示的时间间隔（扫描间隔）应根据实际情况而定，特别要兼顾亮度和效率。显示位数多，将占用大量的 CPU 时间，因此动态显示的实质是以牺牲 CPU 时间来换取 I/O 接口的减少的。

图 9.28 所示为 8 个共阴极 LED 数码管的动态显示电路，数码管的相同段线并接在一起，和 P0 口相连。数码管的字位线则由 P2 口通过 8 个 NPN 三极管来提供。

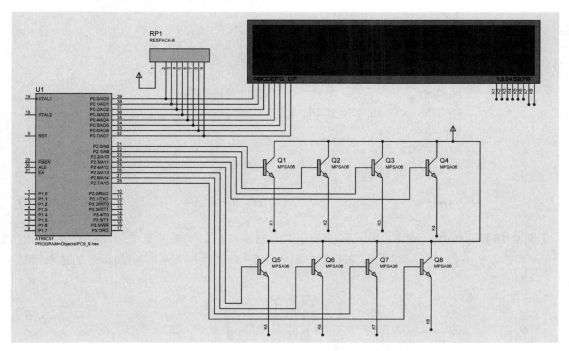

图 9.28　共阴极 8 位动态显示电路

【例 9.14】按图 9.28，定时控制 LED 数码管动态显示年、月、日、时、分、秒。

解　编程如下：

```
#include <reg51.h>
#include <intrins.h>
#define uchar unsigned char
#define uint unsigned int
//段码,最后一位是"- "的段码
uchar code
TIME_DONG[]={0xc0,0xf9,0xa4,0xb0,0x99,0x92,0x82,0xf8,0x80,0x90,0xbf};
//待显示的数据：14-12-04 与 21-48-58（分两组显示）
uchar code Table_of_Digits[][8]={{1,4,10,1,2,10,0,4},{2,1,10,4,8,10,5,8}};
uchar i, j=0;
uint   t=0;
//主程序
void main()
{
    P2=0x80;                          //位码初值
    TMOD=0x00;                        //定时/计数器 T0 方式 0
    TH0=(8192̄4000)/32;                //4ms 定时
```

```
                TL0=(81924000)%32;
                IE=0x82;
                TR0=1;                              //启动 T0
                while(1);
        }
                                                    //T0 中断函数控制数码管刷新显示
        void   TIME_DONG( ) interrupt 1
        {
                TH0=(8192̃4000)/32;                  //恢复初值
                TL0=(8192̃4000)%32;
                P0=0xff;                            //输出位码和段码
                P0=TIME_DONG[Table_of_Digits[i][j]];
                P2=_crol_(P2,1);
                j=(j+1)%8;                          //数组第 i 行的下一字节索引
                if(++t!=350) return;                //保持刷新一段时间
                t=0;
                i=(i+1)%2;                          //数组行 i=0 时显示年、月、日,i=1 时显示时、分、秒
        }
```

【例 9.15】硬件电路如图 9.29 所示。利用 81C55 的 PA 口扩展了 8 个独立式按键，利用 PB 口、PA 口扩展了 6 位 LED 数码管，PB 口送段码，PC 口送位码。要求实现按键号的数码管显示。

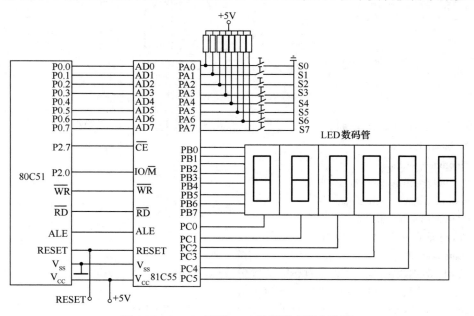

图 9.29 81C55 扩展 LED 数码管应用电路图

解 资源分配：7F00H 为 81C55 的命令字端口地址，7F01H 为 PA 口地址，7F02H 为 PB 口地址，7F03H 为 PC 口地址，R3 为 LED 数码管的显示个数，R2 为选通数据，R1 为键值，R4、R5 为延时参数。

程序：81C55 控制的键盘显示

```
        ORG   0000H
        AJMP   MAIN
```

```
        ORG      0030H
MAIN:   MOV      DPTR,#7F00H      ;指向命令字端口地址
        MOV      A,#0EH           ;设置 PA 口为输入,PB 口、PC 口为输出
        MOVX     @DPTR,A          ;送命令字
        MOV      DPTR,#7F01H      ;指向 PA 口地址
        MOVX     A,@DPTR          ;读入 PA 口的开关数据
        JNB      ACC.0,KE0        ;判断是否"0"号键
        JNB      ACC.1,KE1        ;判断是否"1"号键
        JNB      ACC.2,KE2        ;判断是否"2"号键
        JNB      ACC.3,KE3        ;判断是否"3"号键
        JNB      ACC.4,KE4        ;判断是否"4"号键
        JNB      ACC.5,KE5        ;判断是否"5"号键
        JNB      ACC.6,KE6        ;判断是否"6"号键
        JNB      ACC.7,KE7        ;判断是否"7"号键
        AJMP     MAIN
GN:     MOV      R3,#06H          ;设置 6 个 LED 数码管显示
        MOV      R2,#0FEH         ;选通第一位 LED 数码管数据
GN1:    MOV      DPTR,#7F03H      ;指向 PC 口地址
        MOV      A,R2             ;位选通数据送 R2 中保存
        MOVX     @DPTR,A          ;送 PC 口
        RL       A                ;选通下一位
        MOV      R2,A             ;位选通数据送 R2 中保存
        MOV      A,R1             ;取键值
        MOV      DPTR,#TAB        ;送 LED 数码管显示软件译码表首址
        MOVC     A,@A+DPTR        ;查表求出键值显示的段码
        MOV      DPTR,#7F02H      ;指向 PB 口地址
        MOVX     @DPTR,A          ;段码送显示
        LCALL    LOOP1            ;调延时子程序
        DJNZ     R3,GN1           ;循环显示 6 个 LED 数码管
        LJMP     MAIN             ;返回主程序起始处
LOOP1:  MOV      R4,#08H          ;延时子程序
LOOP:   MOV      R5,#0A0H
        DJNZ     R5,$
        DJNZ     R4,LOOP
        RET
KE0:    MOV      R1,#00H          ;用 R1 保存输入的"0"号键的键值
        LJMP     GN
KE1:    MOV      R1,#01H          ;用 R1 保存输入的"1"号键的键值
        LJMP     GN
KE2:    MOV      R1,#02H          ;用 R1 保存输入的"2"号键的键值
        LJMP     GN
KE3:    MOV      R1,#03H          ;用 R1 保存输入的"3"号键的键值
        LJMP     GN
KE4:    MOV      R1,#04H          ;用 R1 保存输入的"4"号键的键值
```

```
                LJMP        GN
KE5:            MOV         R1,#05H                    ;用 R1 保存输入的"5"号键的键值
                LJMP        GN
KE6:            MOV         R1,#06H                    ;用 R1 保存输入的"6"号键的键值
                LJMP        GN
KE7:            MOV         R1,#07H                    ;用 R1 保存输入的"7"号键的键值
                LJMP        GN
TAB:            DB    3FH,06H,5BH,4FH,66H,6DH,7DH,07H; 共阴极字形码表
                END
```

9.7 单片机 LCD 显示接口及其实例

LCD（Liquid Crystal Display，液晶显示器）属于被动显示，其本身并不发光，利用液晶经过处理后能改变光线通过方向的特性，从而达到显示的目的。液晶显示器具有省电、抗干扰能力强等优点，广泛应用在智能仪器仪表和单片机测控系统中。

段码型液晶显示模块是由数显液晶显示器件和集成电路组装而成的。它的价格低廉，显示字迹清晰，但只能进行数字的简单显示，其显示形式和使用均类似于 LED 显示器，已广泛用于电子表、计算器、数字仪表中。

点阵字符液晶显示模块是由点阵字符液晶显示器和专用驱动器、控制器、结构件装配而成的。它可以显示数字和英文字符，本身具有字符发生器，显示容量要大于段码型液晶显示模块，广泛应用在各类单片机应用系统中。

点阵图形液晶显示模块的特点是点阵像素连续排列，因此可以显示连续、完整的图形，也可以显示数字及中文汉字，可以实现屏幕的上、下、左、右滚动及动画等功能。它是功能最全面而控制相对也要复杂一些的显示器，广泛用于笔记本电脑、彩色电视和游戏机中。

下面以 MGLS12864 液晶显示模块为例来介绍点阵图形液晶显示模块。

1．MGLS12864 液晶显示模块的内部结构与引脚功能

图 9.30 所示为 MGLS12864 液晶显示模块的内部结构。该模块为 128×64 点阵，内部使用 3 片驱动集成芯片。其中，两片 KS0108B（或其兼容控制器 HD61202）作为列驱动器，一片 KS0107B（或其兼容芯片 HD61203）作为行驱动器。KS0108B 内置 64×64 位的显示存储器，显示存储器的每位数据与显示屏上各像素点的明暗状态一一对应，显示存储器的数据直接作为图形显示的驱动信号。当某二进制位为

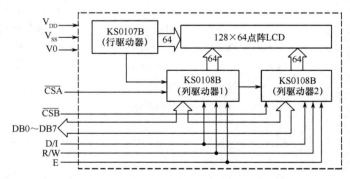

图 9.30 MGLS12864 液晶显示模块的内部结构

"1"时，相应的像素点被点亮；为"0"时，相应的像素点不显示。

MGLS12864液晶显示模块的引脚说明如下。

$\overline{\text{CSA}}$、$\overline{\text{CSB}}$：两位取 01 时，选择列驱动器 1；取 10 时，选择列驱动器 2。

V0：对比度调节端，电压变化范围为–10～0V（视不同型号选择）。

D/I：指令/数据通道选择端。为 1 时，数据操作；为 0 时，指令操作。

R/W：读/写选择端。为 1 时，读操作；为 0 时，写操作。

E：使能信号，高电平时读出数据，下降沿时写入数据。

DB0～DB7：数据线。

LED+：LED 背光正电源端。底背光：$V<4.0V$；边背光：$V\leqslant4.1V$。

LED−：LED 背光接地端。

V_{SS}：数字地；

V_{DD}：逻辑电源+5V。

2．KS0108B 驱动器内部的 RAM 地址结构

KS0108B 内部有 4096（64×64）位显示 RAM，即 64 行、64 列，每位 RAM 中的数据信息对应显示屏上一个像素点的状态信息。KS0108B 显示 RAM 的地址结构见表 9.5。存储器被分为 8 页、64 列，每页对应显示屏点阵的 8 行。显示器上每 8 点对应 RAM 中 1 字节数据，单片机写入或读出显示存储器的数据，代表显示屏上某一点列方向上垂直 8 点的数据。DB0 代表某页最上一行的点数据，DB1 为第二行的点数据，……，DB7 为第八行的点数据。

表 9.5　KS0108B 显示 RAM 的地址结构

页地址	列地址						行地址
	0	2	3	…	62	63	
0	DB0	DB0	DB0	…	DB0	DB0	0
	…	…	…	…	…	…	…
	DB7	DB7	DB7	…	DB7	DB7	7
1	DB0	DB0	DB0	…	DB0	DB0	8
	…	…	…	…	…	…	…
	DB7	DB7	DB7	…	DB7	DB7	15
…			…				…
7	DB0	DB0	DB0	…	DB0	DB0	56
	…	…	…	…	…	…	…
	DB7	DB7	DB7	…	DB7	DB7	63

3．液晶显示模块指令系统

KS0108B 共有 7 条指令，从作用上可分为两类：显示状态设置指令和数据读/写操作指令，数据线 DB 每一位的定义及 R/W 和 D/I 对应的状态分别介绍如下。

显示开/关指令格式：

R/W	D/I	DB7	DB6	DB5	DB4	DB3	DB2	DB1	DB0
0	0	0	0	1	1	1	1	1	1/0

当 DB0=1 时，LCD 显示 RAM 中的内容；当 DB0=0 时，关闭显示。

显示起始行设置指令格式：

R/W	D/I	DB7	DB6	DB5	DB4	DB3	DB2	DB1	DB0
0	0	1	1	显示起始行号（0～63）					

页设置命令格式：

R/W	D/I	DB7	DB6	DB5	DB4	DB3	DB2	DB1	DB0
0	0	1	0	1	1	1	页号（0～7）		

列地址设置命令格式：

R/W	D/I	DB7	DB6	DB5	DB4	DB3	DB2	DB1	DB0
0	0	0	1	显示列地址（0～63）					

读状态指令格式：

R/W	D/I	DB7	DB6	DB5	DB4	DB3	DB2	DB1	DB0
1	0	BUSY	0	ON/OFF	RESET	0	0	0	0

读状态指令用来查询液晶显示模块内部控制器的工作状态，各参数含义如下。

BUSY：该位为 1，表示显示屏在工作；该位为 0，表示显示屏处于空闲状态。

ON/OFF：该位为 1，显示屏关闭；该位为 0，显示屏打开。

RESET：该位为 1，显示屏处于复位状态；该位为 0，显示屏处于正常状态。

在 BUSY 和 RESET 都为 1 时，除可进行读指令操作外，其他指令均不对液晶显示模块产生作用。

写数据指令格式：

R/W	D/I	DB7	DB6	DB5	DB4	DB3	DB2	DB1	DB0
0	1	待写数据							

读数据指令格式：

R/W	D/I	DB7	DB6	DB5	DB4	DB3	DB2	DB1	DB0
1	1	读显示数据							

读/写数据指令每执行一次读或写操作，列地址就自动加 1。在进行读操作之前，必须先有一次空读操作，再读时才能读出所需读单元中的数据。

4．单片机与液晶显示模块接口电路

图 9.31 所示为单片机与 MGLS12864 液晶显示模块的连接电路。

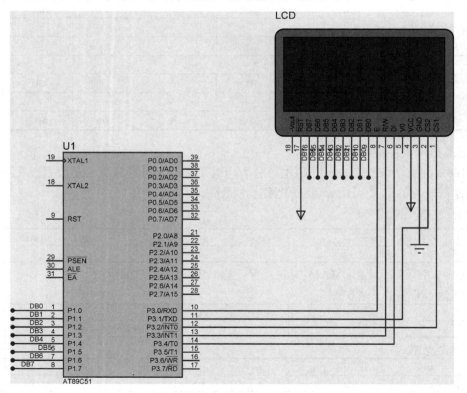

图 9.31　单片机与 MGLS12864 液晶显示模块的连接电路

MGLS12864 液晶显示模块的列驱动有左、右两块芯片电路，分别对应显示器的左、右两部分区域，因此编写显示驱动程序时也分左、右两部分。

（1）程序开头

```
#include <reg51.h>
#define Disp_On 0x3f          //开显示
#define Disp_Off 0x3e         //关显示
#define Col_Add 0x40          //列地址
#define Page_Add 0xb8         //页地址
#define Start_Line 0xc0       //起始页
#define Lcd_Bus P1            //定义数据总线
sbit Mcs=P3^1;
sbit Scs=P3^2;
sbit Enable=P3^0;
sbit RS=P3^4;
sbit RW=P3^3;
```

（2）写命令子程序

```
void write_com(unsigned char cmdcode)
    {RS=0;RW=0;
    Lcd_Bus=cmdcode;delay(0);
    Enable=1;delay(0);Enable=0;
    }
```

（3）写数据子程序

```
void write_data(unsigned char Dispdata)
    {RS=1;RW=0;
    Lcd_Bus=Dispdata;delay(0);
    Enable=1;delay(0);Enable=0;
    }
```

（4）初始化子程序

初始化子程序完成显示起始行的设置并打开显示器开始工作。

```
void init_lcd()
    {Mcs=1;Scs=1;delay(100);
    write_com(Disp_Off); write_com(Page_Add+0);
    write_com(Start_Line+0); write_com(Col_Add+0);
    write_com(Disp_On);
    }
```

（5）清显示数据存储区（清屏）子程序

该程序用于将液晶显示模块数据存储区全部清 0。显示屏左、右存储区均分成 8 个页面，每页有 64 字节。

```
void Clr_Scr()
    {unsigned char i, j,k;

    Mcs=1;Scs=1; write_com(Page_Add+0); write_com(Col_Add+0);
    for(k=0;k<8;k=k+1)
    {
    for(i=0;i<2;i++)
    {write_com(Page_Add+k+i);
```

```
                    for(j=0;j<64;j++)write_data(0x00);}
                }
            }
```

（6）写入汉字子程序

```
        void hz_disp16(char pag, char col, char code *hzk)   //参数 pag 是页地址,参数 col 是列地址,
                                                            指针*hzk 指向汉字编码

            {
            unsigned char j,i;
            for(j=0;j<2;j++)
            {
            write_com(Page_Add+pag+j);
            write_com(Col_Add+col);
            for(i=0;i<16;i++) write_data(hzk[16*j+i]);
            }
        }
```

5．液晶显示模块显示汉字编程

液晶显示模块不具备字符库，那么就需要确定存放的字符，理解液晶显示驱动的各种指令。下面介绍编写一个汉字显示的程序。定义每个汉字为 16×16 点阵模式，占用 32 字节的连续内存空间。

【例 9.16】根据图 9.31，要求在 LCD 上分两行交替显示"测试开始"和"测试完毕"字样，试编写程序。

C51 参考程序在"程序附件"中，读者请登录华信教育资源网www.hxedu.com.cn下载。

9.8 单片机键盘接口

键盘具有向单片机输入数据、命令等功能，是人与单片机对话的主要手段。下面介绍键盘的工作原理和键盘的工作方式。按键盘的结构形式，键盘可分为非编码键盘和编码键盘。

编码键盘是键盘本身能够产生按键的键值，每按下一个键，键盘能自动生成键盘代码，这种键盘的键数较多，且自带消抖功能，使用方便，但硬件较复杂，个人计算机配备的键盘采用的就是编码键盘。非编码键盘则仅提供按键开关，每个按键的键码由电路板设计者自行决定，这种键盘键数较少，硬件简单，广泛应用于各种单片机应用系统，因此下面主要介绍非编码键盘的设计与应用。

对于非编码键盘，需要处理按键抖动问题，如图 9.32 所示。按键实质上就是一个开关，如图 9.32（a）所示，通过键盘开关机械触点的断开、闭合，其电压输出波形如图 9.32（b）所示。按键的抖动时间一般为 5～10ms，抖动现象会引起 CPU 对一次按键的多次误操作。按键消抖有两种方式：一种是硬件消抖，采用专用的键盘接口芯片，这类芯片中都有自动消抖的硬件电路。

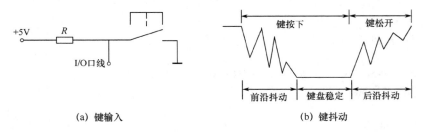

(a) 键输入   (b) 键抖动

图 9.32 按键电路及按键抖动

硬件消抖电路如图9.33所示。在这几种硬件消抖电路中，RC滤波消抖电路简单实用，效果最好。

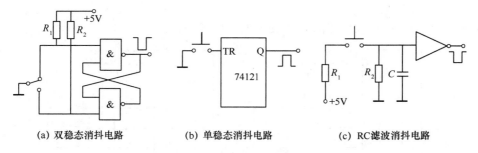

(a) 双稳态消抖电路　　　　(b) 单稳态消抖电路　　　　(c) RC滤波消抖电路

图 9.33　常用的硬件消抖电路

在检测到有按键按下时，执行一段延时 10ms 的子程序后，确认该按键电平是否仍为低电平，如果仍为低电平，则确认该行确实有按键按下。当按键松开时，低电平变为高电平，执行一段延时10ms 的子程序后，检测该行线为高电平，说明按键确实已经松开。采取本措施，可消除两个抖动期的影响。

按照键盘与单片机的连接方式，非编码键盘可分为独立式键盘和矩阵式键盘两种。

1．独立式键盘及其接口电路

（1）按键直接与单片机的 I/O 接口连接

独立式键盘是由若干个机械触点开关构成的，把它与单片机的 I/O 口线连接起来，通过读 I/O 接口的电平状态，即可识别出相应的按键是否被按下。但如果按键数目较多，则要占用较多的 I/O 口线。

【例 9.17】根据图 9.34（a）、（b）所示的电路图，编写按键扫描子程序。

解　以图9.34（a）为例进行程序的编程。

```
#include <reg51.h>
void keyscan(void)
{
    unsigned char key
    do
    {
        P1 = 0xff;                //P1 口为输入
        key = P1;
        key = ~key;
        switch(key)
    {
        case 1:……;              //处理按键 K0
        break;                   //跳出 switch 语句
        case 2：……;             //处理按键 K1
        break;
        case 4:……;              //处理按键 K2
        break;
        case 8:……;              //处理按键 K3
        break;
        }
```

```
            }
        while(1);
        }
```

图9.34（b）的编程可以仿照图9.34（a）的程序来进行。

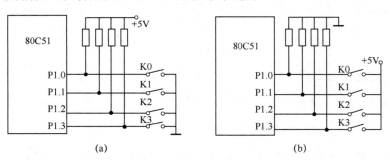

图 9.34　独立式按键接口电路

（2）按键与单片机的扩展 I/O 接口连接

如图 9.35 所示，此时按键通过 74LS373 与单片机相连接，由于 74LS373 内没有上拉电阻，因此在外接按键时需要接上拉电阻。电路中所接的电容也起到一定的按键消抖作用。

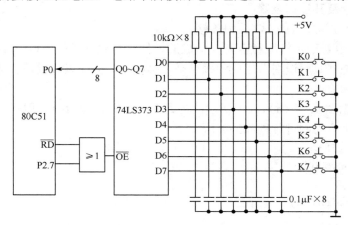

图 9.35　按键与单片机的扩展 I/O 接口连接电路

2．矩阵式键盘及其接口电路

矩阵式键盘用于按键数目较多的场合，由行线和列线组成，按键位于行、列的交叉点上。如图 9.36 所示，一个 4×4 的行、列结构可以构成一个 16 个按键键盘。在按键数目较多的场合，能节省较多的 I/O 口线。

矩阵式键盘中，无按键按下时，行线为高电平；当有按键按下时，行线电平状态将由与此行线相连的列线的电平决定。列线的电平如果为低，则行线电平为低；列线的电平如果为高，则行线的电平也为高，这是识别按键是否按下的关键所在。

矩阵式键盘有以下几种扫描方式。

（1）程序扫描方式

这种扫描方式也称查询方式，其特点是：利用单片机空闲时调用键盘扫描子程序，反复扫描键盘。如果单片机查询的频率过高，虽能及时响应键盘的输入，但也会影响其他任务的进行；查询的频率过低，可能会产生键盘输入漏判。

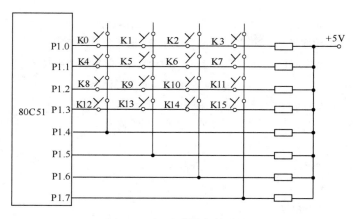

图 9.36 矩阵式键盘的结构

（2）定时控制扫描方式

每隔一定的时间对键盘扫描一次。通常利用单片机内的定时器，定时对键盘进行扫描，在有按键按下时识别出该按键，并执行相应按键的处理程序。为了不漏判有效的按键，定时周期一般应小于 100ms。

（3）中断控制方式

键盘只有在有按键按下时才发出中断请求信号，单片机响应中断，执行键盘扫描程序中断服务子程序。若无按键按下，单片机将不理睬键盘。此种方式的优点是只有按键按下时，才进行处理，所以其实时性强，工作效率高。

【例 9.18】按图 9.36 所示的矩阵式键盘结构图编制程序，该键盘采用程序扫描方式。

解 程序编写思路如下：

假设按键K5被按下。

第一步，P1.0～P1.3 输出全为"0"，然后读入 P1.4～P1.7 的状态，结果 P1.5=0，而 P1.4、P1.6、P1.7 均为 1，因此，第 2 行出现电平的变化，说明第 2 行有按键按下。

第二步，让 P1.4～P1.7 输出全为"0"，然后读入 P1.0～P1.3 的状态，结果 P1.1=0，而 P1.0、P1.2、P1.3 均为 1，因此第 2 列出现电平的变化，说明第 2 列有按键按下。

综上所述，即第 2 行、第 2 列按键被按下，此按键即 K5 按下。这种程序行列扫描的方法简单适用，但不要忘记按键消抖处理。

程序编写如下：

```
            CLR    FO              ;设置FO为0,为未消抖标志
    KEY:    MOV    P1,#0F0H        ;行线置低电平,列线置输入状态
    KEY0:   MOV    A,P1            ;读列线数据
            CPL    A               ;数据取反,"1"有效
            ANL    A,#0F0H         ;屏蔽行线,保留列线数据
            MOV    R1,A            ;存列线数据(R1高4位)
            JZ     GRET            ;全0,无键按下,返回
    KEY1:   MOV    P1,#0FH         ;行线置输入状态,列线置低电平
            MOV    A, P1           ;读行线数据
            CPL    A               ;数据取反,"1"有效
            ANL    A, #0FH         ;屏蔽列线,保留行线数据
```

```
          MOV    R2,A              ;存行线数据(R2低4位)
          JZ     GRET              ;全0,无键按下,返回
          JBC    F0,WAIT           ;已有消抖标志,转至等待按键释放
          SETB   F0                ;无消抖标志,置消抖标志
          LCALL  DY10ms            ;调用10ms延时子程序,消抖
          SJMP   KEY               ;重读行线、列线数据
GRET:     RET
WAIT:     MOV    A,P1              ;等待按键释放
          CPL    A
          ANL    A,#0FH
          JNZ    WAIT              ;按键未释放,继续等待
KEY2:     MOV    A,R1              ;取列线数据(高4位)
          MOV    R1,#03H           ;取列线编号初值
          MOV    R3,#03H           ;置循环数
          CLR    C
KEY3:     RLC    A                 ;依次左移入C中
          JC     KEY4              ;C=1,该列有键按下(列线编号存R1)
          DEC    R1                ;C=0,无键按下,修正列编号
          DJNZ   R3,KEY3           ;判断循环是否结束?未结束继续寻找有按键按下的列线
KEY4:     MOV    A,R2              ;取行线数据(低4位)
          MOV    R2,#00H           ;置行线编号初值
          MOV    R3,#03H           ;置循环数
          CLR    C
KEY5:     RRC    A                 ;依次右移入C中
          JC     KEY6              ;C=1,该行有键按下(行线编号存R2)
          INC    R2                ;C=0,无键按下,修正行线编号
          DJNZ   R3,KEY5           ;判循环结束否?未结束继续寻找有按键按下的行线
KEY6:     MOV    A,R2              ;取行线编号
          CLR    C
          RLC    A                 ;行编号×2
          RLC    A                 ;行编号×4
          ADD    A,R1              ;行编号×4+列编号=按键编号
KEY7:     CLR    C
          RLC    A                 ;按键编号×2
          RLC    A                 ;按键编号×4(LCALL+ RET共4字节)
          MOV    DPTR,#TABJ
          JMP    @A+DPTR           ;散转,执行相应按键功能子程序
TABJ:     LCALL  WORK0             ;调用执行0#键功能子程序
          RET
          LCALL  WORK1             ;调用执行1#键功能子程序
          RET
```

```
            ...
     LCALL    WORK15              ;调用执行15#键功能子程序
     RET
```

采用中断控制方式能够提高单片机扫描键盘的效率,但是在硬件电路的连接上也会不一样,如图 9.37 所示。把行线信号连接到与门,只要行线中有任意一根线出现低电平,就会向单片机申请中断。

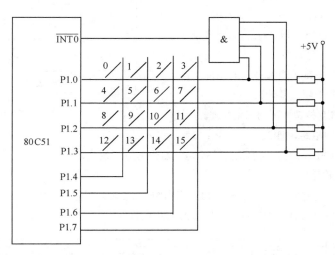

图 9.37　工作于中断控制方式的矩阵式键盘接口电路

【例 9.19】按图 9.37 所示的连接图,试编制采用中断控制方式的键盘扫描程序,将键盘中的按键码存入内部 RAM 30H 单元中。

解　编程思路分析:只有在键盘有按键按下时,才发出中断请求信号,单片机响应中断,执行键盘扫描程序中断服务子程序。如无按键按下,单片机将不响应键盘。

当进入中断后,按键识别的过程与例 9.18 一样。

参考程序在"程序附件"中,读者请登录华信教育资源网 www.hxedu.com.cn 下载。

思考题与习题

9.1　一般情况下实现片选的方法有两种,分别是_____和_____。

9.2　系统扩展的基本方法是什么?

9.3　11根地址线可选_____(或2KB)个存储单元,16KB存储单元需要_____根地址线。

9.4　80C51单片机的扩展能力如何?对外部ROM和RAM的操作为什么允许两者的地址空间重叠?

9.5　80C51单片机访问外部存储器时利用_____信号锁存来自_____口的低8位地址信号。

9.6　80C51单片机外扩8KB ROM的首地址若为1000H,则末地址为_____H。

9.7　三态缓冲器的"三态"是指_____态、_____态和_____态。

9.8　74LS138是具有3个输入的译码器芯片,当其输出作为片选信号时,最多可以选中_____块芯片。

9.9　区分外部ROM和RAM的最可靠方法是看其是被_____还是被_____信号连接。

9.10　计算机对输入/输出设备的控制方式主要有3种。其中,A方式硬件设计最简单,但要占用不少CPU的运行时间;B方式的硬件线路最复杂,但可大大提高数据传送效率;而C则介于上述两者之间。

　　①先进先出　　　②后进先出　　　③直接存储器访问　　　④程序查询

⑤高速缓存　　⑥系统总线　　⑦程序中断　　⑧逐行扫描

请选择并填写答案：A=＿＿＿＿＿＿＿＿＿，
B=＿＿＿＿＿＿＿，C=＿＿＿＿＿＿＿。

9.11　LED 数码管的显示控制方式有
＿＿＿＿显示和 ＿＿＿＿显示两大类。

9.12　LED 数码管根据 LED 的连接方式，可以分
为＿＿＿＿和＿＿＿＿两大类。

9.13　I/O 接口数据传送有哪些传送方式？分别在
哪些场合下应用？

9.14　为什么要消除按键的机械抖动？消除按键
机械抖动的方法有哪几种？原理是什么？

9.15　说明矩阵式键盘按键按下的识别原理。

9.16　根据图 9.38 的电路，把 81C55 的 PA 口和

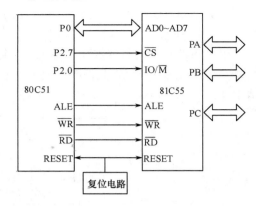

图 9.38　题 9.16 图

PC 口设置成输入方式，PB 口设置成输出方式，定时器作为方波发生器，对输入的脉冲进行 24 分频。试写出满足此要求的初始化程序。

9.17　如图 9.39 所示，完成下面的任务：（1）指出图中 1#2764 的地址范围；（2）外部扩展 ROM 容量共多少？（3）编写将 ROM 1000H 的内容读出到寄存器 A 中的程序段。

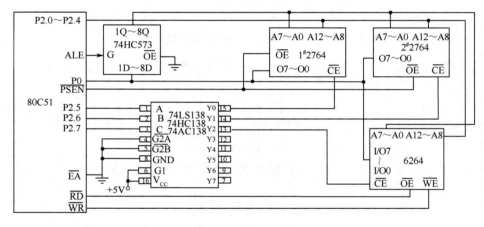

图 9.39　题 9.17 图

9.18　设 80C51 单片机系统分配给 82C55 的基地址为 EC00H。编写程序段：初始化 82C55，PA 口为方式 0 输出，PC 口高 4 位为输入；PB 口为方式 1 输入，PC 口低 4 位为输入；将 PA 口的高 4 位置 1，低 4 位清 0；将 PB 口的输入状态读入寄存器 A；将 PC 口的状态读入寄存器 A 后，再将(A)的低 3 位清 0，高 5 位不变。

第10章　80C51 单片机的模拟量接口

在单片机测控系统中，有许多被测量的物理量随时间连续变化，我们把这些量称为模拟量，如温度、压力、流量、速度等。模拟量需经传感器先转换为模拟电信号，然后转换成数字量后才能在单片机中进行处理。模拟量转换成数字量的器件称为 A/D 转换器（ADC）。单片机处理完毕的数字量，有时需转换为模拟信号输出，这样的器件称为 D/A 转换器（DAC）。

图 10.1 是一个简单的电机转速控制系统示意图。电机内的转速传感器把电机的转速转换成电压信号后经放大器放大，再经过 A/D 转换变成数字量输入微处理器，微处理器根据当前的转速设定值作出判断，改变输出数字量的大小，D/A 转换部分输出电压信号，经过驱动器后控制电机的转速。

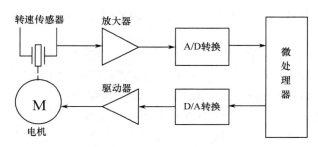

图 10.1　电机转速控制系统示意图

本章主要介绍 D/A 和 A/D 转换的基本原理，以及典型的 ADC、DAC 芯片，选择和使用模拟器件时需要注意的器件参数，并通过几个具体器件的应用举例来分析单片机模拟量接口的设计方法。

10.1　并行 D/A 转换器与单片机的接口

10.1.1　D/A 转换概述及 DAC 的主要性能指标

D/A（Digital to Analog）转换的目的是把输入的数字量用二进制代码按数位组合起来，每一位码都能按照一定的比例关系转换成与之对应的模拟量，然后将这些模拟量相加，即可得到与数字量成正比的总的模拟量，从而实现数模转换。如图 10.2 所示。

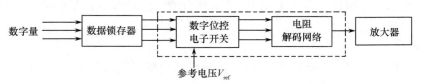

图 10.2　D/A 转换示意图

在目前的 DAC 器件中，常用的是输出模拟电压。假如输入的是一个 n 位二进制数 D[n–1:0]，输出电压为 V_{out}，则它们之间的关系为

$$V_{\text{out}} = C(D_{n-1} \times 2^{n-1} + \cdots + D_2 \times 2^2 + D_1 \times 2^1 + D_0 \times 2^0)$$

其中，C 为一个常数，具体值根据不同的器件而定。

尽管数字量有利于计算机的输入和输出，但工业控制系统中仍然有许多控制接口沿用模拟量控制，例如控制异步电动机的变频器就一直保留有模拟量输入接口。因此，D/A 转换芯片的学习和掌握仍然十分重要。

使用 D/A 转换器时要注意区分以下两个问题。

（1）D/A 转换器的两种输出形式

两种输出形式：电压输出形式与电流输出形式。电流输出的 D/A 转换器，如需模拟电压输出，可在其输出端加一个 I/V 转换电路。

（2）D/A 转换器内部是否带有锁存器

由于 D/A 转换需要一定的时间，在这段时间内，D/A 转换器输入端的数字量应保持稳定，为此应在 D/A 转换器数字量输入端设置锁存器。目前的 D/A 转换器内部大多带有锁存器，有的还具有双重或多重数据缓冲电路。

D/A 转换器的技术性能指标是实际工程中选型的依据。

1．D/A 转换时间

转换时间是描述 D/A 转换器转换快慢的一个参数，用于表明转换时间或转换速度。转换时间是指当输入数字量变化时，输出电压量变化达到终值误差 $\pm(1/2)$LSB 时所需的时间。与输入二进制数最低有效位 LSB(Least Significant Bit)相当的输出模拟电压，简称 1LSB。电流输出的 D/A 转换器，转换时间较短；而电压输出的 D/A 转换器，由于要加上完成 I/V 转换的运算放大器的延迟时间，因此转换时间要长一些。快速 D/A 转换器的转换时间可控制在 1μs 以下。

2．分辨率

分辨率指单片机输入给 D/A 转换器的单位数字量的变化所引起的模拟量输出的变化。D/A 转换器的分辨率为输出满刻度值与 2^n 之比，这意味着 D/A 转换器能对转换范围的 $1/2^n$ 输入量作出反应。n 为 D/A 转换器的位数。

例如，8 位 D/A 转换器，若满量程输出为 10V，根据分辨率的定义，则分辨率为 10V/2^n=10V/256=39.1mV，即输入的二进制数最低有效位的变化可引起输出的模拟电压变化 39.1mV，该值占满量程的 0.391%，常用符号 1LSB 表示。

使用时，应根据对 D/A 转换器分辨率的需要来选定 D/A 转换器的位数。

3．D/A 转换精度

转换精度用来表示 D/A 转换器实际输出电压与理论输出电压的偏差，通常以满输出电压 V_{FS} 的百分数给出。但由于电源电压、基准电压、电阻、制造工艺等各种因素存在误差，严格来讲，转换精度与分辨率并不完全一致。只要位数相同，分辨率则相同，但相同位数的不同转换器，转换精度会有所不同。例如，精度为 $\pm0.1\%$ 是指最大输出误差为 V_{FS} 的 0.1%，如果 V_{FS} 为 5V，则最大输出误差为 5mV。

4．线性度

线性度是指输入数字量变化时 D/A 转换器输出的模拟量按比例关系变化的程度。实际 D/A 转换器输出偏离理想输出的最大偏差称为线性误差。

5．温度灵敏度

温度灵敏度是指在数字量输入不变的情况下，输出模拟量信号随温度变化产生的变化量。一般 D/A 转换器的温度灵敏度为 $\pm50\times10^{-6}$/℃。

10.1.2　8 位 D/A 转换器 DAC0832 及与单片机接口

1. DAC0832 简介

DAC0832 是美国国家半导体公司的产品，其主要特性参数如下：8 位分辨率；电流输出型 DAC，电流建立时间为 1μs；相对精度为 1/2LSB；单电源供电，+5～+15V；基准电压的范围为 −10～+10V；CMOS 工艺，低功耗 20mW；具有锁存功能的 8 位三态输入数据线。

DAC0832 的外部引脚及内部结构如图 10.3 所示。

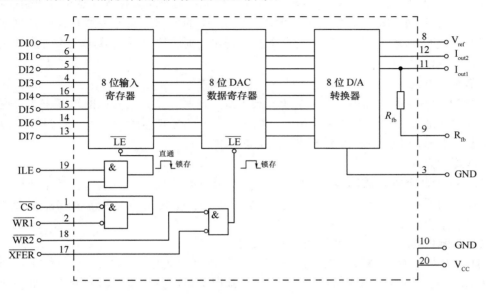

图 10.3　DAC0832 的外部引脚及内部结构图

$\overline{\text{CS}}$：片选信号输入端，低电平有效。

ILE：输入锁存使能信号，高电平有效。

$\overline{\text{WR1}}$：输入寄存器写选通信号，低电平有效。$\overline{\text{WR1}}$ 为低且 ILE=1 时，允许 8 位数据线上的数据输入输入寄存器中；$\overline{\text{WR1}}$ 为高，锁存输入寄存器中的数据。

$\overline{\text{WR2}}$：DAC 数据寄存器写控制信号，低电平有效。当 $\overline{\text{WR2}}$ 为低且 $\overline{\text{XFER}}$ 为低电平时，将输入寄存器中的数据传输到 DAC 数据寄存器中，并自动开始进行 D/A 转换。

$\overline{\text{XFER}}$：数据传输控制信号，低电平有效。与 $\overline{\text{WR2}}$ 一起控制输入寄存器和 DAC 数据寄存器之间的数据传输。

DI7～DI0：8 位数据输入线。

I_{out1}：电流输出 1，当 DAC 数据寄存器中各位为全 "1" 时，电流最大；为全 "0" 时，电流为 0。

I_{out2}：电流输出 2，电路中保证 $I_{out1}+I_{out2}=$ 常数。

R_{fb}：反馈电阻端，内部集成的电阻为 15kΩ。

V_{ref}：基准电压，可正可负，范围为 −10～+10V。

V_{CC}：电源，可在 +5～+15V 之间选择。

GND：地信号。

DAC0832 中 "8 位输入寄存器" 用于存放单片机送来的数字量，使输入数字量得到缓冲和锁存；"8 位 DAC 数据寄存器" 用于存放待转换的数字量；"8 位 D/A 转换器" 受 "8 位 DAC

数据寄存器"输出的数字量控制，能输出和数字量成正比的模拟电流。因此，需外接 I/V 转换的运算放大器电路，才能得到模拟输出电压。

2．DAC0832 的工作方式

DAC0832 根据外部控制信号的连接方式不同，有直通方式、单缓冲方式和双缓冲方式 3 种工作方式。

（1）直通方式

将 ILE 接高电平，$\overline{CS}$、$\overline{WR1}$、$\overline{WR2}$、$\overline{XFER}$ 接地，则内部所有寄存器没有数据锁存功能，DAC0832 工作于直通方式。此方式下，加载在数据线上的数据直接连接到 D/A 转换网络。如果在 D/A 转换没有完成之前，数据线上的数据发生变化，则导致 D/A 转换输出不可靠的结果，所以直通模式较少使用。

（2）单缓冲方式

DAC0832 的两个寄存器中，一个处于直通方式，而另一个处于受控的锁存方式，也可使两个寄存器同时选通及锁存。在实际应用中，如果只有一路模拟量输出，或者虽是多路模拟量输出但并不要求多路输出同步的情况下，可采用单缓冲方式。

（3）双缓冲方式

DAC0832 的两个寄存器都接成受控锁存方式。由于两个寄存器分别占据两个地址，因此在程序中需要使用两条传送指令，才能完成一个数字量的模拟转换。当多路的 D/A 转换要求同步输出时，必须采用双缓冲方式。

3．DAC0832 与 80C51 单片机接口应用举例

80C51 单片机没有与 DAC0832 的专门接口，但是可以把 DAC0832 当作 80C51 单片机的外部数据存储空间进行访问。在设计接口电路时，常用单缓冲方式或双缓冲方式的单极性输出。下面举例说明各种应用情况。

（1）单缓冲方式的应用举例

【例 10.1】工作系统中，要求通过 80C51 单片机控制 DAC0832 输出 2.5V 的模拟量电压，写出分析过程和驱动程序。硬件连接如图 10.4 所示，V_{ref} 工作电压为 –5V。DAC0832 的 $\overline{CS}$ 连接 80C51 单片机的 P2.7，所以其地址的最高位为 0，其他位任意。为了能够尽量避免与其他地址冲突，可以人为设置其地址为 7FFFH。

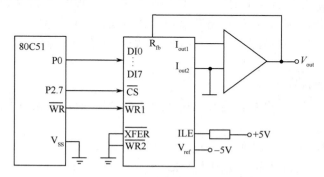

图 10.4　80C51 单片机和 DAC0832 硬件连接图

可以使用以下代码控制 DAC0832 输出模拟电压：

```
MOV    DPTR,#7FFFH
MOV    A,#DATA
MOVX   @DPTR,A
```

目前为止，所讨论的 DAC0832 的应用电路，其模拟量输入都是单极性的，其数字量输入编码与模拟量输出的关系可由下式进行计算，即

$$V_{out} = -\frac{V_{ref} \times DATA_{in(10)}}{256}$$

式中，DATA 下标（10）表示为十进制数参与运算。题目中 $V_{ref} = -5V$，按上式计算，如果要输出 2.5V 的电压，输入的数字量转化为十进制数应为 128。

（2）双缓冲方式的应用举例

多路的 D/A 转换要求同步输出时，由于数字量的输入锁存和 D/A 转换输出是分两步完成的，因此必须采用双缓冲方式。单片机必须通过 $\overline{LE1}$ 来锁存待转换的数字量，通过 $\overline{LE2}$ 来启动 D/A 转换。

因此，在双缓冲方式下，DAC0832 应为单片机提供两个 I/O 接口。80C51 单片机和 DAC0832 在双缓冲方式下的连接图如图 10.5 所示。

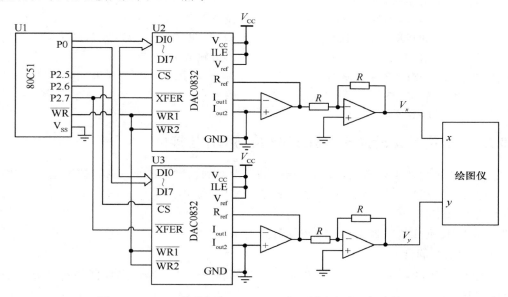

图 10.5　80C51 单片机和 DAC0832 在双缓冲方式下的连接图

【例10.2】有一种绘图仪，输入两个模拟量 x、y，则可以在仪器上根据输入模拟量的变化绘制出 x、y 的关系曲线图。现通过一个 80C51 单片机和两片 DAC0832 与此绘图仪连接，如果 x、y 值同时更新，则可以绘制出平滑的曲线图，否则就会出现阶梯波形图，因此需要使 DAC0832 工作在双缓冲方式。硬件连接如图 10.5 所示。U2 的 $\overline{CS}$ 连接 P2.5，其输入寄存器地址为 0DFFFH；U3 的 $\overline{CS}$ 连接 P2.6，其输入寄存器地址为 0BFFFH；两个 DAC0832 的 $\overline{XFER}$ 连接在一起并接到 P2.7，其地址为 7FFFH。所有的 $\overline{WR1}$、$\overline{WR2}$ 都接到 80C51 单片机的 $\overline{WR}$。U2 用来输出 x 值，U3 用来输出 y 值。

有 20 组 x、y 值分别存在地址 30H、50H 开始的 RAM 中，编写能把 30H 和 50H 中数据从 U2 和 U3 同步输出的程序。程序中 30H 和 50H 中的数据即为绘图仪所绘制曲线的 x、y 坐标点。

参考代码如下：

```
        ORG    2000H
DTOUT:  MOV    R0,#30H              ;R0 指向 30H
        MOV    R2,#0               ;清计数器为 0
```

	MOV	R1,#50H	;R1 指向 50H

;输出 x 数据到 U2 的输入寄存器

GOON:	MOV	DPTR,#0DFFFH	;x 数据 DAC 地址为 DFFFH
	MOV	A,@R0	;
	MOVX	@DPTR,A	;写数据到 U2
	INC	R0	;x 数据指针指向下一个数据

;输出 y 数据到 U3 的输入寄存器

	MOV	DPTR,#0BFFFH	;y 数据 DAC 地址为 BFFFH
	MOV	A,@R1	;
	MOVX	@DPTR,A	;写数据到 U3
	INC	R1	;y 数据指针指向下一个数据

;把所有 DAC0832 的输入寄存器的数据写入 DAC 数据寄存器,

;1μs 后同时输出数据到绘图仪

	MOV	DPTR,#7FFFH	;输入寄存器地址为 7FFFH
	MOVX	@DPTR,A	;使能 $\overline{\text{WR}}$ 和 $\overline{\text{XFER}}$,启动 D/A 转换
	INC	R2	;统计输出数据个数
	CJNE	R2,#20,GOON	;输出 20 个数据后,绘图结束
	SJMP	$	;停机
	END		

10.1.3 12 位 D/A 转换器 DAC1208 及与单片机接口

从上面的两个范例可以看到,DAC 输出的模拟量的精度取决于 DAC 数字量的位数。当 8 位分辨率不够时,可以采用高于 8 位分辨率的 DAC,例如,10 位、12 位、14 位、16 位(如 AD669)的 DAC。

图 10.6 是 12 位 DAC1208 内部结构及引脚图。

1. DAC1208 简介

DAC1208 双缓冲结构,由一个 8 位输入锁存器和一个 4 位输入锁存器共同组成,以便和 8 位数据线对接。

(1)控制线

$\overline{\text{CS}}$:片选信号输入端,低电平有效。

$\overline{\text{WR1}}$:写信号,低电平有效。

$\overline{\text{WR2}}$:辅助写,低电平有效。

BYTE1 / $\overline{\text{BYTE2}}$:字节顺序控制信号。高电平 1:将 12 位输入锁存器全部启用;低电平 0:仅开启低 4 位输入锁存器。

$\overline{\text{XFER}}$:数据传输控制信号,低电平有效。与 $\overline{\text{WR2}}$ 一起控制输入锁存器和 DAC 数据寄存器之间的数据传输。

(2)DAC1208 其他引脚功能

DI11~DI0:12 位数据输入线。

I_{out1}:电流输出 1,当 DAC 数据寄存器中各位为全 "1" 时,电流最大;为全 "0" 时,电流为 0。

I_{out2}：电流输出 2，电路中保证 $I_{out1}+I_{out2}=$ 常数。

R_{fb}：反馈电阻端。

V_{ref}：基准电压，可正可负，范围为$-10\sim+10V$；

V_{CC}：电源，可在$+5\sim+15V$ 之间选择。

AGND：模拟地信号。

DGND：数字地信号。

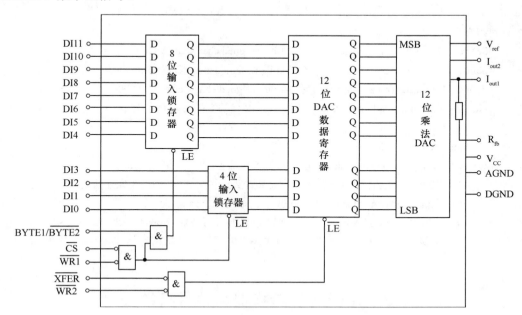

图 10.6 DAC1208 内部结构及引脚图

2．接口电路设计及软件编程

【例 10.3】80C51 单片机与 DAC1208 的接口电路如图 10.7 所示。

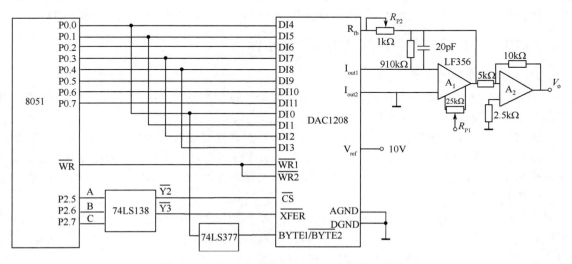

图 10.7 80C51 单片机与 DAC1208 的接口电路

按照 DAC1208 的选通条件，由电路图可知：高 8 位输入寄存器的接口地址为 4001H；低 4

位输入寄存器的接口地址为 4000H；DAC 数据寄存器的接口地址为 6000H。其中，运算放大器 A_1 实现 I/V 转换，运算放大器 A_2 实现双极性电压输出。要求编写程序将存储在 80C51 单片机中的 12 位数据送入 DAC1208 中转换为模拟量电压输出。

由于 80C51 单片机的 P0.0 分时复用，因此 P0.0 与 DAC1208 的连接要有锁存器 74LS377。采用双缓冲方式（单缓冲方式不合适，12 位数据如果不同时送入，会使得结果的波动较大）。先送高 8 位数据 DI11～DI4，再送入低 4 位数据 DI3～DI0。不能按照相反的顺序送数据，否则结果会出错。当数据先后正确地进入输入锁存器后，再打开 DAC 数据寄存器。

编写程序如下：

```
#define   DAC1208PortHighestAdr (*(volatile unsigned char xdata *)0x4001)
#define   DAC1208PortLowestAdr  (*(volatile unsigned char xdata *)0x4000)
#define   DAC1208TransferPortAdr (*(volatile unsigned char xdata *)0x6000)
void DAC1208(unsigned int dacdata)   //将一个 12 位的数据写入 DAC1208
  {
      unsigned char   d;
      d = (unsigned char)(dacdata>>4);   //取高 8 位数据
      DAC1208PortHighestAdr = d；    //将高 8 位数据写到 DAC 的高 8 位数据锁存器中
      d =   (unsigned char)(dacdata & 0X00F);   //取低 4 位数据
      DAC1208PortLowestAdr = d；   //将低 4 位数据写到 DAC 的低 4 位数据锁存器中
      DAC1208TransferPortAdr = d;   //选通 DAC 内部的 DAC 数据寄存器,锁存器同时转换 12 位数据
  }
```

10.2   并行 A/D 转换器与单片机的接口

随着超大规模集成电路技术的飞速发展，为满足各种不同的检测及控制任务的需要，大量结构不同、性能各异的 A/D（Analog to Digital）转换芯片应运而生。A/D 转换器把模拟量转换成数字量，以便于单片机进行数据处理。实现转换的器件称为模数转换器，简称 ADC。部分单片机内部集成了 A/D 转换器，但当内部 A/D 转换器不能满足需要时，还需外扩 A/D 转换器。

10.2.1   A/D 转换器概述及其主要性能指标

1．A/D 转换器的分类

常用的 A/D 转换器主要有积分型、逐次比较型、并行比较型、串并行比较型、Σ-Δ 型、电容阵列逐次比较型、压频转换型等。

逐次比较型 A/D 转换器由一个比较器和 D/A 转换器通过逐次比较逻辑构成，从 MSB 开始，顺序地对每一位将输入电压与内置 D/A 转换器输出进行比较，经 n 次比较而输出数字值。其电路规模属于中等，优点是速度较高、功耗低，在低分辨率（<12 位）时价格便宜，但高精度（>12 位）时价格很高。

并行比较型 A/D 转换器采用多个比较器，仅做一次比较而实行转换，又称 Flash（快速）型 A/D 转化器。由于其转换速率极高，n 位的转换需要 2^n-1 个比较器，因此电路规模极大，价格也高，只适用于视频 A/D 转换等速度特别高的领域。

串并行比较型 A/D 转换器的结构介于并行比较型和逐次比较型之间,最典型的是由 2 个 $n/2$ 位的并行比较型 A/D 转换器配合 D/A 转换器组成，用两次比较实行转换，所以称为 Half Flash

（半快速）型 A/D 转换器。

Σ-Δ 型 A/D 转换器由积分器、比较器、1 位 D/A 转换器和数字滤波器等组成。原理上近似于积分型 A/D 转换器，将输入电压转换成时间（脉冲宽度）信号，用数字滤波器处理后得到数字值。电路的数字部分基本上实现单片化，因此容易做到高分辨率，主要用于音频和测量领域。

电容阵列逐次比较型 A/D 转换器在内置 D/A 转换器中采用电容矩阵方式，也可称为电荷再分配型 A/D 转换器。一般的电阻阵列 D/A 转换器中多数电阻的值必须一致，在单芯片上生成高精度的电阻并不容易。如果用电容阵列取代电阻阵列，则可以用低廉成本制成高精度单片 A/D 转换器。目前逐次比较型 A/D 转换器大多为电容阵列式的。

压频转换（Voltage-Frequency Convert）型 A/D 转换器是通过间接转换方式实现模数转换的。其原理是：首先将输入的模拟信号转换成频率，然后用计数器将频率转换成数字量。从理论上讲，这种 A/D 转换器的分辨率几乎可以无限增加，只要采样时间能够满足输出频率分辨率要求的累积脉冲个数的宽度。其优点是分辨率高、功耗低、价格低，但需要外部计数电路共同完成 A/D 转换。

2．量程

量程指 A/D 转换器所能转换的模拟输入电压的范围，即可输入的模拟电压的最小值与最大值之间的范围。当输入电压超过 A/D 转换器上、下限时，A/D 转换器将保持输出不变。

3．分辨率

分辨率是 A/D 转换器对输出的数字量变化一个相邻的数据时，所需要的输入模拟量的最小变化量。分辨率取决于 A/D 转换器的位数，所以习惯上用输出的二进制位数或 BCD 码位数表示。对一个分辨率为 n 位的 A/D 转换器，能够分辨的电压为满量程的 $1/2^n$，位数越多，则分辨率越高。例如，A/D 转换器 AD1674 的满量程输入电压为 5V，可输出 12 位二进制数，即用 2^{12} 进行量化，其分辨率为 1LSB，即 $5V/2^{12}=1.22mV$，其分辨率为 12 位，即 A/D 转换器能分辨出输入电压 1.22mV 的变化。

4．转换时间与转换速率

A/D 转换器完成一次转换所需时间称为 A/D 转换时间，单位为 s。每秒采样的次数称为采样速率，也称为转换速率，单位为 1/s，记为 sps。转换时间为转换速率的倒数。如 MAX114 的转换时间为 1μs，转换速率为 $1/1×10^{-6}=10^6$ sps。

由于被测量信号都有其固有频率，按照香农采样定理，测量系统必须选择合理的采样频率才能确保采样信号不失真。市场上所能购买的 A/D 转换器的转换时间各有不同，转换时间越短，相对价格也越高。A/D 转换器按照转换速率，可大致分为高速 A/D 转换器和低速 A/D 转换器。

5．A/D 转换原理

A/D 转换过程主要包括采样、量化和编码。一些非电量的物理信号，如温度、湿度、压力等，首先经过传感器转换成微弱电信号，再经过放大、滤波后转换成幅度较大的电信号；然后采样电路每隔一定的时间间隔从电压信号取一个值，从而在时间上把连续的信号离散化，这就是采样；采样后的电压值在时间上是离散的，就需要把这些电压值分成有限的数值区间，在某个区间内的所有电压值都对应一个数字量，这个过程就称为量化，量化会导致误差，称为量化误差；给每个可能的量化输出值都对应唯一的数字量输出，就是编码，编码后的输出数字量就是 A/D 转换的结果。

尽管 A/D 转换器的种类很多，但目前广泛应用在单片机应用系统中的主要有逐次比较型 A/D 转换器和双积分型 A/D 转换器。此外，Σ-Δ 型 A/D 转换器逐渐得到重视和较为广泛的应用。

逐次比较型 A/D 转换器在精度、转换速率和价格上都适中，是最常用的 A/D 转换器。

10.2.2　8 位 A/D 转换器 ADC0809 及与单片机接口

1．ADC0809 简介

ADC0809 是一个 8 位逐次比较型 A/D 转换器，是 8 路模拟输入、8 位数字量输出的 A/D 转换器。

ADC0809 的引脚排列如图 10.8 所示，共 28 个引脚，双列直插式封装，部分引脚功能如下。

IN0～IN7：8 路模拟信号输入端。

D0～D7：转换完毕的 8 位数字量输出端。

OE：输出允许端。

START：启动信号输入端。

CLK：时钟信号输入端。

Vref+、Vref−：基准电压输入端。

A、B、C：控制 8 路模拟输入通道的切换。A、B、C 分别与单片机的 3 条地址线相连，3 位编码对应 8 个通道地址接口。C、B、A＝000～111，分别对应 IN0～IN7 通道的地址。各路模拟输入之间切换由软件改变 C、B、A 引脚的编码来实现。ADC0809 通道与地址选择关系见表 10.1。

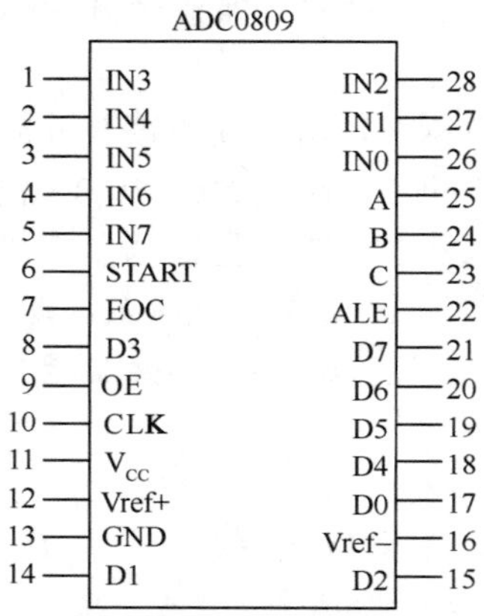

图 10.8　ADC0809 引脚排列

表 10.1　ADC0809 通道与地址选择关系

模拟通道号	地址值		
	C	B	A
IN0	0	0	0
IN1	0	0	1
IN2	0	1	0
IN3	0	1	1
IN4	1	0	0
IN5	1	0	1
IN6	1	1	0
IN7	1	1	1

2．ADC0809 工作原理

ADC0809 的内部结构如图 10.9 所示。采用逐次比较法完成 A/D 转换，单一的+5V 电源供电。内部带有锁存功能的 8 选 1 模拟开关，由 C、B、A 的编码来决定所选的通道。完成一次转换需 100μs 左右（转换时间与 CLK 引脚的时钟频率有关），具有 TTL 三态输出缓冲器，可直接连到单片机的数据总线上。ADC0809 的工作时序如图 10.10 所示。

ADC0809 的工作过程如下：

首先，外来地址信号送到 A、B、C 端，在 ALE 的上升沿将该地址锁存到内部地址锁存器，完成通道选择。START 上升沿到，则复位 ADC0809 内部电路，经过一定的延时后，EOC 变成低电平，表明准备开始转换；START 下降沿到，启动 ADC0809 转换，经过一段时间后，转换完成，EOC 输出高电平，直到下次 START 上升沿才变为低电平。为保证转换可靠，一般要求从 START 上升沿开始直到 EOC 输出高电平的这一段时间内，模拟输入信号必须保持不变。

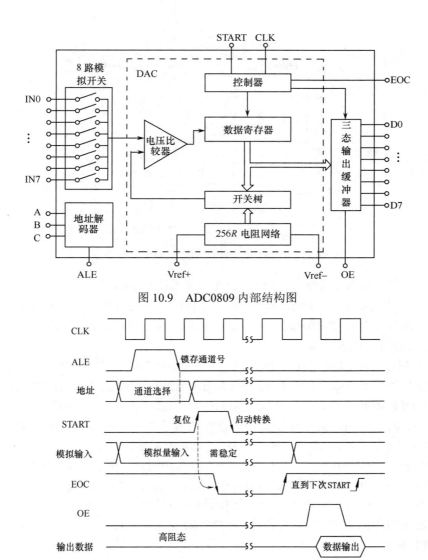

图 10.9　ADC0809 内部结构图

图 10.10　ADC0809 工作时序图

最后，外来 OE 信号上升沿打开 ADC0809 输出缓冲器的三态门，在 OE 下降沿到来后，数据线变成高阻态。在 OE 为低电平时，数据线一直保持为高阻态。

3．ADC0809 与 80C51 单片机接口应用举例

ADC0809 的接口电路简单，通过合理电路设计可以把 ADC0809 当作单片机的外部扩展设备进行访问。下面举例说明。

【例 10.4】某 8 路温度检测系统，现选用 80C51 单片机作为控制器设计系统。

硬件设计：如图 10.11 所示，传感器部分电路略，各待测物理量经过各自传感器转换成电压信号，经过放大后接入 ADC0809 的模拟量输入接口。电源电压经过滤波和稳压后接入 ADC0809 基准电压端 Vref+，基准电压端 Vref-接地；在单片机不访问外部存储器时，80C51 单片机的 ALE 经 D 触发器 2 分频，当单片机时钟取 12MHz，则 ALE 输出为 2MHz，经过 2 分频后为 1MHz，因此可以用作 ADC0809 的时钟信号。

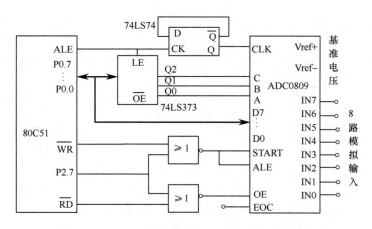

图 10.11　80C51 单片机和 ADC0809 接口电路图

ADC0809 具有三态输出缓冲器，8 位数据输出可直接与数据线相连。引脚 C、B、A 与 Q2、Q1、Q0 相连，以选通 8 个输入通道中的一个。图中 P2.7 作为片选信号，在启动 A/D 转换时，由 $\overline{WR}$ 和 P2.7 控制 ADC0809 的地址锁存和转换启动，由于 ALE 和 START 连在一起，因此本例中，锁存地址的同时启动转换。

根据 MOVX 时序与图 10.11 电路可知，74LS373 锁存的是 P0 口信息，在执行 MOVX　@DPTR,A 指令时，在 ALE 第二个下降沿（CPU 与外部 RAM 通信），74LS373 锁存 P0 口信息是 DPL，则 Q2～Q0 是 DPL 的低 3 位，在 $\overline{WR}$ 上升沿到来时，Q2～Q0 仍保持不变，那么 ADC0809 在 ALE 下降沿（在 P2.7=0 时，即 $\overline{WR}$ 上升沿）锁存的通道地址就是 DPL 的低 3 位，故 DPTR 的低 3 位决定通道选择。例如，通道 1 的选择及 ADC0809 启动程序如下：

```
    MOV    DPTR, #7FF9H        ; P2.7=0,低 3 位为 001B,选择通道 1,设无关位为 1
    MOVX   @DPTR, A            ;送出通道选择并启动转换,(A)不影响通道选择,是无关值
```

软件设计：针对图 10.11，模拟通道 1 连续进行 16 次采样的程序。要求将采样数据存放于 ADRES 为首地址的内部 16 个连续单元中。采样完成后，求这 16 次采样平均值，并存于寄存器 A 中，只取整数部分。

```
        ADC_addr  EQU     7FF9H            ;通道 1 的地址
        ADRES     EQU     40H
        ADTIME    EQU     10H
        ORG       0000H
        AJMP      MAIN
        ORG       0040H
MAIN:   MOV       SP,#6FH
        MOV       DPTR,# ADC_addr
        MOV       R1,# ADTIME
        MOVX      A,@DPTR                  ;空采样一次,丢弃
        MOV       R0,#ADRES
AGAIN:  MOVX      @DPTR,A                  ;启动 A/D 转换
        MOV       R6,#0AH                  ;软件延时,等待转换结束
DELAY:  NOP
        NOP
        NOP
        DJNZ      R6,DELAY
```

```
        MOVX    A,@DPTR                  ;读 A/D 转换的值
        MOV     @R0,A
        INC     R0
        DJNZ    R1,AGAIN                 ;采样 16 次
        MOV     R0,#ADRES                ;指向数据区首地址
        MOV     R1,#16
        MOV     B,#00H
        CLR     A
RRAGN:  ADD     A,@R0
        INC     R0
        JNC     CONJ
        INC     B
CONJ:   DJNZ    R1,RRAGN                 ;求 16 个数的和
        MOV     R1,#4                    ;右移 4 次
        MOV     R0,A                     ;和的低位暂存于 R0 中
RRAGN1: CLR     C
        MOV     A,B
        RRC     A
        MOV     B,A
        MOV     A,R0
        RRC     A
        MOV     R0,A
        DJNZ    R1,RRAGN1                ;求平均值
STOP:   SJMP    STOP                     ;软停机
        END
```

注意：在连续采样之前，需进行一次空采样，并将其丢弃（因为该数据与本次采样无关）。本例的处理方法在传感器信号经 A/D 转换器的采样处理中较为常见，可以称之为均值滤波。

10.2.3　12 位 A/D 转换器 AD1674 及与单片机接口

1．AD1674 简介

AD1674 是一款 12 位逐次比较型 A/D 转换器，是 AD 公司 AD574 的升级产品，与 AD574 引脚兼容。内部集成时钟电路、10V 基准电压和三态输出缓冲器，相对于 AD574 还增加了采样保持电路。典型转换时间为 10μs，1 路模拟量输入。模拟电路工作电压为 12 或 15V。数字电路工作电压为+5V，与 TTL 电平兼容。单极性模式下：模拟电压输入范围为 0～+10V 或 0～+20V；双极性模式下：模拟电压输入范围为-5～+5V，或-10～+10V。其引脚排列如图 10.12 所示。

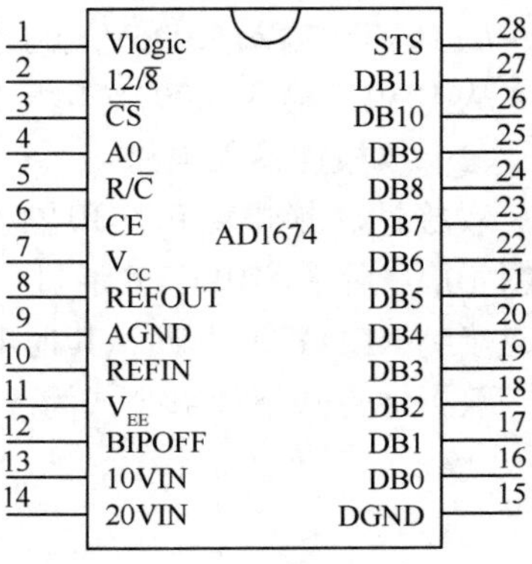

AD1674 带有三态缓冲电路，而且允许转换结果以一次性 12 位方式读出或以 8 位方式分两次读出。由于具有锁存和采样保持电路，因此 AD1674 可以方便地以 8 位或 16 位地址总线扩展连接。

图 10.12　AD1674 引脚排列

AD1674 的控制信号包括：片选信号 $\overline{\text{CS}}$，读转换数据和转换控制信号 R/$\overline{\text{C}}$，选择数据寄存器的地址信号 A0，接口总线宽度控制信号 12/$\overline{8}$。

当 A0=0 时，AD1674 进行全 12 位转换；当 A0=1 时，仅进行 8 位转换。AD1674 启动后，内部开始进行 A/D 转换，转换不能中途停止，也不能重新开始。AD1674 的操作真值表见表 10.2。

表 10.2　AD1674 的操作真值表

CE	$\overline{\text{CS}}$	R/$\overline{\text{C}}$	12/$\overline{8}$	A0	操作
0	×	×	×	×	无
×	1	×	×	×	无
1	0	0	×	0	启动 12 位 A/D 转换
1	0	0	×	1	启动 8 位 A/D 转换
1	0	1	1	×	读取 12 位 A/D 转换数据
1	0	1	0	0	读取 A/D 转换的高 8 位
1	0	1	0	1	读取 A/D 转换的低 4 位和 4 个 0

2．AD1674 的工作原理

AD1674 有一个转换结束状态信号输出端 STS，当 AD1674 处于转换过程中时，STS=1，一旦转换结束，STS=0。每次启动 AD1674 的开始，STS 不会立即进入高电平，约 0.3μs 才转换为高电平。通过改变 AD1674 引脚 REFOUT、REFIN、BIPOFF 的外接电路，可使 AD1674 实现单极性输入和双极性输入模拟信号的转换。

（1）单极性输入电路

单极性输入电路可实现输入信号 0～10V 或 0～20V 的转换。当输入信号为 0～10V 时，应从 10VIN 引脚输入；输入信号为 0～20V 时，应从 20VIN 引脚输入。单极性输入典型电路如图 10.13 所示，BIPOFF 引脚接到模拟地，REFIN 引脚通过一个 50Ω 电阻接到 REFOUT 引脚。A/D 转换结果与输入模拟量 V_{in} 的计算公式为

$$\text{DOUT} = \left[\frac{V_{\text{in}}}{10\text{V(或20V)}} \times 2^n \right]$$

[ ] 表示使用四舍五入法取整；模拟信号从 10VIN 输入时，上式选择 10V，否则选择 20V。

例如，AD1674 工作在 12 位模式：

从 10VIN 输入 1mV 电压信号，对应转换结果为 DOUT=000H；

从 10VIN 输入 9.996V 电压信号，对应转换结果为 DOUT=FFEH；

从 10VIN 输入 9.997V 电压信号，对应转换结果为 DOUT=FFFH。

（2）双极性输入电路

双极性转换电路可实现输入信号 −10～+10V 或 0～+20V 的转换。双极性输入典型电路如图 10.14 所示，BIPOFF 通过一个 50Ω 电阻接到 REFOUT 引脚，REFIN 引脚通过一个 50Ω 电阻连接到 REFOUT 引脚。其他电路连接与单极性相同。

双极性方式下计算公式为

$$\text{DOUT} = \left[\frac{V_{\text{in}} + \dfrac{10\text{V(或20V)}}{2}}{10\text{V(或20V)}} \times 2^n \right]$$

[ ] 表示使用四舍五入法取整；模拟信号从 10VIN 输入时，上式选择 10V，否则选择 20V。

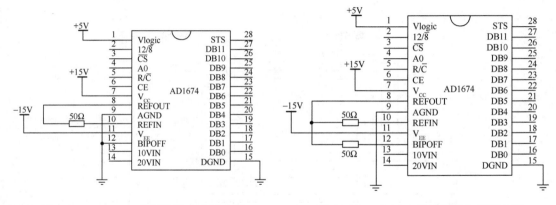

图 10.13 AD1674 单极性输入典型电路   图 10.14 AD1674 双极性输入典型电路

例如，AD1674 工作在 12 位模式：

从 10VIN 引脚输入−4.999V 电压信号，对应转换结果为 DOUT=000H；

从 10VIN 引脚输入−3mV 电压信号，对应转换结果为 DOUT=7FFH；

从 10VIN 引脚输入−1mV 电压信号，对应转换结果为 DOUT=800H；

从 10VIN 引脚输入 4.997V 电压信号，对应转换结果为 DOUT=FFFH。

3. AD1674 与 80C51 单片机的接口设计

【例 10.5】本例的电路设计如图 10.15 所示。80C51 单片机是 8 位微处理器，与 AC1674 连接时要求其数据格式为 8 位。由于 AD1674 含有高精度的基准电压源和时钟电路，从而使 AD1674 无须任何外加电路和时钟信号即可完成 A/D 转换，使用非常方便。为了能够清楚讨论 80C51 单片机与 12 位 ADC 的接口方式，设置 AD1674 工作在 12 位 ADC 模式。电路采用单极性输入接法，可对 0～+10V 或 0～+20V 模拟信号进行转换。转换结果的高 8 位从 DB11～DB4 输出，低 4 位从 DB3～DB0 输出，即 A0=0 时，读取结果的高 8 位；当 A0=1 时，读取结果的低 4 位。若遵循左对齐的原则，则 DB3～DB0 应接单片机的 P0.7～P0.4。STS 引脚接单片机的 P1.0，采用查询方式读取转换结果。分析此电路设计可知，当单片机执行对外部 RAM 写指令访问 FF7CH 时，CE=1，$\overline{\text{CS}}$=0，R/$\overline{\text{C}}$=0，A0=0，启动 AD1674 开始 12 位 A/D 转换；启动后，当单片机查询 P1.0 引脚为低电平时，表示 AD1674 转换结束；当单片机访问外部 RAM 单元 FF7EH，对应 CE=1，$\overline{\text{CS}}$=0，R/$\overline{\text{C}}$=1，12/$\overline{8}$=0，A0=0，单片机读取 A/D 转换结果的高 8 位；单片机访问外部 RAM 单元 FF7FH，对应 CE=1，$\overline{\text{CS}}$=0，R/$\overline{\text{C}}$=1，12/$\overline{8}$=0，A0=1，此时单片机读取 A/D 转换的低 4 位。

对应启动和读取一次 A/D 转换结果的参考程序如下：

```
        MOV   R0,#40H            ;把 A/D 转换的结果存在 40H 开始的两个单元内
                                 ;高地址存高 8 位,低地址存低 4 位加 4 个 0
        MOV   DPTR,#0FF7CH       ;写外部存储单元 FF7CH,启动 AD1674
        MOVX  @DPTR,A
        SETB  P1.0
LOOP:   NOP
        JB    P1.0, LOOP         ;查询 STS 状态,直到 STS=0,表示转换结束
        MOV   DPTR,#0FF7FH       ;读取 A/D 转换的低 4 位
        MOVX  A, @DPTR           ;存在 40H 单元的高 4 位,低 4 位全 0
        MOV   @R0,A
        INC   R0
        MOV   DPTR,#0FF7EH       ;读取 A/D 转换的高 8 位
        MOVX  A, @DPTR           ;数据存在 41H 单元
        MOV   @R0,A
```

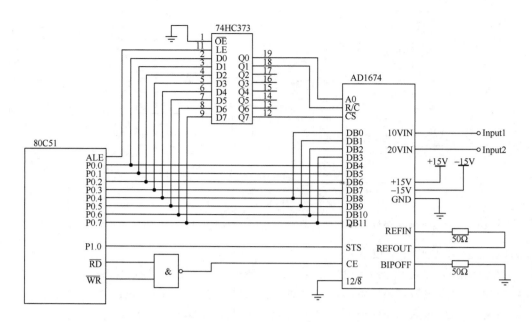

图 10.15 例 10.5 电路设计（AD1674 单极性连接）

【例 10.6】本例的电路仿真如图 10.16 所示。参考程序在"程序附件"中，读者请登录华信教育资源网 www.hxedu.com.cn 下载。

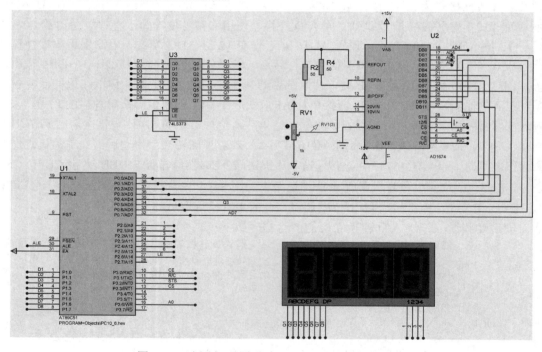

图 10.16 例 10.6 电路仿真（AD1674 双极性连接）

10.3 串行 A/D 转换器与单片机的接口

在一些温度或压力等测量电路中，常常需要多路测量，有时还需要扩展显示界面（如 LCD 显示器），前面介绍的并行 A/D 和 D/A 转换器需要占据大量的单片机 I/O 接口，这就会使单片机的 I/O 接口不够用。而如果使用串行 A/D 和 D/A 转换器，就可以节省 I/O 接口的使用数量。串行 A/D 和 D/A 转换器是通过串行数据总线与微处理器交换数据的器件，本节以海芯科技在电子秤行业中广泛应用的串行 A/D 转换器芯片 HX711 为例，讨论串行 A/D 转换器与单片机的接口方法。

10.3.1 串行 A/D 转换器 HX711 介绍

HX711 是一款专为高精度电子秤而设计的 24 位 A/D 转换器芯片。与同类型其他芯片相比，HX711 集成了包括稳压电源、片内时钟振荡器等其他同类型芯片所需要的外部电路，具有集成度高、响应速度快、抗干扰能力强等优点，降低了电子秤的整机成本，提高了整机的性能和可靠性。

HX711 与后端微处理器的接口和编程非常简单，所有控制信号由引脚驱动，无须对芯片内部的寄存器编程。输入选择开关可任意选取通道 A 或通道 B，与其内部的低噪声可编程放大器相连。通道 A 的可编程增益为 128 或 64，对应的满量程差分输入信号幅值分别为±20mV 或±40mV。通道 B 则为固定的 32 增益，用于系统参数检测。HX711 内部的稳压电源可以直接向外部传感器和内部的 A/D 转换器提供电源，系统板上无须另外的模拟电源。HX711 内部的时钟振荡器不需要任何外接器件。上电自动复位功能简化了开机的初始化过程。

HX711 的引脚分布如图 10.17 所示，相关引脚说明见表 10.3。

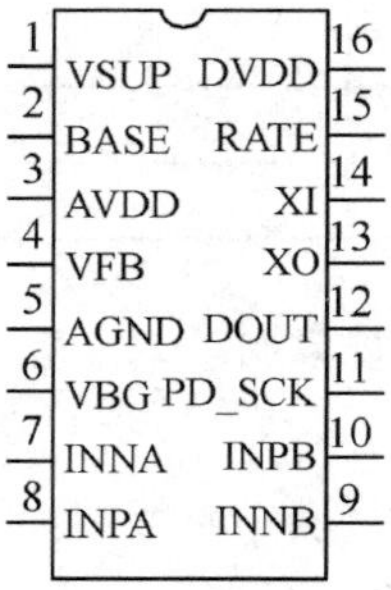

表 10.3 引脚说明

引脚号	名称	性能	说明
1	VSUP	电源	稳压电路供电电源：2.6～5.5V
2	BASE	模拟输出	稳压电路控制输出（不用稳压电路时，无连接）
3	AVDD	电源	模拟电源：2.6～5.5V
4	VFB	模拟输入	稳压电路控制输入（不用稳压电路时，应接地）
5	AGND	地	模拟地
6	VBG	模拟输出	参考电源输出
7	INNA	模拟输入	通道 A 负输入端
8	INPA	模拟输入	通道 A 正输入端
9	INNB	模拟输入	通道 B 负输入端
10	INPB	模拟输入	通道 B 正输入端
11	PD_SCK	数字输入	断电控制（高电平有效）和串行口时钟输入
12	DOUT	数字输出	串行口数据输出
13	XO	数字输入/输出	晶振输入（不用晶振时，无连接）
14	XI	数字输入	外部时钟或晶振输入，0：使用片内振荡器
15	RATE	数字输入	输出数据速率控制，0：10Hz；1：80Hz
16	DVDD	电源	数字电源：2.6～5.5V

图 10.17 HX711 引脚分布图

10.3.2 HX711 的工作原理

1. 模拟输入

通道 A 模拟差分输入可直接与桥式传感器的差分输出相接。由于桥式传感器输出的信号较小，为了充分利用 A/D 转换器的输入动态范围，该通道的可编程增益较大，为 128 或 64，这些增益所对应的满量程差分输入电压分别为±20mV 或±40mV。通道 B 为固定的 32 增益，所对应的满量程差分输入电压为±80mV。通道 B 应用于包括电池在内的系统参数检测。

2. 供电电源

数字电源（DVDD）应使用与微处理器相同的数字供电电源。HX711 内部的稳压电源可同时向 A/D 转换器和外部传感器提供模拟电源。稳压电源的供电电压（VSUP）可与数字电源（DVDD）相同。稳压电源的输出电压值（VAVDD）由外部分压电阻 R_1、R_2 和芯片的参考输出电压VBG决定，VAVDD=VBG×$(R_1+R_2)/R_2$。应选择该输出电压比稳压电源的输入电压(VSUP)低至少 100mV。如果不使用芯片内部的稳压电源，引脚 VSUP 应连接到 DVDD 或 AVDD 中电压较高的一个引脚上。引脚 VBG 上不需要外接电容，引脚 VFB 应接地，引脚 BASE 为无连接。

3．时钟选择

如果将引脚 XI 接地，HX711 将自动选择使用内部时钟振荡器，并自动关闭外部时钟输入和晶振的相关电路。这种情况下，典型输出数据速率为 10Hz 或 80Hz。

如果需要准确地输出数据速率，可将外部输入时钟通过一个 20pF 的隔直电容连接到 XI 引脚上，或将晶振连接到 XI 和 XO 引脚上。这种情况下，芯片内的时钟振荡器电路会自动关闭，晶振时钟或外部输入时钟电路被采用。此时，若晶振频率为 11.0592MHz，则输出数据速率为准确的 10Hz 或 80Hz。输出数据速率与晶振频率以上述关系按比例增加或减少。使用外部输入时钟时，外部时钟信号不一定需要为方波。可将微处理器的晶振输出引脚上的时钟信号通过 20pF 的隔直电容连接到 XI 引脚上，作为外部时钟输入。外部时钟输入信号的幅值可低至 150mV。

4．串行口通信

串行口通信线由引脚 PD_SCK 和 DOUT 组成，用来输出数据、选择输入通道和增益。当数据输出引脚 DOUT 为高电平时，表明 A/D 转换器还未准备好输出数据，此时串行口时钟输入信号 PD_SCK 应为低电平。当 DOUT 从高电平变低电平后，PD_SCK 应输入 25～27 个不等的时钟脉冲。其中，第一个时钟脉冲的上升沿将读出输出 24 位数据的最高位（MSB），直至第 24 个时钟脉冲完成，24 位输出数据从最高位至最低位逐位输出完成。第 25～27 个时钟脉冲用来选择下一次 A/D 转换的输入通道和增益。参见表 10.4。

PD_SCK 的输入时钟脉冲数不应少于 25 或多于 27，否则会造成串行口通信错误。当 A/D 转换器的输入通道或增益改变时，A/D 转换器需要 4 个数据输出周期才能稳定。DOUT 在 4 个数据输出周期后才会从高电平变成低电平，输出有效数据。

表 10.4 输入通道和增益选择

PD_SCK 脉冲数	输入通道	增益
25	A	128
26	B	32
27	A	64

HX711 数据输出、输入通道和增益选择时序如图 10.18 所示。

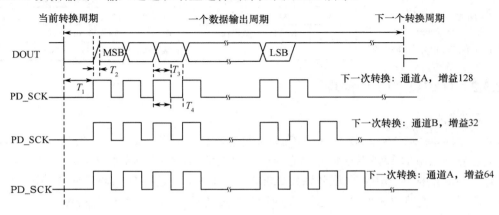

图 10.18 HX711 数据输出、输入通道和增益选择时序

10.3.3　80C51 单片机和 HX711 的接口设计

80C51 单片机没有硬件 I²C 接口，因此不能直接与 HX711 通信。解决的办法就是通过软件模拟出一个 I²C 接口。硬件连接原理如图 10.19 所示，HX711 的 DOUT 引脚连接 80C51 单片机的 P2.0 引脚，PD_SCK 引脚接 P2.1 引脚。然后通过编写代码控制 P2.0、P2.1 引脚的电平变化，模拟 I²C 接口的各个状态，向 HX711 传送数据。

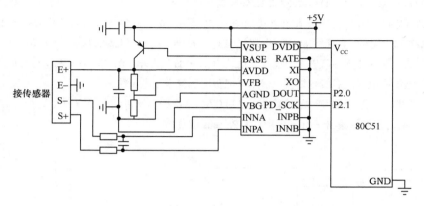

图 10.19　HX711 与 80C51 单片机硬件连接原理图

从 HX711 读取一次 A/D 转换结果的参考程序如下：

```
sbit ADD0=P2^0;
sbit ADSK=P2^1;
unsigned long ReadCount(void)
{
    unsigned char i;
    ADD0=1;
    ADSK=0;
    Count=0;
    while(ADD0);
    for(i=0;i<24;i++)
        {
            ADSK=1;
            Count=Count<<1;
            ADSK=0;
            if(ADD0)Count++;
        }
    ADSK=1;
    Count=Count^0x800000;
    ADSK=0;
    return(Count);
}
```

思考题与习题

10.1　简述 A/D、D/A 转换器的基本原理。

10.2　A/D 转换器的主要性能参数有哪些？

10.3 D/A 转换器的主要性能参数有哪些？

10.4 DAC0832 与 80C51 单片机接口时，有哪 3 种工作方式？各有何特点？

10.5 ADC0809 是_____通道_____位分辨率的 A/D 转换器，转换时间约为_____。

10.6 ADC0809 为_____位的 A/D 转换器，其分辨率为满量程电压的_____。

10.7 AD1674 可以工作在哪些模式下？数据格式有几种？

10.8 HX711 与 ADC0809、DAC0832 相比有哪些不同？

10.9 在 5V 电压的工作系统中，硬件连接如图 10.20 所示，V_{CC} 为 5V，单片机工作时钟为 12MHz，机器周期为 1μs；DAC0832 的 $\overline{CS}$ 引脚连接 80C51 单片机的 P2.7 引脚，所以其地址的最高位为 0，其他位任意。为了能够尽量避免与其他地址冲突，可以人为设置其地址为 7FFFH。此外，图中使用了两个运算放大器，前级运算放大器用来转换电流成电压，后级运算放大器用来把负电压变成正电压输出。

（1）写出使用 C51 语言通过 80C51 单片机控制 DAC0832 输出锯齿波的子程序。

（2）编写汇编语言程序输出三角波，并利用 Proteus 进行仿真。

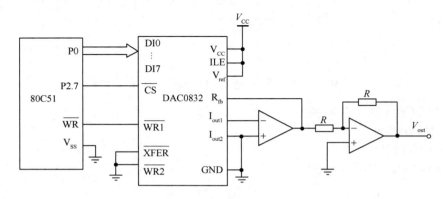

图 10.20 硬件连接原理图

10.10 如图 10.21 所示为 ADC0809 接口电路。

（1）实现 8 路模拟信号轮流采集一次数据，并将采集结果放在数组 ad 中，请利用查询方式编写程序。

（2）编写汇编语言程序，实现 IN1～IN4 模拟信号循环采集数据，结果依次保存在单片机内部 RAM30H～33H 单元，利用 Proteus 进行仿真。

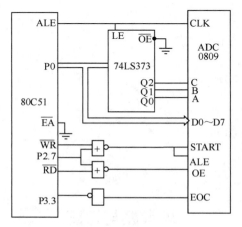

图 10.21 ADC0809 接口电路

第 11 章　80C51 单片机应用系统设计

一个实际的单片机应用系统除需要进行多种配置及其接口连接外，还会涉及更为复杂的内容和问题。因此，单片机应用系统设计还应遵循一些基本原则和方法，本章就此做进一步的分析和讨论，并给出具体应用实例供读者参考。

11.1　单片机应用设计过程

从系统的角度来看，单片机应用系统是由硬件系统和软件系统两部分组成的。在系统的研制过程中，硬件和软件必须紧密结合、协调一致，硬件设计时应考虑软件设计方法，而软件也一定是基于硬件进行设计的，这就是所谓的"软件硬结合"。

图 11.1 描述了单片机应用系统设计的一般过程。

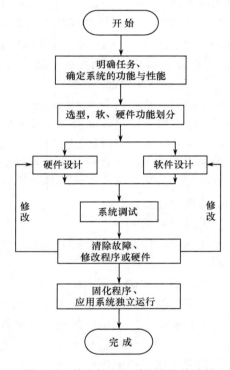

图 11.1　单片机应用系统设计的过程

11.1.1　确定系统的功能与性能

由需求调查可以确定出单片机应用系统设计的目标，这一目标包括系统功能和系统性能。系统功能主要有数据采集、数据处理、输出控制等。每个功能又可细分为若干个子功能。

在确定了系统的全部功能之后，就应确定每种功能的实现途径，即哪些功能由硬件完成、哪些功能由软件完成。

系统性能主要由精度、功耗、可靠性、速度、体积、重量、价格等技术指标来衡量。系统研制前，要根据需求调查结果给出的上述各指标来衡量系统性能。一旦这些指标被确定下来，整个系统将在这些指标限度下进行设计。系统的速度、体积、重量、价格、可靠性等指标会影响系统软、硬件功能的划分。系统功能尽可能用硬件完成，这样可提高系统的工作速度，但系统的体积、重量、功耗、硬件成本都相应增大，而且增加了硬件所带来的不可靠因素。可用软件代替的硬件功能尽可能采用软件，以使系统体积、重量、功耗、硬件成本降低，并可提高硬件系统的可靠性，但可能会降低系统的工作速度。因此，在进行系统功能的软、硬件划分时，一定要依据系统性能指标综合考虑。

11.1.2　确定系统基本结构

单片机应用系统的结构一般是以单片机为核心的，因此，系统中单片机选型、存储器分配、通道划分、输入/输出方式及系统中软、硬件功能划分等都对单片机应用系统结构有直接影响。

1. 单片机选型

不同系列、不同型号的单片机，其内部结构、外部结构特征均不同，因此，在确定系统基本结构时，首先要选择单片机的系列或型号。选择单片机时，应考虑以下几个主要因素。

① 性价比。应根据应用系统的要求和各种单片机的性能，选择最容易实现产品技术指标的机型，而且能达到较高的性价比。

② 开发周期。选择单片机时，要考虑具有新技术的新机型，更应考虑应用技术成熟、由较多软件支持、能得到相应单片机开发工具的比较成熟的机型。这样可借鉴许多现成的技术，移植一些现成软件，从而节省人力、物力，缩短开发周期。

需要特别指出的是，在选择单片机芯片时，一般选择内部不含 ROM 的芯片比较合适，通过外部扩展 EPROM 和 RAM 即可构成系统，这样不需专门的设备即可固化应用程序。另外，可以选择内部有 Flash 存储器的机型，Flash 存储器在不加电的情况下能长期保存信息，又能在线进行擦除和重写。当设计的应用系统批量比较大时，可选择带 ROM、EPROM、OTP ROM 或 EEPROM 等的单片机，这样可使系统更加简单。通常的做法是在软件开发过程中采用 EPROM 或 Flash 存储器芯片，而最终产品采用 OTP ROM 芯片，这样可以提高产品的性价比。

2. 存储空间分配

不同的单片机具有不同的存储空间分布。80C51 单片机的 ROM 与 RAM 空间相互独立，工作存储器、特殊功能存储器与内部 RAM 共享一个存储空间，I/O 接口则与外部 RAM 共享一个存储空间。8098 单片机的内部程序存储区、数据存储区、I/O 接口全部使用同一个存储空间。总的来说，大多数单片机都存在不同类型的器件共享同一个存储空间的问题。因此，在系统设计时就要合理地为系统中的各种部件分配有效的存储空间，以便简化译码电路，并使 CPU 能准确地访问到指定部件。

3. I/O 通道划分

设计中应根据系统所要求的输入/输出信号的数目及类型，确定整个应用系统的通道数目及类型。

4. I/O 方式的确定

不同的输入/输出方式，对系统的软、硬件要求是不同的。一般来说，无条件传送方式只适用于数据变化非常缓慢的外设，这种外设的数据可视为常态设计；中断方式时，微处理器的效率较高，但硬件结构稍复杂一些；查询方式时，硬件价格较低，但微处理器的效率比较低，速度比较慢。在一般的应用系统中，由于速度要求不高，控制对象也较少，此时，大多采用查询方式。

5. 软、硬件功能划分

在应用系统设计中，多用硬件来实现一些功能，这样可以提高系统的利用率应性。相反，若用软件来实现某些硬件功能，则可以节省硬件开支，提高灵活性和适应性，但速度要下降，软件设计费用和所需存储容量要增加。因此，在总体设计时，必须权衡利弊。

11.1.3 单片机应用系统硬件、软件的设计原则

1. 硬件设计原则

一个单片机应用系统的硬件电路设计包括两部分内容：一是单片机系统扩展，即单片机内部资源不能满足应用系统的要求时，必须在外部进行扩展；二是系统配置，即按照系统功能要求配置外设，如键盘、显示器、打印机、A/D 转换器、D/A 转换器等，设计合适的接口电路。系统扩展和配置设计应遵循下列原则。

① 尽可能选择典型通用的电路，并符合单片机的常规用法，为硬件系统的标准化、模块化奠定良好的基础。

② 系统的扩展与外设配置的水平应充分满足应用系统当前的功能要求，并留有适当余地，便于以后进行功能的扩充。

③ 硬件结构应结合软件方案一并考虑。

④ 整个系统中相关的器件要尽可能做到性能匹配。例如，选用的晶振频率较高时，存储器的存取时间就短，应选择允许存取速度较快的芯片；选择 CMOS 工艺的单片机构成低功耗系统时，系统中的所有芯片都应选择低功耗产品。

⑤ 可靠性及抗干扰设计是硬件设计中不可忽视的一部分，具体包括器件选择、去耦合滤波、印制电路板布线、通道隔离等。

⑥ 单片机外接电路较多时，必须考虑其驱动能力。解决的办法是增强驱动能力，增加总线驱动器或者减少芯片功耗，降低总线负载。

2．软件设计原则

一个优秀的应用系统的软件应具有以下特点。

① 软件结构清晰、简洁，流程合理。

② 各功能程序实现模块化、系统化，这样既便于调试、连接，又便于移植、修改和维护。

③ 程序存储区、数据存储区规划合理，既能节约存储容量，又能给程序设计与操作带来方便。

④ 运行状态实现标志化管理。各个功能程序的运行状态、运行结果及运行需求都设置状态标志以便查询，程序的转移、运行、控制都可以通过状态标志条件来控制。

⑤ 经过调试修改后的程序应进行规范化，除去修改"痕迹"。规范化的程序便于交流、借鉴，也为今后的软件模块化、标准化打下基础。

⑥ 实现全面软件抗干扰设计。软件抗干扰设计是计算机应用系统提高可靠性的有力措施。

⑦ 为了提高运行的可靠性，在软件中应设置自诊断程序。在系统运行前先运行自诊断程序，用以检查系统各特征参数是否正常。

11.1.4 硬件设计

单片机应用系统的硬件设计主要包括下面几部分。

1．程序存储器

若单片机内无 ROM 或存储容量不够，则需外部扩展 ROM。外部扩展存储器通常选用 EPROM 或 EEPROM。EPROM 的集成度高、价格便宜，EEPROM 则编程容易。当程序容量较小时，使用 EEPROM 较便宜；当程序容量较大时，采用 EPROM 更经济。

2．数据存储器

当内部数据存储区不够用时，需扩展外部 RAM。在存储容量满足的前提下，建议使用大容量的存储芯片，以减少存储器芯片数目。

3．I/O 接口

I/O 接口大致可归类为并行口、串行口、模拟采集通道（接口）、模拟输出通道（接口）等。目前有些单片机已将上述各接口集成在单片机内部，使 I/O 接口的设计大大简化。系统设计时，可以选择含有所需接口的单片机。

4．译码电路

当进行外部扩展电路时，就需要设计译码电路，译码电路要尽可能简单。

5．总线驱动器

如果单片机外部扩展的器件较多，负载过重，就要考虑总线驱动器。比如，P0 口应使用双向数据总线驱动器（如 74LS245），P2 口可使用单向总线驱动器（如 74LS244）。

6．抗干扰电路

针对可能出现的各种干扰，应设计抗干扰电路。其最简单的实现方式是在系统弱电部分（以单片机为核心）的电源入口对地跨接一个大电容（100μF 左右）与一个小电容（0.1μF 左右），在系统内部芯片的电源端对地跨接一个小电容（0.01～0.1μF）。

另外，可以采用隔音放大器、光电隔离器抗共地干扰；采用差分放大器抗共模干扰；采用平滑滤波器抗白噪声干扰；采用屏蔽手段抗辐射干扰等。

要注意的是，在系统硬件设计时，要尽可能充分利用单片机的内部资源，使设计的电路向标准化、模块化方向靠拢。

11.1.5　软件设计

一个应用系统中的软件一般是由监控程序和应用程序两部分构成的。应用程序是用来完成诸如测量、计算、显示、打印、输出控制等各种实质性功能的软件；监控程序是控制系统按预定操作方式运行的程序，它负责组织调度各应用程序，完成系统自检、初始化、处理键盘命令、处理接口命令、处理条件触发和显示等功能。此外，监控程序还用来监视系统的运行状态。单片机应用系统中的软件一般是用高级语言与汇编语言混合编写的，编写程序时常常与输入、输出接口设计和存储器扩展交织在一起。

系统软件设计时，应根据功能要求，将系统软件分成若干个相对独立的部分，并根据它们之间的联系和时间上的关系，设计出合理的软件总体结构。通常在编制程序前，先根据系统输入和输出变量建立起正确的数学模型，然后画出程序流程图。程序流程图应结构清晰、简洁、合理。画程序流程图时，还要对系统资源做具体的分配和说明。编制程序时，一般采用自顶向下的程序设计技术，先设计监控程序，再设计各应用程序。多功能程序应模块化、子程序化，这样不仅便于测试和连接，还便于修改和移植。

11.1.6　资源分配

单片机应用系统硬件资源分片内和片外两部分。片内资源依公司、类型的不同，差别很大，当选定某种型号的单片机时，应充分利用片内的各种硬件资源。若片内资源不够使用，就需要在片外加以扩展。

11.1.7　单片机应用系统的开发

1．单片机应用系统的仿真

单片机应用系统经过预研、总体设计、软/硬件开发、制版、元器件安装和代码下载（固化）后，多少会出现一些硬件、软件上的错误，这都需要调试来发现错误并纠正。通常，程序调试需要借助被称为仿真系统或开发系统的专用工具来进行。一个单片机在线仿真器应具备的功能有：

① 能输入和修改应用程序；

② 能对系统硬件电路进行检查与诊断；

③ 将程序代码编译为目标代码并固化或下载到系统中；

④ 能以单步、断点和连续方式运行程序，正确反映程序执行的中间结果；

⑤ 最好不占用单片机资源；

⑥ 提供足够的仿真 RAM 空间作为系统的 ROM，并提供足够的 RAM 空间作为系统的 RAM；

⑦ 齐全的软件开发工具，如交叉汇编、连接、固化和下载，甚至反编译等。

系统仿真调试的目的是检测并排除故障，检测并修正模块化软件。

对于一些小系统，可以不使用专门的仿真器，而直接采用写入装置，将目标代码写入系统的 ROM 中。如果采用具有 Flash 存储器和支持 ISP 的单片机芯片，甚至只需要一个编程/下载电缆，利用专门的下载软件，就可以通过 ISP 插座将目标代码下载到具有 Flash 存储器的单片机芯片中，然后通过直接运行来判断硬、软件的正确性。

2．单片机应用系统的制版

将设计的硬件电路通过 EDA（如 Protel 等）绘制原理图，并形成 PCB 制版图，最后检验无误后将 PCB 制版图交给制版公司，加工制造印制电路板。

3．单片机应用系统的调试

单片机应用系统的调试包括硬件调试和软件调试两部分，但是它们并不能完全分开。一般的方法是先排除明显的硬件故障，再进行综合调试，排除潜在的硬件、软件故障。

（1）静态硬件调试

进行系统调试前，应做好以下工作：

① 拿到印制电路板后，先检查加工质量，并确保没有任何制造方面的错误，如短路和断路，尤其要避免电源短路；

② 元器件在安装前要逐一检查；

③ 完成焊接后，应先空载上电（芯片座上不插芯片），并检查各引脚的电位是否正确。

若一切正常，方可在断电的情况下将芯片插入，再次检查各引脚的电位及逻辑关系。

（2）系统调试

硬件静态调试后，就可以进行系统调试。一个经典的调试方案是：把整个应用系统按功能进行分块，如系统控制模块、A/D 转换模块和监控模块等。针对不同的功能模块，用测试程序并借助万用表、示波器及逻辑笔等来检测硬件电路的正确性。

4．单片机应用系统的编程、下载与运行

① 应用程序编程。可采用多种形式编写应用源程序，如采用文本编写器、Keil C51 等。

② 源程序的汇编。可采用编译程序和交叉编译程序进行汇编，并将其转换为目标文件。

③ 目标文件的下载与运行。调试完成后，将单片机应用系统设置到运行状态。可借助仿真器、编程器或利用 ISP 的配套软件进行，将目标文件固化在 ROM 内，程序就开始自行运行了。

④ 经现场反复综合验证没有问题后，将电路原理图、PCB 制版图、程序等生成最终的生产或发行版本，去除各类调试痕迹。

11.2　提高系统可靠性的一般方法

在实验室里设计的应用系统，在安装、调试后完全符合设计要求，但把系统置入现场后，系统常常不能够正常稳定地工作。产生这种情况的原因主要是现场环境复杂和各种各样的电磁干扰。

提高单片机应用系统可靠性的方法与措施有很多。①尽量减少引起系统不可靠或影响系统可靠的外界因素，例如，为了抑制电源的噪声和环境干扰信号而采用的滤波技术、隔离技术、屏蔽技术等；②尽量提高系统自身的抗干扰能力及降低自身运行的不稳定性，例如，针对系统自身而采用的看门狗电路、软件抗干扰技术、备份技术等措施。

下面主要针对单片机应用系统的干扰，介绍抑制干扰的方法及其他一些提高系统稳定性的方法。

11.2.1 电源干扰及其抑制

据统计，单片机应用系统的运行故障有90%以上都是由电源噪声引起的。

1．交流电源干扰及其抑制

多数情况下，单片机应用系统都使用交流 220V、50Hz 的电源供电。在工业现场，生产负荷的经常变化，大型用电设备的启动与停止，往往都造成电源电压的波动。有时还会产生尖峰脉冲，这种高能尖峰脉冲的幅值在 50～4000V 之间，持续时间为几毫秒。它对单片机应用系统的影响最大，能使系统的程序"跑飞"或造成"死机"。因此，一方面要使系统尽量远离这些干扰源，另一方面要采用电源滤波器。这种滤波器是按频谱均衡原理设计的一种无源四端网络。为了提高系统供电的可靠性，还要采用交流稳压器，防止电源的过压和欠压。采用1∶1隔离变压器，防止干扰通过初、次级间的电容效应进入单片机供电系统。

2．直流电源抗干扰措施

（1）采用高质量集成稳压电路单独供电

单片机应用系统中往往需要几种不同电压等级的直流电源，这时可以采用相应的低纹波高质量集成稳压电路。每个稳压电路单独对电压过载进行保护，因此不会因某个电路出现故障而使整个系统遭到破坏，同时减少了公共阻抗的互相耦合，从而使供电系统的可靠性大大提高。

（2）采用直流开关电源

直流开关电源是一种脉宽调制型电源。它摒弃了传统的工频变压器，具有体积小、重量轻、效率高、电网电压范围宽、变化时不易输出过电压和欠电压的特点，在单片机应用系统中应用非常广泛。这种电源一般都有几个独立的电压输出，如±5V、±12V、±24V 等，电网电压波动范围可达 220V 的–20%～+10%，同时，直流开关电源还具有较好的初、次级隔离作用。

（3）采用 DC-DC 变换器

如果系统供电电网波动较大，或者精度要求高，则可以采用 DC-DC 变换器。DC-DC 变换器的特点是输入电压范围大、输出电压稳定且可调整、效率高、体积小，有多种封装形式，在单片机应用系统中获得了广泛应用。

11.2.2 地线干扰及其抑制

接地问题处理得正确与否，将直接影响系统的正常工作。

1．一点接地和多点接地的应用

在低频电路中，布线和元器件间的寄生电感影响不大，因而常采用一点接地，以减少地线造成的地环路。在高频电路中，布线和元器件间的寄生电感及分布电容将造成各接地线间的耦合，影响比较突出，此时应采用多点接地。

通常频率小于 1MHz 时，采用一点接地；频率高于 10MHz 时，采用多点接地；频率处于 1～10MHz 之间时，若采用一点接地，其地线长度不应超过电磁波波长的 1/20，否则应采用多点接地。

2．数字地与模拟地的连接原则

数字地是指数字逻辑电路的接地端，以及 A/D、D/A 转换器的数字地。模拟地是指放大器、采样保持器和 A/D、D/A 转换器中模拟信号的接地端。在单片机应用系统中，数字地和模拟地应分别接地。即使是一个芯片上有两种地，也要分别接地，然后在一点处把两种地连接起来，否则，数字回路通过模拟电路的地线再返回到数字电源，将会对模拟信号产生影响。

3．印制电路板的地线分布原则

TTL、CMOS 器件的接地线要呈辐射网状，避免环形；印制电路板上地线的宽度要根据通过的电流大小而定，最好不小于 3mm。在可能的情况下，地线尽量加宽；旁路电容的地线不要太长；功率地通过电流信号较大，地线应较宽，必须与小信号地分开。

4．信号电缆屏蔽层的接地

信号电缆可以采用双绞线和多芯线，又有屏蔽和无屏蔽两种情况。双绞线具有抑制电磁干扰的作用，屏蔽线具有抑制电磁感应干扰的作用。对于屏蔽线，屏蔽层最佳的接地点是在信号源侧（一点接地）。

11.2.3　其他提高系统可靠性的方法

1．硬件抗干扰设计

① 选择抗干扰性能强的CPU。不同型号的单片机，其抗干扰能力是不一样的。如果系统将工作在干扰比较大的环境中，则可以选用抗干扰能力强的单片机。

② 数字量的光电隔离。单片机的 I/O 口线是最容易引进干扰的地方；对于不使用的 I/O 口线，需要使用电阻上拉到高电平，不可悬空。直接将开关量信号接到单片机的 I/O 口线上，是最不可取的设计；至少要加一个缓冲驱动的芯片隔离，而且这个芯片要与 CPU 尽量靠近；在严重干扰的情况下，需要将所有的 I/O 口线采用光耦进行光电隔离。光电隔离就是采用电流环路传输，避免在长线传输时，在传输线上积累高压和感应信号，使得数据紊乱甚至损坏 TTL 接口芯片，或者干扰单片机的正常运行。注意，采用光电隔离是为了信号使用电流环路传输，而不是使用 TTL 电平传输，这意味着，从 CPU 模块的角度看，开关量输出时，驱动器件（如 74LS244/245/07 等）在 CPU 模块处，光耦在另外一块印制电路板处；开关量输入时，光耦在 CPU 模块处，而驱动器件在另外一块印制电路板处，这样才能形成电流环路。数字量的电流环路的电流一般为 5～10mA，根据光耦的指标而定。在工业环境下，与 CPU 模块相对独立的键盘，需要使用光耦接入系统中，否则极易损坏接口芯片。

③ 模拟量的光电隔离。模拟量隔离有两种方法：一种是使用线性光耦隔离模拟量。由于线性光耦的价格昂贵，并且线性区也很窄，不推荐使用。比较常用的办法是：选用 SPI 接口，或者 3 线接口的 A/D 或 D/A 转换器，把数据、时钟和使能信号使用光耦隔离。这实际上是把模拟量的信号转换成串行的开关量的数据流进行传输。另一种是使用 4～20mA 的电流环路，但是 4～20mA 的芯片价格比较昂贵，而且电路也复杂。

④ 模拟量的通信传输。使用一个 CPU，把模拟量读入 CPU，再通过 RS-485 接口把数据按照通信协议传输到 CPU。当然，也可以传输开关量等。实际上，这是一个分布式测控网络方法，多板的单片机测控系统经常使用这种方法。

⑤ 独立的"看门狗"。选用独立的"看门狗"用于系统复位信号的产生。当系统跑飞时，由于没有"喂狗"，"看门狗"产生复位信号，使得系统可以最大限度地找回跑飞前的数据，尽可能重新开始平稳地运行。

⑥ 采用 RS-232 电平传输。比如机箱的面板显示，经常采用 MAX7219，这时如果使用 TTL 电平，就会经常被干扰，使得显示不正常，此时可以在发送端使用一片 MAX232，将 TTL 电平转换成 RS-232 电平。在面板显示电路选用一片 MC1489，将 RS-232 电平转换成 TTL 电平，加强驱动能力，就可以保证信号正确传输。

⑦ 采用 RS-422 电平传输。同样，也可以在发送端采用一片 MAX485，将 TTL 电平转换成

RS-485 电平，在接收端选用一片 MAX485，将 RS-485 电平转换成 TTL 电平，就可以保证信号正确传输。

2. 软件抗干扰设计

软件抗干扰研究的内容主要是：①消除模拟输入信号的噪声（如数字滤波技术）；②程序运行混乱时使程序进入正轨的方法。这里针对后者提出几种有效的软件抗干扰方法。

（1）指令冗余技术

单片机 CPU 取指令过程是先取操作码，再取操作数。当程序计数器（PC）受干扰出现错误时，程序便脱离正常轨道"乱飞"。当"乱飞"到某双字节指令，若取指令时刻落在操作数上，误将操作数当作操作码，程序将出错。若"乱飞"到三字节指令，出错的概率更大。在关键地方人为插入一些单字节指令，或将有效单字节指令重写成为指令冗余。通常是在双字节指令和三字节指令后插入两字节以上的空操作指令 NOP，这样即使程序"乱飞"到操作数上，由于 NOP 的存在，避免了后面的指令被当作操作数执行，程序自动纳入正轨。此外，对系统流向起重要作用的指令（如 RET、RETI、LCALL、LJMP、JC 等）之前插入两条 NOP 指令，也可将"乱飞"程序纳入正轨，从而确保这些重要指令的执行。

（2）软件锁、程序陷阱技术

当系统在干扰信号的作用下发生程序跑飞时，程序指针有可能指向两个区域：一种可能正好转到程序区的其他地址，另一种可能转移到程序空间的盲区。所谓盲区，是指并没有存放有效的程序指令的程序空间。对于第一种情况，可以采取软件锁加以抑制。在软件锁设计中，对于每个相对独立的程序块在其执行以前或执行中对一个预先设定好的密码进行校验，只有当这一密码相符时才有效；否则，会根据校验错而使程序强制发生转移。如下面的实例：假设有顺序执行的 3 个程序块，每个程序块执行时都对其设定的密码进行校验。

```
SPRO1:   PUSH   ACC
         MOV    A,#N-CODE1
         CJNE   A,SAFE-CODE,ERROR1
         POP    ACC
         …                          ;块处理程序部分(此处省略)
         MOV    SAFE-CODE,#N-CODE2
         SJMP   SPRO2
ERROR1:  POP    ACC
         …                          ;错误处理程序部分(此处省略)
SPRO2:   PUSH   ACC
         MOV    A,#N-CODE2
         CJNE   A,SAFE-CODE,ERROR2
         POP    ACC
         …                          ;块处理程序部分(此处省略)
         MOV    SAFE-CODE,#S-CODE3
         SJMP   SPRO3
ERROR2:  POP    ACC
         …                          ; 错误处理程序部分(此处省略)
SPRO3:   PUSH   ACC
         MOV    A,#N-CODE3
         CJNE   A,SAFE-CODE,ERROR3
```

```
            POP   ACC
            ...                              ;块处理程序部分(此处省略)
            MOV   SAFE-CODE,#N-CODE4
            SJMP  SPRO4
ERROR3: POP   ACC
            ...                              ;错误处理程序部分(此处省略)
```

程序陷阱是指用来将捕获的"乱飞"程序引向复位入口地址（一般为 0000H）的指令，这主要是为了防止程序跑飞到盲区。一般情况下，程序代码空间以外的 ROM 空间被全写为 1 或 0，程序跳入这一区域将不可控。假设某系统程序空间为 32KB，程序编译后共生成 18KB 的代码，那么，还有 14KB 的程序空间未被使用，可以在该区域放置下面的陷阱程序：

```
NULL-PRO:  NOP
           NOP
           ...
           LJMP   0000H
           ...
```

用上面程序段重复覆盖剩余的程序空间，陷阱程序里每一段 NOP 指令的多少对于捕获的成功率及捕获的时间有影响。NOP 指令放置越多，捕获的成功率就越高，但花费的时间就越长，程序失控的时间也越长；否则，情况则相反。因为只有程序跳转到 NOP 指令或 LJMP 指令的首字节时，才能成功捕获；当程序跳转到 LJMP 指令的后两字节时，可能出现不可预知的执行结果。

在用户程序区各模块之间的空余单元也可放置陷阱程序。当未使用的中断因干扰而开放时，在对应的中断服务子程序中设置程序陷阱，能及时捕获错误的中断。如某应用系统虽未用到外部中断 1，外部中断 1 的中断服务子程序可为如下形式：

```
NOP
NOP
RETI
```

返回指令可用 RETI，也可用 LJMP   0000H。

（3）软件看门狗技术

软件看门狗（Watchdog）也称为程序运行监视系统。当程序运行受到干扰，程序跑飞到一个临时构成的死循环中时，程序陷阱也无能为力了，这时就需要人工复位或硬件复位。采用软件看门狗技术同样也能使系统复位。

当程序陷入死循环后，定时/计数器溢出，产生高优先级中断，从而跳出死循环。还可以在定时/计数器中断服务子程序中放置一条 LJMP   ERR 指令，即可使程序转向出错处理程序。

以下是一个用定时/计数器 T0 作为软件看门狗的程序：

```
            ORG   0000H
            AJMP  MAIN
            ORG   000BH
            LJMP  ERR
MAIN:   MOV   SP,#60H
            MOV   PSW,#00H
            MOV   SCON,#00H
            MOV   TMOD,#01H          ;设置 T0 为 16 位定时器
            SETB  ET0                      ;允许 T0 中断
```

```
            SETB    PT0                   ;设置 T0 中断为高级中断
            MOV     TL0,#00H              ;设定 T0 的定时初值,定时时间约为 16ms(6MHz 晶振)
            MOV     TH0,#0B0H
            SETB    EA                    ;开总中断
            SETB    TR0                   ;启动 T0
LOOP:       …                             ;主程序开始
            LCALL   WATCH DOG             ;调用喂狗子程序
            …
            LJMP    LOOP
WATCH DOG:  MOV     TL0,#00H              ;喂狗子程序
            MOV     TH0,#0B0H
            SETB    TR0
            RET
ERR:        POP  ACC                      ;T0 中断
            POP  ACC                      ;看门狗软件复位程序
            CLR  A
            PUSH ACC
            PUSH ACC
            RETI
```

在程序中,由于执行了中断服务子程序,PC 指针已经指向 0000H,从而实现了软件复位的目的。

(4) 系统故障处理、自恢复程序的设计

单片机系统因干扰复位或掉电后复位均属非正常复位,应进行故障诊断并能自动恢复非正常复位前的状态。程序的执行总是从 0000H 开始的,导致程序从 0000H 开始执行有 4 种可能:系统开机上电复位;软件故障复位;看门狗超时未喂狗硬件复位;任务正在执行中掉电后来电复位。4 种情况中除第一种情况外均属非正常复位,需加以识别。

① 硬件复位与软件复位的识别。此处硬件复位指开机复位与看门狗复位,硬件复位对寄存器有影响,如复位后 PC=0000H,SP=07H,PSW=00H 等;而软件复位则对 SP、PSW 无影响。故对于单片机测控系统,当程序正常运行时,将 SP 设置地址大于 07H,或者将 PSW 的第 5 位标志位在系统正常运行时设为 1,那么系统复位时只需检测 PSW.5 标志位或 SP 值,便可判此是否是硬件复位。图 11.2 是采用 PSW.5 作为上电标志位判别硬、软件复位的程序流程图。

此外,由于硬件复位时内部 RAM 状态是随机的,而软件复位内部 RAM 则可保持复位前的状态,因此可选取内部 RAM 某一个或两个单元作为上电标志。设 40H 用作上电标志,上电标志字为 78H,若系统复位后,40H 单元内容不等于 78H,则认为是硬件复位,否则认为是软件复位。若用两个单元作上电标志,则可靠性更高。

② 开机复位与看门狗故障复位的识别。开机复位与看门狗故障复位因同属硬件复位,所以要想予以正确识别,一般要借助非易失性 RAM 或 EEPROM。当系统正常运行时,设置一可掉电保护的观测单元,在定时喂狗的中断服务子程序中使该观测单元保持正常值(设为 AAH),而在主程序中将该观测单元清 0,因观测单元掉电可保护,则开机时通过检测该观测单元是否为正常值即可判断是否是看门狗故障复位。

③ 正常开机复位与非正常开机复位的识别。如某个以时间为控制标准的测控系统,完成一次测控任务需 1 小时。在已执行测控 50 分钟的情况下,系统电压异常引起复位,此时

若系统复位后又从头开始进行测控，则会造成不必要的时间消耗。因此可通过一监测单元对当前系统的运行状态、系统时间予以监控，将控制过程分解为若干步或若干时间段，每执行完一步或每运行一个时间段则对监测单元置为关机允许值，不同的任务或任务的不同阶段有不同的值，若系统正在进行测控任务或正在执行某个时间段，则将监测单元置为非正常关机值。那么，系统复位后可据此单元判别系统原来的运行状态，并跳到出错处理程序中恢复系统原运行状态。

非正常复位后系统自恢复运行的程序设计：对顺序要求严格的一些过程控制系统，系统非正常复位与否，一般都要求从失控的那一个模块或任务恢复运行。所以测控系统要做好重要数据单元、参数的备份，如系统运行状态、系统的进程值、当前输入/输出值、当前时钟值、观测单元值等，这些数据既要定时备份，同时若有修改也应立即予以备份。

在已判别出系统非正常复位的情况下，先要恢复一些必要的系统数据，如显示模块的初始化、片外扩展芯片的初始化等。其次再对测控系统的系统状态、运行参数等予以恢复，包括显示界面等的恢复。之后把复位前的任务、参数、运行时间等恢复，再进入系统运行状态。如图 11.3 所示。

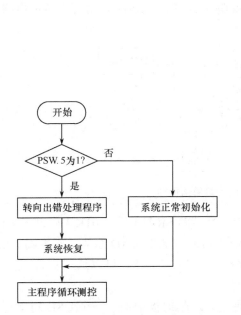

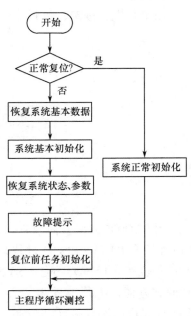

图 11.2　硬、软件复位识别的程序流程图　　　图 11.3　系统自恢复程序流程图

3．采用备份系统提高可靠性

备份系统在许多重要控制系统中已被广泛使用，备份系统分为在线备份系统和后备备份系统。对于在线备份系统，系统中的两个 CPU 均处于工作状态，有可能两个 CPU 处在对等的位置，也可能一个处在主 CPU 的位置，而另一个处在从 CPU 的位置。在对等的情况下，两个 CPU 共同决定系统对外的操作，任何一个 CPU 出错都将引起对外操作的禁止。对于一主一从的情况，往往是主 CPU 负责系统控制逻辑的实现，而从 CPU 负责对主 CPU 的工作状态进行监控。当监控到主 CPU 工作异常时，从 CPU 通过强行复位主 CPU 等操作使主 CPU 恢复正常，同时，为确保从 CPU 工作正常，从 CPU 的工作状态也被主 CPU 监控；当从 CPU 的工作状态不正常时，主 CPU 也可采取措施使从 CPU 恢复正常工作，即实现互相监控的目的。

11.3　设计与制作实例

11.3.1　单片机学习板设计与制作

1．设计任务

针对本课程的开设，我们设计一款基于 80C51 单片机的学习板。该学习板针对单片机初、中级学习者，提供一个快速开始单片机学习之旅的硬件平台。该学习板能进行单片机基本资源实验，具有以下特点：

- 单片机支持 ISP 下载，采用 DIP40 的 IC 锁紧座，可随时更换 DIP40 封装的 80C51 单片机；
- 含 USB 转串行口转换电路，可直接由 USB 总线进行 ISP 程序下载；
- I/O 全部引出，便于扩展；
- 直接用 USB 总线供电。

2．总体设计方案

系统主要由单片机、按键、数码管显示、蜂鸣器、LED、USB 转串行口转换电路组成，如图 11.4 所示。

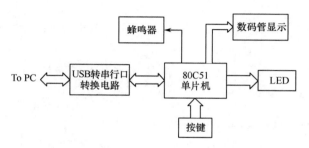

图 11.4　单片机学习板结构图

单片机选用 STC90C51，其内部有 256～4352 字节的 SRAM、4～61KB 内部 Flash ROM，除 P0～P3 口外还有 P4 口（PLCC 封装），自带 8 路 8 位 A/D（AD 系列）转换器、EEPROM、看门狗、内置复位等。最重要的是，STC 单片机支持 ISP、IAP，可以通过单片机串行口直接下载程序，调试方便，无须编程器。

现在很多计算机已没有串行口，为了方便使用，本学习板增加了一个 USB 转串行口转换电路，选用 CH341 进行 USB 与串行口的数据转换。CH341 是一个 USB 总线的转接芯片，通过 USB 总线提供串行口、打印口或并行口。在串行口方式下，CH341 提供串行口发送使能、串行口接收就绪等交互式的速率控制信号及常用的 Modem 联络信号，用于将普通的串行口设备直接升级到 USB 总线。在打印口方式下，CH341 提供了兼容 USB 相关规范和 Windows 操作系统的标准 USB 打印口，用于将普通的并行口打印机直接升级到 USB 总线。通过转换电路，该学习板只需一根 USB 总线结合 STC 公司的 ISP 软件，即可实现 PC 与单片机串行口通信及下载单片机程序功能。

3．硬件设计

系统的硬件电路原理图如图 11.5 所示。

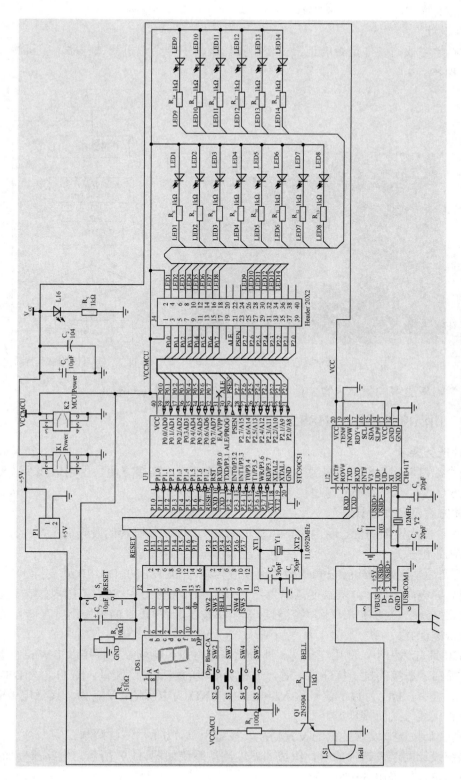

图 11.5 单片机学习板电路原理图

系统除串行口外，单片机的所有 I/O 口线均通过短线帽连接，这样方便扩展外接硬件。图 11.6 为本学习板的实物图。

4．软件设计

为了检测学习板的硬件是否能正常工作，我们编写了一个整机测试程序，整机测试程序流程如图 11.7 所示。

图 11.6　单片机学习板的实物图　　　　图 11.7　学习板测试程序流程图

关于本学习板更多的具体内容，请访问 http://jpkc.dgut.edu.cn/mcu。

11.3.2　用温度传感器 DS18B20 进行温度测量

1．设计任务要求

设计一个温度测量系统，要求系统简单、测温精度高、连接方便、占用口线少，测温范围为–55～+125℃，在–10～+85℃范围内，测温精度为±0.5℃。

2．总体方案及硬件设计

① 采用 4 位八段数码管显示温度，单片机的 P0 口控制数码管的段码显示，P2.0～P2.4 引脚则控制数码管的位选择。

② 温度传感器采用 Dallas 公司的数字化温度传感器 DS18B20。DS18B20 支持 1-Wire 接口，支持 3～5.5V 的电压范围，测量温度范围为–55～+125℃，在–10～+85℃范围内，精度为±0.5℃，可以程序设定 9～12 位的分辨率及报警温度。分辨率设定、用户设定的报警温度存储在 EEPROM 中，掉电后依然保存。

DS18B20 具有体积小、适用电压宽、性价比高等特点，现场温度直接以 1-Wire 的数字方式传输，大大提高了系统的抗干扰能力，适合于恶劣环境的现场温度测量，图 11.8 为 DS18B20 的封装引脚图。其中，DQ 为数字信号输入/输出端；GND 为电源地；V_{DD} 为外接供电电源输入端（在寄生电源接线方式时接地）。

③ 采用轻触按键来实现数据的设置功能，按键由单片机的 P1 口控制。

根据系统设计要求及选择的器件组成的温度测量系统如图 11.9 所示。电路原理如图 11.10 所示，图中的单片机采用 STC89C51。

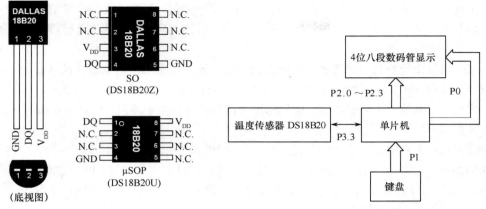

图 11.8　DS18B20 的封装引脚图　　　　图 11.9　温度测量系统电路框图

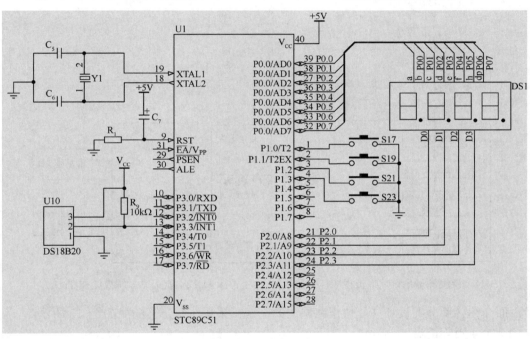

图 11.10　温度测量系统的电路原理图

3．软件设计

温度测量系统的软件流程图如图 11.11 所示。

关于详细的设计资料及测试程序，请访问 http://jpkc.dgut.edu.cn/mcu。

11.3.3　电子密码锁设计

1．设计要求

① 本设计为了防止密码被窃取，要求输入密码时在 LCD 屏幕上显示*号。

② 设计开锁密码为 8 位，密码由数字 0～9 和字母 A、B 组成。

③ 当输入密码正确时，开锁（继电器闭合），绿色 LED 亮，红色 LED 灭，发出"叮咚"声，并在 LCD 屏幕上显示汉字"密码正确"；当密码错误时，保持继电器断开，红色 LED 亮，发出"嘟嘟"的错误提示音，并在 LCD 屏幕上显示汉字"密码错误"。

④ 实现连续输入密码错误超过限定的 5 次后，密码锁锁定，并发出尖锐的报警声。

⑤ 4×4 矩阵键盘包括 0～9 数字，字母 A、B 和 4 个功能键盘（设置密码键、撤销键、确定键和取消/返回键）。

⑥ 密码可以由用户自己修改设定，修改密码必须输入原密码。然后输入两次新密码，如果两次输入的新密码不相同，仍保持原密码，这主要是防止在输入新密码时出现误操作。

⑦ 建立声音系统，在密码正确、密码错误、按下键盘、电子锁锁死时都有相应的声音产生。

2．系统设计

系统的整体设计方案如下：采用 128×64 点阵型液晶显示器 LGM12641BS1R，这与前面介绍的 MGLS12864 液晶显示器的控制功能完全相同。外部存储器采用 25C040，它是容量为 4KB 的 EEPROM，采用 SPI 总线进行命令和数据的传送。密码锁系统设计框图如图 11.12 所示。

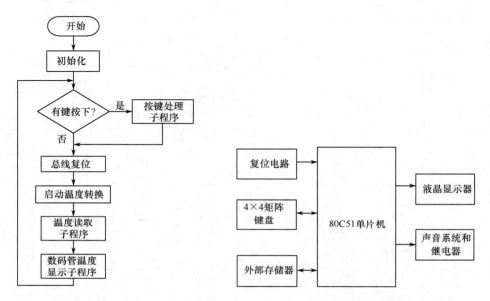

图 11.11 温度测量系统软件流程图　　　　图 11.12 密码锁系统设计框图

下面介绍各部分的设计（复位电路略去），密码锁系统总仿真图如图 11.13 所示。

（1）4×4 矩阵键盘

图 11.13 的键盘电路中，除数字键 0～9 和字母键 A、B 外，还有 4 个功能键，分别为：设置密码键、撤销键、确定键和取消/返回键。其中，设置密码键用来修改当前的密码，修改前要输入原密码，在输入原密码正确的情况下才能输入新密码。输入新密码时，为了防止误操作带来新密码不确定的问题，要求输入两次新密码，两次输入的新密码要一致才能修改密码。撤销键可以删除最近输入的密码，并在液晶显示器上显示。取消/返回键是取消当前操作，返回主菜单。4×4 矩阵键盘接在单片机的 P1 口上。

（2）液晶显示器

液晶显示器的 8 位数据线接在 P0 口上，其中控制线的情况是：P3.0 控制 E_C，P3.1 控制 CS2，P3.2 控制 CS1，P3.3 控制 RW，P3.4 控制 DI。

（3）外部存储器

由于 25C040 采用 SPI 总线，因此只需要 4 根线就可以和单片机进行连接了，其中 P2.0 连接 SCK，P2.1 连接 SI，P2.2 连接 SO，P2.3 连接 $\overline{CS}$ 。

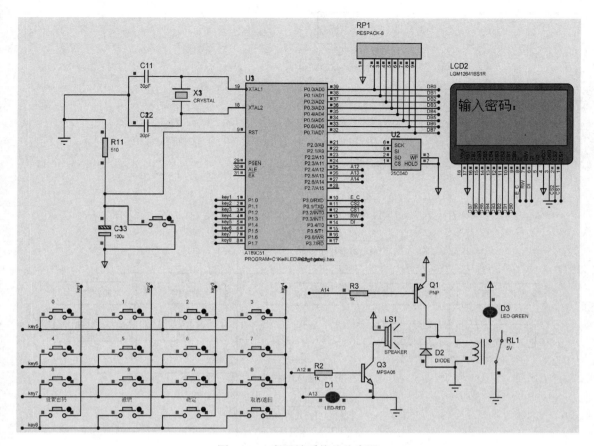

图 11.13　密码锁系统总仿真图

（4）声音系统和继电器

从图 11.13 中可以看出，P2.4 控制蜂鸣器的开关，当 P2.4（A12）为 1 时蜂鸣器响，为 0 时不响。本系统为了使蜂鸣器产生一定的声音，采用定时/计数器的方式，来产生各种频率的方波，从而发出不同的声音。P2.5（A13）控制红色 LED 的亮灭，在实物图中，为了防止电流过大，可以串接一个 1kΩ或 470Ω的电阻。P2.6（A14）控制继电器的闭合，当 P2.6 为 1 时，继电器打向右边，这时，绿色 LED 灭，表明没有开锁；为 0 时，开锁，绿色 LED 亮。

从图 11.13 可以看出，系统设计较为简单，其相应软件的编写自然也就复杂一些。

3．系统的软件设计

由于涉及较为复杂的逻辑关系和许多功能部件，因此可以采用 C51 语言来编写程序，这样较为方便。密码锁系统的软件流程图如图 11.14 所示。

从图 11.14 可以看出，主程序就是一个键盘扫描程序。

① 初始化时，会初始化 LCD 显示器，初始化定时/计数器，同时初始化密码为{1,2,3,4,5,6,A,B}。初始化密码保存在 25C040 的 60H～67H 单元，每次输入的密码都保存在 25C040 的 70H～77H 单元。当修改新密码时，第一次输入的密码保存在 80H～87H 单元，第二次输入的密码保存在 70H～77H 单元。设置完新密码后，70H～77H、80H～87H 单元内容全部清除。

② 设置一个全局变量记录密码错误的次数，当连续输入 5 次错误密码（包含修改密码时，旧密码输入错误），电子锁锁定，蜂鸣器报警，且红色 LED 闪烁，程序陷入死循环。

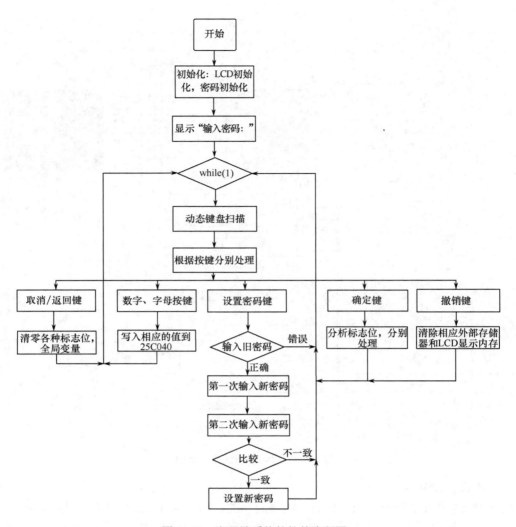

图 11.14　密码锁系统的软件流程图

③ 程序中还设计了非常多的标志位，这是因为确定键是一个复用按键，它对应非常多的功能，如何区分这些功能就依靠这些标志位来决定，从而进入各自对应的处理子程序。

④ 整个程序中包含 4 种声音：报警音，按键音，密码正确开锁音密码错误提示音，每个声音都由定时/计数器 T0 来定时产生不同频率的方波发出。关于不同的频率发出什么声音可参考相关资料。

⑤ 每次输入密码，都需要输满 8 位，当未输满 8 位密码时，按确定键，都会转回到当前输入密码的界面（同时清除已经输入的密码）。如第一次输入新密码时，未输满 8 位，按确定键，会在提示后返回第一次输入新密码的界面。其他情况下类似。

⑥ 撤销键会清除 25C040 指定单元的密码值,同时也会清除 LCD 上指定显示内存的显示值。其中，25C040 是写 0xff 清除，而 LCD 显示内存的清除是写 0x00。

⑦ 按取消/返回键，会清除所有的全局变量、标志位、除密码保存单元外的所有外部存储单元，然后返回主界面。

通过 Proteus 仿真的参考程序在"程序附件"中，读者请登录华信教育资源网www.hxedu.com.cn 下载。

思考题与习题

11.1 简述单片机应用系统设计的一般方法及步骤。

11.2 简述单片机应用系统设计中软、硬件设计原则。

11.3 单片机应用系统软、硬件设计应注意哪些问题？

11.4 单片机应用系统硬件设计的基本任务是什么？

11.5 在单片机应用系统设计中，硬件调试的基本步骤是什么？

11.6 在单片机应用系统设计中，有哪些常见的可靠性设计内容？

11.7 简述单片机应用系统软件设计的主要步骤和方法。

11.8 简述单片机应用系统的调试步骤和方法。

11.9 按照单片机应用系统设计的一般方法和步骤，设计一个函数发生器，并写出完整的设计报告。

第 12 章　微处理器及微机系统

12.1　微处理器概述

12.1.1　微处理器发展简介

1978 年，Intel 公司生产了第一个 16 位的微处理器 8086，这是第三代微处理器的起点。8086 的最高时钟频率为 8MHz，具有 16 位数据通道，内存寻址能力为 1MB。

1979 年，Intel 公司又开发出了 8088。8086 和 8088 在芯片内部均采用 16 位数据传输，所以称为 16 位微处理器。8088 采用 40 引脚的 DIP 封装，时钟频率为 6.66MHz、7.16MHz 或 8MHz，集成了大约 29000 个晶体管。

1981 年，IBM 公司将 8088 芯片用于其研制的 IBM PC 中，从而开创了全新的微机时代。也正是从 8088 开始，个人计算机（PC）的概念开始在全世界范围内发展起来。从 8088 应用到 IBM PC 上开始，PC 真正走进了人们的工作和生活之中，这标志着一个新时代的开始。

1985 年，Intel 公司推出了 80386 芯片。它是 80X86 系列中的第一款 32 位微处理器，内含 27.5 万个晶体管，时钟频率为 12.5MHz。它除具有实模式和保护模式外，还增加了一种称为虚拟 86 的工作方式，可以同时模拟多个 8086 微处理器来提供多任务能力。

1993 年，Intel 公司推出了 80586，其正式名称为 Pentium。Pentium 含有 310 万个晶体管，时钟频率最初为 60MHz 和 66MHz，后提高到 200MHz。

2000 年，Intel 公司推出的 Pentium 4 微处理器内建了 4200 万个晶体管，采用 0.18 微米工艺，Pentium 4 初期推出的时钟频率就高达 1.5GHz。翌年 8 月，Pentium 4 微处理器的时钟频率达到 2GHz。

2005 年至今，是 Intel 酷睿（Core）系列微处理器时代，通常称为第 6 代微处理器。"酷睿"是一款领先节能的新型微处理器架构，能够提供卓然出众的性能。

12.1.2　8086 的结构

Intel 8086 微处理器具有 16 根数据线和 20 根地址线，可寻址的内存空间为 1MB，具有 16 位数据处理能力，也支持 8 位数据处理。

8086 CPU 主要由执行单元（Execution Unit，EU）和总线接口单元（Bus Interface Unit，BIU）组成，其内部结构如图 12.1 所示。图中虚线右半部分是 BIU，左半部分是 EU，两者并行操作，提高了 CPU 的运行效率。

1. 执行单元（EU）

EU 的功能是从 BIU 的指令队列头部取指令，然后完成指令的译码和执行，同时管理 CPU 内部的相关寄存器。EU 由一个 16 位的算术逻辑单元（ALU）、16 位的标志寄存器、8 个 16 位通用寄存器、数据暂存器等组成。

2. 总线接口单元（BIU）

BIU 是 8086 微处理器与存储器、I/O 设备之间的接口部件，根据 EU 的请求，完成 CPU 与内存、外设之间的所有总线操作。

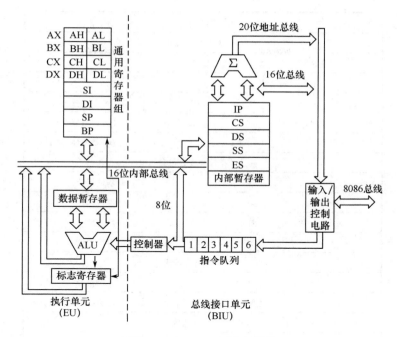

图 12.1　8086 CPU 内部结构

BIU 主要由 4 个段寄存器、1 个指令指针寄存器、1 个与 EU 通信的内部暂存器、先入先出的指令队列、总线控制逻辑和计算 20 位物理地址的地址加法器组成。

EU 和 BIU 是两个相互独立的硬件单元，可独立并行工作，大部分的取指令和执行指令可以重叠进行，大大减少了等待取指令的时间，提高了微处理器的利用率和系统的执行速度。

12.1.3　8086 的内部寄存器

由图 12.1 可知，8086CPU 内部有 14 个 16 位的内部工作寄存器，用于提供指令执行、指令及操作数的寻址。

寄存器结构如图 12.2 所示。14 个寄存器按功能不同可分为 3 组，分别为通用寄存器组（数据寄存器组及地址指针和变址寄存器组）、段寄存器组和控制寄存器组。

（1）通用寄存器组

通用寄存器共 8 个，分为两组：数据寄存器组（4 个）、地址指针和变址寄存器组（4 个）。

数据寄存器组包括 4 个寄存器 AX、BX、CX 和 DX，可用来存放 16 位数据或地址，也可将它们当作 8 位存储器（AH、AL、BH、BL、CH、CL、DH、DL）来使用，但只能用来存储数据，而不能用来存储地址。

地址指针和变址寄存器组包括 4 个 16 位寄存器 SP、BP、SI、DI，可在运算过程中存储操作数。

（2）段寄存器组

8086 CPU 有 20 根地址线，寻址空间为 1MB，而内部寄存器都只有 16 位，通过寄存器直接寻址只有 2^{16}=64KB。为了使 CPU 的寻址能力达到 1MB，把 1MB 存储空间分成多个逻辑段，每个逻辑段最长为 64KB，段寄存器用来存储段地址，CPU 访问存储器的地址码由段地址和段内偏移地址两部分组成。BIU 设有 4 个 16 位的段寄存器，分别是代码段寄存器（CS）、数据段寄存器（DS）、堆栈段寄存器（SS）和附加段寄存器（ES）。

寄存器名称		通用名称
数据寄存器组		
高 8 位	低 8 位	
AH	AL	AX（累加器）
BH	BL	BX 基址变址
CH	CL	CX 计数器
DH	DL	DX 数据寄存器
地址指针和变址寄存器组		
BP		基址指针
SP		堆栈指针
SI		源地址
DI		目的变址
控制寄存器组		
IP		指令指针
FLAGS		标志寄存器
段寄存器组		
CS		代码段寄存器
DS		数据段寄存器
ES		附加段寄存器
SS		堆栈段寄存器

图 12.2　8086 的内部寄存器

（3）控制寄存器组

① 指令指针（Instruction Pointer，IP）寄存器（IP），用来存放下一条将要取出的指令在当前代码段中的偏移地址。

② 标志寄存器（FLAGS）。8086 CPU 中有一个 16 位的标志寄存器，而实际仅用了 9 位，具体格式如图 12.3 所示。

15	14	13	12	11	10	9	8	7	6	5	4	3	2	1	0
				OF	DF	IF	TF	SF	ZF		AF		PF		CF

图 12.3　标志寄存器格式

其中，6 个状态标志如下所述。

CF：进位标志位。

PF：奇偶标志位。当运算结果的低 8 位中 1 的个数为偶数时，该位置 1。

AF：半进位标志位。做字节加法时，低 4 位有向高 4 位的进位，或在做减法时，低 4 位有向高 4 位的借位时，该标志位置 1。

ZF：零标志位。运算结果为 0 时，该标志位置 1。

SF：符号标志位。当运算结果的最高位为 1 时，该标志位置 1。

OF：溢出标志位。

3 个控制标志如下所述。

TF：陷阱标志位。当该位置 1 时，将使 8086 进入单步工作方式，通常用于程序的调试。

IF：中断允许标志位。若该位置 1，则 8086 可以响应可屏蔽中断。

DF：方向标志位。若该位置 1，则串操作指令的地址修改为自动减量方向；反之，为自动增量方向。

12.1.4　8086 的存储空间管理

1．存储器数据存储格式

8086 存储器是以字节（8 位）为单位组织的，20 条地址线，地址范围为 00000H～FFFFFH。存储器内两个连续的字节定义为一个字。每个字的低字节（低 8 位）存放在低地址中，高字节（高 8 位）存放在高地址中，字在存储器中的存放格式如图 12.4 所示。

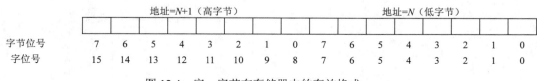

图 12.4　字、字节在存储器中的存放格式

8086 允许字从任何地址开始。字的地址为偶地址时，称字的存储是对准的；字的地址为奇地址时，称字的存储是未对准的。

8086 微处理器的数据总线为 16 位，对于访问（读或写）字节的指令，需要一个总线周期；对于访问一个偶地址的字的指令，也只需一个总线周期；而对于访问一个奇地址的字的指令，则需要两个总线周期（CPU 自动完成）。

2．存储器的分段

前已述及，8086 微处理器具有 20 条地址线，存储器的地址空间为 1MB。但是，8086 微处理器是一款 16 位微处理器，内部能提供地址码的地址寄存器（BX、SP、BP、SI、DI 和 IP）都是 16 位的，最多只能寻址 64KB 空间。

为了实现对 1MB 的存储器寻址，8086 系统中引入了存储空间分段概念，即将整个 1MB 的存储空间分成若干个存储段。每个存储段是存储器中可独立寻址的逻辑单位，称为逻辑段（简称为段），每个段的最大长度为 64KB，段内地址是连续的，允许各个段在整个 1MB 存储空间内浮动，但每个段的起始地址（简称段基址/段首址）必须从能被 16 整除的地址开始，即段的起始地址（20 位地址线）的低 4 位二进制码必须是 0。一个段的起始地址的高 16 位称为该段的段地址。

因此，在 1MB 的存储器地址空间中，可以有 2^{16} 个段地址。由于段地址的低 4 位为 0，因此任意相邻的两个段地址相距 $2^4 = 16$ 个存储单元。段内一个存储单元的地址，可用相对于段起始地址的偏移量来表示，这个偏移量称为段内偏移地址，也称为有效地址（EA）。偏移地址所使用到的寄存器也是 16 位的，所以，一个段最大可包含一个 64KB 的存储器空间。各个段之间可以首尾相连，也可以完全分离或者重叠（部分重叠或完全重叠）。

3．物理地址的形成

由图 12.5 可知，存储器分段以后，任何一个存储单元可被包含在一个段中，也可以包含在两个或多个重叠的段中，只要能得到它所在段的段基址和段内偏移地址就可以对它进行访问。而对 1MB 存储器内的任何一个单元进行访问，必须使用 20 位地址码，即物理地址。那么，如何从 16 位的段基址和 16 位的段内偏移地址转换为 20 位的实际地址呢？

由上述分段概念可知，在 8086 系统中，每个存储单元在存储器中的位置可以用逻辑地址和物理地址来表示。所谓逻辑地址，是程序设计中使用的地址，由段基址和段内偏移地址两部分组成，段基址和段内偏移地址都是无符号的 16 位二进制数。物理地址也叫实际地址或绝对地址，是 CPU 访问存储器时实际使用的地址，地址总线上传送的就是这个实际地址。

当 CPU 访问存储器时，必须完成逻辑地址到物理地址的转换，才能访问到对应的实际存储空间。

两者的转换关系如图 12.6 所示。将 16 位段基址左移 4 位（相当于在段基址的低 4 位补 4 个"0"），然后与 16 位段内偏移地址相加而获得 20 位物理地址。逻辑地址到物理地址转换公式为

$$物理地址＝段基址×16+段内偏移地址$$

图 12.5　物理地址的形成过程　　　　图 12.6　逻辑地址与物理地址的转换关系

4. 信息的分段存储与段寄存器的关系

段寄存器的使用不仅使 8086 CPU 的地址访问能力扩大到 1MB，同时也为信息按特征分段存储带来了方便。存储器中的信息可分为程序、数据和微处理器的状态信息。为了操作方便，存储器可相应地划分为：程序区，该区存储程序的指令代码；数据区，用以存储原始数据、中间结果和最终结果；堆栈区，用以存储需要压入堆栈的数据或状态信息。

段寄存器的分工是：代码段寄存器（CS）划定并控制着程序区；数据段寄存器（DS）和附加段寄存器（ES）控制着数据区；而堆栈段寄存器（SS）对应堆栈存储区。表 12.1 列出了各种存储器访问类型所使用的段寄存器和段内偏移地址的来源。

表 12.1　各种存储器访问类型所使用的段寄存器和段内偏移地址的来源

存储器操作的类型	隐含的段寄存器	允许超越的段寄存器	段内偏移地址来源
取指令	CS	无	IP
堆栈操作	SS	无	SP
通用数据读取	DS	CS、ES、SS	由寻址方式求得有效地址
源数据串	DS	CS、ES、SS	SI
目的数据串	ES	无	DI
用 BP 作为基址寄存器	SS	CS、DS、ES	由寻址方式求得有效地址

需要指出的是，基于 8086 微处理器的 IBM PC 是一个通用微机系统，在存储空间的安排上，有一部分空间被系统占用，用户不能使用。例如，在主存储器的地址低端和高端有一部分存储单元的用处是固定的，如用作中断向量表、显示缓冲区和系统启动地址等，用户是不能占用的。

12.1.5　8086 的引脚功能

8086 微处理器采用 40 个引脚的双列直插式封装。为减少引脚个数，采用分时复用的地址/

数据总线，因此地址总线和数据总线公用相同的引脚。8086 微处理器具有两种工作方式：最小方式和最大方式。在不同工作方式下，部分引脚的功能不同。图 12.7 所示为 8086 的引脚图。

8086 的引脚构成了微处理器级总线，引脚功能也就是微处理器级总线的功能。8086 微处理器的 40 个引脚的定义见表 12.2。

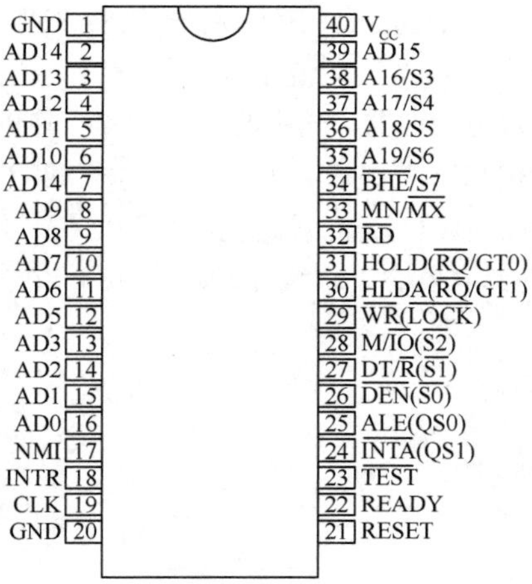

表 12.2　8086 引脚定义

公共信号			
名称	功能	引脚号	类型
AD15～AD0	地址/数据总线	2～16,39	双向、三态
A19/S6～A16/S3	地址/状态总线	35～38	输出、三态
$\overline{\text{BHE}}$ /S7	总线高允许/状态	34	输出、三态
MN/$\overline{\text{MX}}$	最小/最大方式控制	33	输入
$\overline{\text{RD}}$	读控制	32	输出、三态
$\overline{\text{TEST}}$	等待测试控制	23	输入
READY	等待状态控制	22	输入
RESET	系统复位	21	输入
NMI	不可屏蔽状态请求	17	输入
INTR	可屏蔽状态请求	18	输入
CLK	系统时钟	19	输入
V_{CC}	电源	40	输入
GND	地	1,20	输入
最小方式信号（MN/$\overline{\text{MX}}$ =V_{CC}）			
HOLD	保持请求	31	输入
HLDA	保持响应	30	输出
$\overline{\text{WR}}$	写控制	29	输出、三态
M/$\overline{\text{IO}}$	存储器/IO 控制	28	输出、三态
DT/$\overline{\text{R}}$	数据发送/接收	27	输出、三态
$\overline{\text{DEN}}$	数据允许	26	输出、三态
ALE	地址锁存允许	25	输出
$\overline{\text{INTA}}$	中断响应	24	输出
最大方式信号（MN/$\overline{\text{MX}}$ =GND）			
$\overline{\text{RQ}}$ /GT1、$\overline{\text{RQ}}$ /GT0	请求/允许总线访问控制	30,31	双向
$\overline{\text{LOCK}}$	总线优先权锁定控制	29	输出、三态
$\overline{\text{S2}}$、$\overline{\text{S1}}$、$\overline{\text{S0}}$	总线周期状态	26～28	输出、三态
QS1、QS0	指令队列状态	24～25	输出

GND	1	40	V_{CC}
AD14	2	39	AD15
AD13	3	38	A16/S3
AD12	4	37	A17/S4
AD11	5	36	A18/S5
AD10	6	35	A19/S6
AD14	7	34	BHE/S7
AD9	8	33	MN/MX
AD8	9	32	RD
AD7	10	31	HOLD(RQ/GT0)
AD6	11	30	HLDA(RQ/GT1)
AD5	12	29	WR(LOCK)
AD3	13	28	M/IO(S2)
AD2	14	27	DT/R(S1)
AD1	15	26	DEN(S0)
AD0	16	25	ALE(QS0)
NMI	17	24	INTA(QS1)
INTR	18	23	TEST
CLK	19	22	READY
GND	20	21	RESET

注：括号中的为最大方式时的引脚

图 12.7　8086 的引脚图

12.1.6　8086 的两种工作方式

在不同的使用场合，8086 CPU 所连接的存储器和外设规模都不尽相同，为了适应各种各样的使用场合，8086 CPU 设计了两种工作方式，即最小方式和最大方式。

1. 最小方式

所谓最小方式，就是系统中只有一个 8086 微处理器。在这种情况下，所有的总线控制信号都直接由 8086 CPU 产生，系统中的总线控制逻辑电路被减到最少。将 8086 CPU 的引脚 MN/$\overline{\text{MX}}$ 接高电平，就使 8086 CPU 工作于最小方式。最小方式适用于由单微处理器组成的小系统。在这种系统中，8086 CPU 直接产生所有的总线控制信号，因而省去了总线控制逻辑电路。图 12.8 为最小方式的系统配置图。

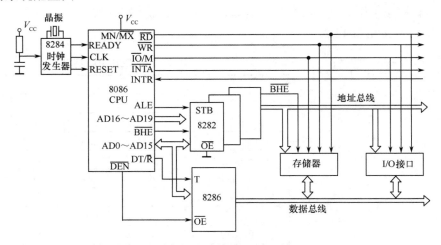

图 12.8　最小方式的系统配置图

2．最大方式

最大方式是相对于最小方式而言的，将 8086 CPU 的引脚 MN/$\overline{\text{MX}}$ 接地，就使 8086 CPU 工作于最大方式。最大方式用在中、大规模的微机应用系统中。在最大方式下，系统中至少包含两个微处理器，其中一个为主处理器，即 8086 CPU，其他的微处理器称为协处理器，是协助主处理器工作的。

图 12.9 是 8086 最大方式下的基本系统配置图，与图 12.8 相比，增加了一个总线控制器 8288。总线控制器 8288 用来产生具有适当定时的总线命令信号和总线控制信号。也就是说，在最大方式下，8086 CPU 不直接产生系统所需的总线控制信号，所有的总线控制信号均由总线控制器 8288 产生。

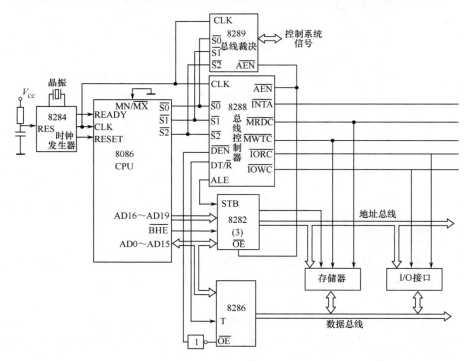

图 12.9　最大方式下的基本系统配置图

12.1.7　8086 的总线周期

在微机系统中，CPU 的操作都是在系统主时钟 CLK 的控制下按节拍有序进行的。按照一般的概念，CPU 执行一条指令的时间（包括取指令和执行完该指令所需的全部时间）称为一个指令周期。在指令周期内，通常需要对总线上的存储器或 I/O 接口进行一次或多次读/写（访问）操作，这里把通过外部总线对存储器或 I/O 接口进行一次读/写操作的过程称为总线周期。因此，一个指令周期由若干个总线周期组成。而一个总线周期由若干个时钟周期 T 组成。时钟周期也就是系统主时钟频率的倒数，是 CPU 的基本时间计量单位。

在 8086 CPU 中，所有的外部操作（读/写存储器或 I/O 接口）都是由总线接口单元（BIU）通过系统总线完成的。因此，把 BIU 完成一次对存储器或 I/O 接口的读/写操作所需要的时间称为一个总线周期。8086 CPU 的一个基本总线周期由 4 个时钟周期（T_1、T_2、T_3、T_4）组成，时钟周期也称为时钟状态，即 T_1 状态、T_2 状态、T_3 状态和 T_4 状态。8086 CPU 在每个时钟周期（时钟状态）内完成一些基本操作。

8086 微处理器的操作是由指令译码器输出的电位和外部输入的时钟信号联合作用并在由此而产生的各个命令控制下进行的，可分为内操作与外操作两种。内操作控制算术逻辑运算单元（ALU）进行算术逻辑运算，控制寄存器组进行寄存器选择及判断是送往数据总线还是地址总线、进行读操作还是写操作等，所有这些操作都在 8086 CPU 内部进行，用户可以不必关心。外操作是系统对 8086 CPU 的控制或是 8086 CPU 对系统的控制，用户必须了解这些控制信号以便正确使用。

图 12.10 给出了 8086 CPU 典型总线周期序列。

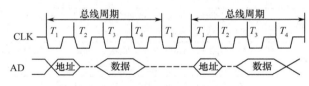

图 12.10　8086 CPU 典型总线周期序列

12.1.8　8086 的指令系统

1．寻址方式

寻址方式有立即寻址、寄存器寻址、存储器和 I/O 接口寻址。其中，存储器寻址又包括直接寻址、寄存器间接寻址、变址寻址和基址加变址寻址。

2．指令系统

Intel 8086 CPU 的 16 位基本指令集与广泛应用的 32 位 80X86，包括 Pentium 系列完全兼容，因此，8086 指令系统是整个 Intel 80X86 系列指令系统的基础。

8086 的指令按功能可以分为 6 类：数据传送指令（见表 12.3）、算术运算指令（见表 12.4）、逻辑运算指令（见表 12.5）、串操作指令、控制转移指令和微处理器控制指令。

表 12.3　数据传送指令

助记符类别	指令格式	操　作
MOV	MOV　dst, src	从 src 确定的位置取出源操作数，或把立即数形式的 src 作为源操作数，送到目的操作数 dst 确定的位置
PUSH	PUSH　src	把字操作数 src 压入栈
POP	POP　dst	出栈一个字数据，送到操作数 dst 确定的位置

助记符类别	指令格式	操 作
XCHG	XCHG opr1,opr2	把 opr1、opr2 两个操作数中的内容互换
XLAT	XLAT	以 BX+AL 的和作为偏移地址，从数据段相应位置取出一字节数据送 AL 寄存器
LEA	LEA dst, src	取操作数 src 在内存的偏移地址，送到 dst 确定的位置
PUSHF	PUSH	把标志寄存器 FLAGS 压入栈
POPF	POPF	出栈一个字数据，送到标志寄存器 FLAGS 中
IN	IN AL, src	从 src 指定的外设接口取出一字节数据送到 AL
	IN AX, src	从 src 指定的外设接口及其下一接口取一个字数据送到 AX 中
OUT	OUT dst, AL	把 AL 的值送到 dst 指定的外设接口
	OUT dst, AX	把 AX 的值送到 dst 指定的外设接口及其下一接口

表 12.4 算术运算指令

ADD	ADD dst, src	把两个操作数的值相加，结果送到 dst 确定的位置
ADC	ADC dst, src	把两个操作数及 CF 标志位的值三者相加，结果送到 dst 确定的位置
INC	INC opr	把 opr 的值加 1 后送回 opr 中
SUB	SUB dst, src	把 dst 减去 src 的差送回 dst 中
SBB	SBB dst, src	把 dst 减去 src 的差再减去 CF 的值，结果送回 dst 中
DEC	DEC opr	把操作数 opr 的值减 1 送回 opr 中
NEG	NEG opr	对操作数 opr 的值取反加 1 后送回 opr 中
CMP	CMP dst, src	用 dst 减去 src，根据相减情况设置各标志位
MUL	MUL src	无符号乘法：AL 乘以字节操作数 src，乘积送到 AX 中；或 AX 乘以字操作数 src，乘积送到（DX,AX）中
IMUL	IMUL src	带符号乘法：AL 乘以字节操作数 src，乘积送到 AX 中；或 AX 乘以字操作数 src，乘积送到（DX,AX）中
DIV	DIV src	无符号除法：AX 除以 src，商送 AL，余数送 AH；或（DX,AX）除以 src，商送 AX，余数送 DX
IDIV	IDIV src	带符号除法：AX 除以 src，商送 AL，余数送 AH；或（DX,AX）除以 src，商送 AX，余数送 DX
DAA	DAA	把 AL 中的和调整到压缩的 BCD 码格式
DAS	DAS	把 AL 中的差调整到压缩的 BCD 码格式
AAA	AAA	把 AL 中的和调整到非压缩的 BCD 码格式，AH 加调整产生的进位值
AAS	AAS	把 AL 中的差调整到非压缩的 BCD 码格式，AH 减调整产生的借位值
AAM	AAM	把 AH 中的积调整到非压缩的 BCD 码格式
AAD	AAD	实现除法的非压缩 BCD 码调整

表 12.5 逻辑运算指令

AND	AND dst,src	两个操作数按各个二进制位进行逻辑与运算，结果送回 dst 中
OR	OR dst, src	两个操作数按各个二进制位进行逻辑或运算，结果送回 dst 中
NOT	NOT opr	对 opr 的各个二进制位取反，结果送回 opr 中
XOR	XOR dst, src	两个操作数按各个二进制位进行逻辑异或运算，结果送回 dst 中
TEST	TEST dst, src	两个操作数按各个二进制位进行逻辑与运算，用计算结果设置标志位

12.1.9 汇编语言程序设计

1. 汇编语言源程序的结构

鉴于 8086 微处理器都采用存储器分段管理，其汇编语言都是以段为基础，按段的概念来组织代码和数据的，因此作为用汇编语言编写的源程序，其结构上具有以下特点：

① 由若干段组成，各段由伪指令语句定义和说明；

② 整个源程序以 END 伪指令结束；

③ 每个段由语句序列组成，以 SEGMENT 语句开始，以 ENDS 语句结束。

下面先看一个完整的用汇编语言编写的程序格式。

【例 12.1】在屏幕上显示并打印字符串"This is a sample program."

```
DATA        SEGMENT                                      ;数据段
            DA1        DB 'This is a sample program. '
                       DB 0DH,0AH,'$'                    ;回车,换行
DATA        ENDS                                         ;数据段结束
STACK       SEGMNET                                      ;堆栈段
            ST1        DB 100DUB(?)                      ;100 个内容不定字节空间
STACK       ENDS                                         ;堆栈段结束
CODE        SEGMENT                                      ;代码段
MAIN        PROC       FAR                               ;主过程,属性为远调用
            ASSUME     CS:CODE,DS:DATA,SS:STACK          ;段分配
            ORG        1000
START:      PUSH       DS                                ;正常返回所需段地址及偏移地址
            MOV        AX,0
            PUSH       AX
            MOV        AX,DATA                           ;送数据段地址给 DS
            MOV        DS,AX
            MOV        AX,STACK                          ;送堆栈段地址给 SS
            MOV        SS,AX
            MOV        AH,9                              ;DOS 9 号功能调用,显示字符串
            MOV        DX,OFFSET DA1                     ;把字符串首地址送给 DX
            INT        21H                               ;9 号调用,显示字符串
            RET
MAIN        ENDP                                         ;主过程结束
CODE        ENDS                                         ;代码段结束
END         START                                        ;程序结束
```

从例子中看到整个程序是分段的，先要设置数据段、堆栈段、代码段，每段均由伪指令 SEGMENT 开始，ENDS 结束。整个源程序用 END 结尾，END 后面可跟该程序执行的起始地址 START。

因此，汇编语言源程序的基本结构是段，一个汇编语言源程序由若干个代码段、数据段、附加段和堆栈段组成。段之间的顺序可以随意安排，通常数据段在前，代码段在后。每个段都有段首指令和段结束指令，段的内容介于这两条指令之间。一般结构如下：

```
SSEG        SEGMENT        STACK
<堆栈段的内容>
SSEG        ENDS
DSEG        SEGMENT        DATA
<数据段的内容>
DSEG        ENDS
CSEG        SEGMENT        CODE
<代码段的内容>
CSEG        ENDS
            END <启动标号>
```

通常，数据段用来在内存中建立一个适当容量的工作区，以存放常数、变量等操作数据。堆栈段用来在内存中建立一个适当的堆栈区，以便在中断、子程序调用时使用。代码段包括许多以符号表示的指令，其内容就是程序要执行的指令。其中，必不可少的是代码段和堆栈段，堆栈段可以不用显式定义，可以直接使用隐式堆栈段。如果程序中需要使用数据存储区，则要定义数据段，必要时还要定义附加段。对于一般程序来说，定义太多的段只会增加程序设计的复杂性，通常需要一个代码段、一个数据段和一个堆栈段，有时可包含一个附加段。而对于复杂的程序，除使用上述 3 个段外还可以使用多个段，甚至可以使用多个程序模块。

2．伪指令

在 IBMPC 宏汇编中有以下几种伪指令：①数据定义伪指令；②符号定义伪指令；③段定义伪指令；④过程定义伪指令；⑤宏处理伪指令；⑥其他伪指令。

3．BIOS 和 DOS 的功能

BIOS（Basic I/O System）是 PC 厂商固化在 ROM 中的外设驱动和管理软件，它处于系统软件的最底层，主要提供系统自检及初始化、系统服务（I/O 操作）和硬件中断处理功能。DOS（Disk Operating System）是磁盘操作系统，它提供了一些功能调用模块，可完成对文件、设备、内存的管理。

汇编语言源程序调用 BIOS 和 DOS 相应子程序，可以完成输入/输出（I/O）设备管理、存储管理、文件管理和作业管理。

（1）DOS 软中断和系统功能调用

DOS 是 PC 上最重要的操作系统，它存放在软盘或硬盘上。IBMBIO.COM 是 DOS 与 BIOS 的接口程序，IBMDOS.COM 是文件管理处理程序。因为 DOS 模块提供了很多必要的测试，所以使用 DOS 操作比使用相应功能的 BIOS 操作更简易，而且 DOS 对硬件的依赖性更少。一般来说，MS-DOS 中常用的软中断指令有 8 条，系统规定它们的中断类型码为 20H～27H，各自的功能及入口/出口参数见表 12.6。

表 12.6　MS-DOS 常用的软中断命令

软中断指令	功能	入口参数	出口参数
INT　20H	程序正常退出	无	无
INT　21H	DOS 功能调用	AH=功能号，相应入口号	相应出口号
INT　22H	结束退出		
INT　23H	Ctrl-Break 处理		
INT　24H	出错处理		
INT　25H	读磁盘	AL=驱动器号 CX=读入扇区号 DX=起始逻辑扇区号 DS:BX=内存缓冲区地址	CF=0，成功 CF=1，失败
INT　26H	写磁盘	AL=驱动器号 CX=写入扇区号 DX=起始逻辑扇区号 DS:BX=内存缓冲区地址	CF=0，成功 CF=1，失败
INT　27H	驻留退出	DS:D=程序长度	

在 DOS 软中断指令中，功能最强大的是 INT　21H，它提供了一系列的 DOS 功能调用。DOS 版本越高，所给出的 DOS 功能调用越多，DOS 6.2 包含 100 多个功能调用，可以说 INT　21H

的中断调用几乎包括了整个系统的功能，用户不需要了解 I/O 设备的特性及接口要求就可以利用它们编程，对用户来说非常有用。

（2）BIOS 中断调用

在存储器系统中，内部 ROM 的高端 8KB 中存放有 BIOS 例行程序。BIOS 提供了最直接的硬件控制，是硬件与软件之间的接口。BIOS 主要包括以下一些功能。

① 系统自检及初始化。例如，系统加电启动时，对硬件进行检测、对外设进行初始化、设置中断向量、引导操作系统等。

② 系统服务。BIOS 为操作系统和应用程序提供系统服务，这些服务主要与 I/O 设备有关，如读取键盘输入等。为了完成这些操作，BIOS 必须直接与 I/O 设备打交道，并通过接口与 I/O 设备传送数据，使应用程序脱离具体的硬件操作。

③ 硬件中断处理，提供硬件中断服务子程序。

使用 BIOS 功能调用，给编程带来了极大方便。编程人员不必了解硬件的具体细节，可以直接用指令设置参数，然后通过中断来调用 BIOS 中的例程，完成各种功能操作，因此利用 BIOS 功能调用编写的程序简洁，可读性好，而且易于移植。

表 12.7 列出了 IBM PC 主要的 BIOS 中断类型。

表 12.7 IBM PC 主要的 BIOS 中断类型

CPU 中断类型	0，除法错；1，单步；2，非屏幕；3，断点；4，溢出；5，打印屏幕；6，保留；7，保留
8259 中断类型	8，8254 系统定时器；9，键盘；0AH，保留；0BH，保留；0CH，保留；0DH，保留 Alt 打印机；0EH，软盘；0FH，打印机
BIOS 中断类型	10H，显示器；11H，设备检验；12H，内存大小；13H，磁盘；14H，通信；15H，I/O 系统扩充；16H，键盘；17H，打印机；18H，驻留 BASIC；19H，引导；1AH，时钟；40H，软盘
用户应用程序	1BH，键盘 Break；1CH，定时器；4AH，报警
数据表指针	1DH，显示器参量；1EH，软盘参量；1FH，图形字符扩充；41H，1#硬盘参量；46H，2#硬盘参量

12.2 微机系统的构成与扩展

12.2.1 微机系统的构成

1．硬件系统

微机系统结构框图如图 12.11 所示。由图可知，微机系统主要由微处理器、存储器、输入/输出接口及系统总线、外设（输入/输出设备）和电源构成。

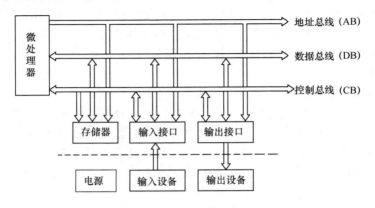

图 12.11 微机系统结构框图

外设主要有显示器、键盘、鼠标、打印机、Modem、网卡和扫描仪等。过程控制输入/输出通道主要有 A/D 转换器、D/A 转换器、开关量及信号指示输入/输出器等。外设是组成一个微机系统必不可少的。

电源是保证微机系统能正常运行的工作电源。微机系统的电源将 220V 交流电转换成±5V 和±12V 共 4 种 DC（直流）电压。

2．软件系统

软件是微机系统的重要组成部分，可以分成系统软件和应用软件两大类。图 12.12 表示了软件系统的层次。

系统软件是指控制和协调计算机及其外设，支持应用软件的开发和运行的软件。其主要功能是进行调度、监控和维护系统等。系统软件是用户和裸机的接口。应用软件是用户为解决各种实际问题而编制的程序及有关资料。

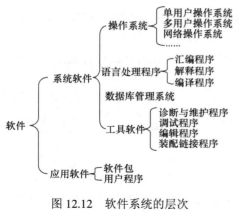

图 12.12　软件系统的层次

12.2.2　8086 系统扩展

1．存储器的扩展

存储器的扩展主要解决两个问题：一是如何用容量较小、字长较短的芯片，组成微机系统所需的存储器；二是存储器如何与 8086 CPU 连接。

（1）存储芯片的扩展

存储芯片的扩展包括位扩展、字扩展和字位同时扩展 3 种情况。

（2）存储器与 8086 CPU 的连接

扩展的存储器与 8086 CPU 的连接实际上就是与三总线中相关信号的连接。

① 存储器与控制总线的连接

在控制总线中，与存储器相连的信号为数不多，如 8086/8088 最小方式下的 M/$\overline{\text{IO}}$（8088 为 IO/$\overline{\text{M}}$）、$\overline{\text{RD}}$ 和 $\overline{\text{WR}}$，最大方式下的 $\overline{\text{MRDC}}$、$\overline{\text{MWTC}}$、$\overline{\text{IORC}}$ 和 $\overline{\text{IOWC}}$ 等，连接非常方便。有时这些控制线（如 M/$\overline{\text{IO}}$）与地址线一同参与地址译码，生成片选信号。

② 存储器与数据总线的连接

对于不同型号的 CPU，数据总线的数目不一定相同，连接时要特别注意。

8086 CPU 的数据总线有 16 根，其中高 8 位数据总线 D15～D8 接存储器的高位库（奇地址库），低 8 位数据线 D7～D0 接存储器的低位库（偶地址库），根据 BHE（选择奇地址库）和 A0（选择偶地址库）的不同状态组合决定对存储器做字操作还是字节操作。

8 位机和 8088 CPU 的数据总线有 8 根，存储器为单一存储体组织，没有高、低位库之分，故数据总线的连接较简单。

③ 存储器与地址总线的连接

对于字扩展和字位同时扩展的存储器，与地址总线的连接分为低位地址线的连接和高位地址线的连接。低位地址线的连接较简单，直接和存储芯片的地址信号连接作为片内地址译码信号，而高位地址线的连接主要用来产生片选信号（称为片间地址译码），以决定每个存储芯片在整个存储单元中的地址范围，避免各芯片地址空间的重叠。

2．输入/输出接口的扩展

I/O 接口是微机系统的一个重要组成部分，能够实现计算机与外界之间的信息交换。而 I/O

接口技术就是实现 CPU 与外设进行数据交换的一门技术，在微机系统设计和应用中都占有重要地位。

（1）I/O 接口的编址方式

I/O 接口地址通常有两种编址方式：一是将内存地址与 I/O 接口地址统一编在同一地址空间中，称为存储器映像的 I/O 编址方式；二是将内存地址与 I/O 接口地址分别编在不同的地址空间中，称为 I/O 接口单独编址方式，Intel 8086 微处理器使用这种编址方式。

8086/8088 系统内存地址的范围是 00000H～FFFFFH，而外设接口的地址范围是 0000H～FFFFH，这两个地址相互独立、互不影响。

由于 I/O 接口编址的独立性，微处理器需要提供两类访问指令：一类用于存储器访问，它具有多种寻址方式；另一类用于 I/O 接口的访问，称为 I/O 指令。

在 8086/8088 系统中，使用专门的输入指令 IN 和输出指令 OUT 实现对 I/O 接口的访问。在使用这两条指令时要注意两个问题，一是 I/O 指令中接口寻址问题，另一个是 I/O 指令中数据宽度问题。

对 I/O 指令中接口的寻址有两种，即直接寻址和间接寻址。当 I/O 接口地址的范围在 00H～FFH 内时，I/O 指令中的接口可采用直接寻址，如要访问系统板上的 8259 芯片：

    MOV AL,20H   ;中断结束命令给 AL

    OUT 20H,AL   ;AL 内容给 8259 的 20H 接口

当 I/O 接口地址的范围在 0000H～FFFFH 内时，I/O 指令中的接口可采用间接寻址，如要访问扩展槽或自行设计的扩展系统：

    MOV DX,303H ;8255 命令口地址给 DX

    MOV AL,89H   ;8255 的命令字给 AL

    OUT DX,AL   ;AL 中的命令字给 8255 的命令口

I/O 指令中的数据宽度是由指令中使用的累加器确定的，与 I/O 接口的寻址方式无关。如果要传送字节数据，用 AL 累加器；传送字数据，用 AX 累加器。

同时，CPU 在寻址内存和外设时，使用不同的控制信号来区分当前是对内存操作还是对 I/O 接口操作。

例如，当 8086 的 M/$\overline{\text{IO}}$=0 时，访问 I/O 接口；当 M/$\overline{\text{IO}}$=1 时，访问内存单元。

I/O 接口单独编址方式的优点是不占用存储器地址，因而不会减少存储器容量；地址线较少，且寻址速度相对较快；具有专门的 I/O 指令，使编制的程序清晰，便于理解和检查。

（2）PC XT/AT I/O 接口地址分配

IBM PC XT/AT 系统 I/O 接口地址范围为 0000H～0FFFFH 的连续地址空间，所以在寻址外设时，需要 16 根地址线 A15～A0。但 IBM 公司在设计 PC 主板和规划接口卡时，其接口地址的译码采用非完全地址译码方式，仅使用了低 10 位地址线，故有 1024 个 I/O 接口地址，地址范围为 0000H～03FFH。目前，高档 PC 中使用的全

表 12.8 IBM PC XT/AT I/O 接口地址分配

DMAC1	0000～001FH
DMAC2	00C0～00DFH
DMA 页面寄存器	0080～009FH
中断控制器 1	0020～003FH
中断控制器 2	00A0～00BFH
定时器	0040～005FH
并行接口芯片（键盘接口）	0060～006FH
RT/CMOS RAM	0070～007FH
协处理器	00F0～00FFH
游戏控制卡	0200～020FH
并行口控制卡 1	0370～037FH
并行口控制卡 2	0270～027FH
串行口控制卡 1	03F8～03FFH
串行口控制卡 2	02F8～02FFH
原型插件板（用户可用）	0300～031FH
同步通信卡 1	03A0～03AF
同步通信卡 2	0380～038FH
单显 MDA	03B0～03BFH
彩色显示器 CGA	03D0～03DFH
彩色显示器 EGA/VGA	03C0～03CFH
软驱控制卡	03F0～03FFH
硬驱控制卡	01F0～01FFH
PC 网卡	0360～036FH

部是 16 根地址线，共可寻址 65536 个 8 位 I/O 接口地址。

I/O 接口地址是微机系统的重要资源，只有弄清了系统的 I/O 接口地址分配，了解哪些地址是被系统占用、哪些地址是被保留、哪些地址是空闲的情况后，才能在增加新的设备时作出合理的地址选择。在 IBM PC XT/AT 中，8086 CPU 对 I/O 接口采用单独编址方式，其中，低 256 个接口（000H～0FFH）供系统板上的 I/O 接口芯片使用，高 768 个接口（100H～3FFH）供扩展槽上的 I/O 接口卡使用。其 I/O 接口地址分配见表 12.8。

（3）I/O 接口地址的译码

① 8086/8088 微处理器能够寻址的内存空间为 1MB，所以要用到 20 根地址线，而 8088/8086 CPU 能够寻址的 I/O 接口仅为 64KB（65535）个，所以只需用低 16 位地址线，实际在 PC XT/AT 中只用到了低 10 位地址线（A9～A0）。

② 当 CPU 工作在最大方式时，对存储器的读/写要求控制信号 MEMR 或 MEMW 有效；若对 I/O 接口读/写，则要求控制信号 IOR 或 IOW 有效。

③ 地址总线上呈现的信号是内存地址还是 I/O 接口地址，取决于 8086 微处理器的 M/$\overline{\text{IO}}$ 引脚的状态。当 M/$\overline{\text{IO}}$ =1 时，为内存地址，即 CPU 正在对内存进行读/写操作；M/$\overline{\text{IO}}$ =0 时，为 I/O 接口地址，即 CPU 正在对 I/O 接口进行读/写操作。

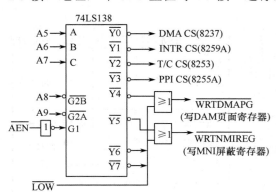

图 12.13 IBM PC/XT I/O 接口地址译码电路

图 12.13 给出了 IBM PC/XT I/O 接口地址译码电路，它是利用 74LS138 译码器对接口进行译码的。图中的高 5 位地址 A9～A5 参与译码，分别产生 DMA8237 片选信号、中断控制器 8259A 片选信号、定时/计数器 8253 片选信号、并行接口 8255A 片选信号等；低 5 位地址用作各芯片内部寄存器的访问地址。图中的 $\overline{\text{AEN}}$ 信号是由 DMA 控制器发出的系统总线控制信号，$\overline{\text{AEN}}$ =0 表示 CPU 占用地址总线，译码有效，可以访问接口地址；当 ALE=1 时，表示 DMA 占用地址总线，译码无效，防止了在 DMA 周期内访问接口地址。

由译码器的功能很容易推出，8237 的接口地址范围是 000H～01FH，8259 的接口地址范围是 020H～03FH，74LS138 译码器输出的对应接口地址见表 12.9。

表 12.9 74LS138 译码器输出的对应接口地址

地址线										译码输出线	对应地址范围	接口芯片
A9	A8	A7	A6	A5	A4	A3	A2	A1	A0			
0	0	0	0	0	×	×	×	×	×	$\overline{\text{Y0}}$	000H～01FH	DMA8237
0	0	0	0	1	×	×	×	×	×	$\overline{\text{Y1}}$	020H～03FH	中断控制器 8259A
0	0	0	1	0	×	×	×	×	×	$\overline{\text{Y2}}$	040H～05FH	定时/计数器 8253
0	0	0	1	1	×	×	×	×	×	$\overline{\text{Y3}}$	060H～07FH	并行接口 8255A
0	0	1	0	0	×	×	×	×	×	$\overline{\text{Y4}}$	080H～09FH	写 DMA 页面寄存器
0	0	1	0	1	×	×	×	×	×	$\overline{\text{Y5}}$	0A0H～0BFH	写 NMI 屏蔽寄存器
0	0	1	1	0	×	×	×	×	×	$\overline{\text{Y6}}$	0C0H～0DFH	

3. 中断系统的扩展

8086/8088 系统可处理 256 个不同类型的中断，每个中断对应一个中断类型号，所以 256 个中断对应的中断类型号为 0～255。这 256 个不同类型的中断可以来自外部，即由硬件产生，也可以来自内部，即由软件（中断指令）产生，或者满足某些特定条件后引发 CPU 中断。

（1）外部中断

外部中断是由 CPU 的外部中断请求引脚 NMI 和 INTR 引起的中断过程，可分为非屏蔽中断和可屏蔽中断两种。

当 NMI 请求被响应时，不要求外部向 CPU 提供中断类型号，CPU 在总线上也不发送 INTA 中断应答信号，而是 CPU 自动转入相应的中断服务子程序。

在 IBM PC/XT 中的非屏蔽中断源有 3 种：浮点运算协处理器 8087 的中断请求、系统板上 RAM 的奇偶校验错和扩展槽中的 I/O 通道错。

在 IBM PC/XT 中，所有 8 个可屏蔽中断的中断源都先经过中断控制器 8259A 管理之后再向 CPU 发出 INTR 请求。而在 IBM PC/AT 中，使用两片 8259A 来管理 15 级外部中断。

IBM PC/XT 和 PC/AT 的外部中断见表 12.10。

表 12.10　IBM PC/XT 和 PC/AT 的外部中断

	IRQ	标准应用	IRQ	标准应用
PC/XT	NMI	RAM、I/O 校验错、8087 运算错		
	0	定时/计数器 0 通道的日时钟	4	异步通信 1（COM1）
	1	键盘	5	硬磁盘控制器
	2	保留（网络适配器）	6	软磁盘控制器
	3	异步通信 2（COM2）	7	并行打印机（LPT1）
	IRQ	标准应用	IRQ	标准应用
PC/AT	NMI	RAM、I/O 校验错、8087 运算错		
	0	系统时钟（18.2Hz）	8	日历实时钟
	1	键盘中断	9	改向 INT　0AH（以 IRQ2 出现）
	2	接收从片 8259A 的中断请求 INT	10	保留
	3	异步通信 2（COM2）	11	保留
	4	异步通信 1（COM1）	12	PS/2 鼠标
	5	并行口 2（LPT2）	13	协处理器
	6	软磁盘控制器	14	硬磁盘控制
	7	并行口 1（LPT1）	15	保留

（2）内部中断

8086/8088 有相当丰富的内部中断，它们可以由 CPU 内部硬件产生，也可由软件的中断指令 INT　n 引起，其中 n 称为中断类型号。一部分已定义的中断类型号用于 CPU 的特殊功能处理。

（3）中断向量

8086/8088 系统采用向量中断的方式来处理对可屏蔽中断的响应。向量中断是指连接外部中断源的接口电路向 CPU 提供中断类型号，CPU 根据中断类型号确定中断服务子程序入口地址信息的中断方式，也称为矢量中断。

在 8086/8088 系统中，通常称中断服务子程序入口地址为中断向量，每个中断类型对应一个中断向量。每个中断向量为 4B（32 位），用逻辑地址表示一个中断服务子程序的入口地址，占用 4 个连续的存储单元，其中低 16 位（前 2 个单元）存入中断服务子程序入口的偏移地址（IP），低位在前、高位在后，高 16 位（后 2 个单元）存入中断服务子程序入口的段基地址（CS），同样也是低位在前、高位在后。按照中断类型号对应的中断向量在内存的 0 段 0 单元开始有规则地进行排列。

（4）中断向量表

256 种中断类型所对应的中断向量共需占用 1KB 存储空间。在 8086/8088 系统中，这 256 个中断向量就存放在内存最低端 00000H～003FFH（0 段的 0～3FFH 区域的 1KB）范围内，称为中断向量表。对应每个中断向量在该表中的地址称为中断向量指针。中断向量可由下式计算得到：

中断向量指针=中断类型号×4

比如，类型号为 30H 的中断所对应的中断向量存放在 0000H:00C0H(30H×4=C0H)开始的 4 个单元中，如果 00C0H、00C1H、00C2H、00C3H 这 4 个单元中的值分别为 10H、20H、30H、40H，那么类型号为 30H 的中断所对应的中断向量为 4030H:2010H，即该中断服务子程序的入口地址。

图 12.14 表示了中断类型号、中断向量及中断向量指针之间的对应关系，共分 3 部分。

（5）设置中断向量

前面提到 8086/8088 系统利用向量中断的方法，一旦响应中断便可方便地找到中断服务子程序的入口地址。在规定的内存区域中，每 4 个连续字节存放一个中断向量，可建立一个 1KB 大小的中断向量表。尽管中断向量表规定了内存区域，但表中的内容除已被系统定义的中断类型的中断向量外，其他新增加的中断类型要在中断向量表中由用户建立相应的中断向量。为了让 CPU 响应中断后正确转入中断服务子程序，中断向量表的建立是非常重要的。

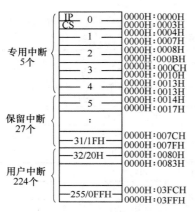

图 12.14　中断类型号、中断向量及中断向量指针之间的对应关系

（6）中断控制器 8259A

8259A 是 Intel 公司生产的专为 8086/8088 系统配套的可编程中断控制器（Programmable Interrupt Controller，PIC）。它可以管理 8 级具有优先权的中断源，并且可以以级联的方式扩展到 64 级；可以给每个中断源提供中断类型号及固定或可变的优先级；当中断被响应后，能及时清除中断标志，以供其他中断源申请中断；能够提供 8259A 与 80X86 的接口电路；能够屏蔽无关的中断源；能够以查询方式管理多于 64 个中断源等。

4．DMA 控制器扩展

DMA 控制器是作为两种存储实体之间实现高速数据传送而设计的专用芯片。DMA 是一种外设与存储器之间直接传输数据的方法，适用于需要高速大量传输数据的场合。DMA 数据传输是利用 DMA 控制器进行控制的，不需要 CPU 直接参与。但 DMA 芯片在取得总线控制权之前，又与其他接口芯片一样，受 CPU 的控制，因此 DMA 控制器在微机系统中有两种工作状态：主动态和被动态。

在主动态时，DMA 控制器取代 CPU 而获得了对系统数据、控制和地址总线的控制权，成为系统的主控者，向存储器和外设下达控制命令；在被动态时，DMA 接受 CPU 对它的控制和指挥。

8237 是一款高性能的可编程 DMA 控制器芯片，在 5MHz 时钟频率下，其传输速率可达每秒 1.6MB；有 4 个独立的 DMA 通道，即有 4 个 DMA 控制器（DMAC）。每个 DMA 通道具有不同的优先权，都可以分别设置为允许和禁止。每个通道有 4 种工作方式，一次传送数据的最大长度可达 64KB。多个 8237 芯片可以级联，任意扩展通道数。

12.3　总 线 技 术

12.3.1　总线概述

总线（Bus）是一组信号线的集合，它是系统与系统之间或系统内部各电气部件之间进行通信传输所必需的所有信号线的总和。

总线按其规模、功能和所处的位置可分为 3 大类：内部总线、系统总线和外部总线。

12.3.2　总线规范及主要性能指标

在总线应用中，各功能插座之间采用总线连接最好具有通用性，以便于相同系统的各个功能板可以插在任何一个插座上，为用户的安装和使用带来方便。根据此类需要，就产生了一个规格化的、可通用的总线标准。

1．总线标准的内容

① 机械结构规范：模块的外形尺寸、总线插头与模板边缘的距离等。

② 功能规范：各模板插头引脚的名称及功能、各引脚之间信号相互作用的协议。

③ 电气规范：信号工作时的工作电压、高低电平、动态转换时间、负载能力等。

④ 定时规范：对扩展的存储器和 I/O 设备的读/写操作，规定其总线信号时序，以保证各功能板的兼容性。

2．总线的主要性能指标

（1）总线宽度

总线宽度是指数据线的数量，也就是数据线的根数。并行总线的数据线的根数是总线的重要参数之一，如总线宽度有 8 位、16 位、32 位、64 位之分。

（2）总线定时协议

总线定时协议指的是采用同步定时还是异步定时，这取决于传输数据的两个模块（源模块和目的模块）间的约定。

（3）总线传输速率

总线传输速率是系统在给定工作方式下所能达到的数据传输速率，也就是在给定方式下单位时间内能够传输数据的字节数。

（4）总线频宽

总线频宽是指总线本身所能达到的最高传输速率，又称为标准传输速率或最大传输速率。

总线的性能指标除上述介绍的几种外，还有一些其他的参数与总线的性能有关，例如，数据线、地址线是否复用；负载能力；总线控制方式；电源电压；是否可扩展等。

12.3.3　常用的系统总线

随着计算机技术的迅速发展和广泛应用，计算机系统总线也在不断地发展。常见的系统总线标准有 S-100、STD、ISA、PCI 等总线。下面以 ISA 总线进行简要介绍。

ISA 总线是 8 位/16 位数据传送总线的工业标准，最早是 IBM PC 为方便系统扩充而提供的开放式系统总线插槽，这些插槽就是输入/输出通道（I/O通道），也就是系统总线的延伸，将系统总线进行重新驱动后连接至扩展槽上。I/O 通道上各个信号的电气性能及信号引脚在插线板上的位置都经过了规范化，具有统一的定义，用户可以方便地通过扩展槽完成接口卡与系统的连接。IBM PC 数据宽度为 8 位的 ISA 总线由 62 根信号线组成，通常称为 PC 总线或者 XT 总线。扩展槽使用 62 芯双面插槽，引脚分别为 A1～A31 和 B1～B31，A 面是元器件面，B 面是焊接面。

16 位 ISA 总线是在 IBMPC/AT 上推出的，在 PC 总线的基础上增加了 36 根信号线，通常称为 AT 总线。36 根信号线对应 36 芯双面插槽，其中 C 面是元器件面，对应排列为 C1～C18，D 面是焊接面，对应排列为 D1～D18，如图 12.15 所示。

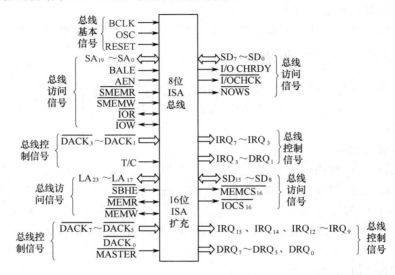

图 12.15　ISA 总线的定义与分类

思考题与习题

12.1　微处理器的发展可划分为几个阶段？当前广泛使用的微处理器主要采用哪一代的技术？

12.2　8086 CPU 由哪两部分组成？它们的主要功能各是什么？两者如何分工合作？

12.3　8086 CPU 在最大方式和最小方式下各有什么特点和不同？

12.4　8086 CPU 有哪几种寻址方式？哪种寻址方式的指令执行速度最快？

12.5　分别指出下列指令中的源操作数和目标操作数的寻址方式。

（1）MOV　SI,200　　（2）MOV　AX,DATA [DI]　　（3）ADD　AX,[BX][SI]

（4）AND　BX,CX　　（5）MOV　[BP],AX

12.6　在 8086 汇编语言中如何定义代码段？如何定义数据段？

12.7　已知一个 SRAM 芯片的容量为 32K×8 位，该芯片的地址线为多少根？数据线为多少根？

12.8　单片 8259A 能够管理多少级可屏蔽中断源？最多能管理多少级可屏蔽中断源？

12.9　对 8259A 初始化有什么规定和要求？

12.10　什么叫 DMA？为什么要引入 DMA 方式？DMA 一般在哪些场合使用？

12.11　DMA 控制器 8237 是如何实现优先级控制并进行数据传送的？

12.12　ISA 总线的主要特征是什么？

参 考 文 献

[1] 李全利. 单片机原理及接口技术[M]. 2 版.北京：高等教育出版社，2009.

[2] 唐俊翟，许雷，张群瞻.单片机原理与应用[M]. 北京：冶金工业出版社，2003.

[3] 王东锋，王会良，董冠强.单片机 C 语言应用 100 例[M]. 北京：电子工业出版社，2010.

[4] 赵嘉蔚，张家栋，霍凯.单片机原理与接口技术[M]. 北京：清华大学出版社，2010.

[5] 郭天祥. 51 单片机 C 语言教程[M]. 北京：电子工业出版社，2009.

[6] 何立民. 单片机系列教程[M]. 北京：北京航空航天大学出版社，1999.

[7] 段晨东. 单片机原理及接口技术[M]. 北京：清华大学出版社，2008.

[8] 沈德金. MCS-51 系列单片机接口电路与应用程序实例[M]. 北京：北京航空航天大学出版社，1990.

[9] 杨金岩，郑应强，张振仁.8051 单片机数据传输接口扩展技术与应用实例[M]. 北京：人民邮电出版社，
    2005.

[10] 徐爱钧. 单片机高级语言 C51 应用程序设计[M]. 北京：电子工业出版社，2001.

[11] 马忠梅，马岩. 单片机的 C 语言应用程序设计[M]. 北京：北京航空航天大学出版社，2000.

[12] 张洪润，易涛.单片机应用技术教程[M]. 北京：清华大学出版社，2003.

[13] 谭浩强. C 语言程序设计[M]. 北京：清华大学出版社，2001.

[14] 何立民. 单片机应用系统设计[M]. 北京：北京航空航天大学出版社，1990.

[15] 陈龙三.8051 单片机 C 语言控制与应用[M]. 北京：清华大学出版社，1999.

[16] 何立民. 单片机应用技术选编[M]. 北京：北京航空航天大学出版社，2004.

[17] 徐惠民，安德宁，丁玉珍.单片微型计算机原理、接口及应用[M]. 北京：北京邮电大学出版社，2007.

[18] 张洪润，易涛.单片机应用技术教程[M]. 北京：清华大学出版社，2003.

[19] 周明德，蒋本珊.微机原理与接口技术[M].3 版.北京：人民邮电出版社，2007.

[20] 徐惠民，安德宁，丁玉珍.单片微型计算机原理、接口及应用[M].3 版.北京：人民邮电出版社，2007.

[21] 戴梅萼，史嘉权.微型计算机技术及应用[M].北京：清华大学出版社，1996.

[22] 徐仁贵.微型计算机接口技术及应用[M].北京：机械工业出版社，1995.

[23] 张高记.大容量闪存 AT29LV040A 原理及应用[J].国外电子元器件，1999.

[24] 郑学坚，周斌.微型计算机原理及应用[M].3 版.北京：清华大学出版社，2005.

[25] 周明德.微型计算机原理及应用[M]. 修订版.北京:清华大学出版社，1997.

[26] 胡伟，季晓衡.单片机 C 程序设计及应用实例[M].北京：人民邮电出版社，2003.

[27] 陈桂友.增强型 8051 单片机实用开发技术[M].北京：北京航空航天大学出版社，2010.

[28] E. Balagurusamy.标准 C 程序设计[M].北京：清华大学出版社，2006.

[29] 邬宽明.单片机外围器件实用手册　数据传输接口器件分册[M].北京：北京航空航天大学出版社，1998.

[30] 李刚，林凌，姜苇.51 系列单片机系统设计与应用技巧[M].北京：北京航空航天大学出版社，2003.

[31] 宏晶科技有限公司.STC90C51RC/RD+系列单片机器件手册[M].2011.

[32] 李朝青.单片机原理及接口技术[M].北京：北京航空航天大学出版社，1999.

[33] 张迎新.单片微型计算机原理、应用及接口技术[M].2 版.北京：国防工业出版社，2004.

[34] 何立民.单片机高级教程[M].北京：北京航空航天大学出版社，2000.

[35] 蒋辉平，周国雄. 单片机原理与应用设计[M]. 北京：北京航空航天大学出版社，2007.

[36] 朱善君，孙新亚，吉吟东. 单片机接口技术与应用[M]. 北京：清华大学出版社，2005.

[37] 张迎新，杜小平，樊桂花等. 单片机初级教程[M].北京：北京航空航天大学出版社，2000.

[38] 周明德. 单片机原理与技术[M]. 北京：人民邮电出版社，2008.

[39] 刘永华等. 微机原理与接口技术[M].北京：清华大学出版社，2006.

[40] 牛强军.基于 ISA 总线的 ADC 板卡设计[M].国外电子元器件，2005.

[41] PCI-1718 系列带通用 PCI 总线的 12 位多功能卡用户手册.